LA COCINA NEOLÍTICA

El nacimiento de Neo

LA COCINA NEOLÍTICA
y la cueva de La Molle-Pierre

Anne Flouest y Jean-Paul Romac

Prefacio de
Gérard Oberlé

Posfacio de
François Moser

Traducción
Lourdes Pérez

EDICIONES TREA

Título original: *La cuisine néolithique et la grotte de La Molle-Pierre*

LA COMIDA DE LA VIDA

© de esta edición:
Ediciones Trea, S. L.
María González la Pondala, 98, nave D
33393 Somonte-Cenero. Gijón (Asturias)
Tel.: 985 303 801. Fax: 985 303 712
trea@trea.es
www.trea.es

Dirección editorial: Álvaro Díaz Huici
Coordinación editorial: Pablo García Guerrero
Producción: José Antonio Martín
Diseño gráfico original: Marina Lobo
Cubiertas: Impreso Estudio
Corrección: Miguel I. Arrieta Gallastegui
Maquetación: Patricia Laxague Jordán
Impresión: Gráficas Ápel
Encuadernación: Cimadevilla

Depósito legal: As. 13-2011
ISBN: 978-84-9704-556-8

Impreso en España – Printed in Spain

Las personas que desean algo con gran intensidad suelen verse favorecidas por el azar.

Honoré de Balzac

«Dime qué comes y te diré quién eres.»

¿Y a la inversa? Hemos querido mostrar bajo una luz favorable a nuestros lejanos amigos del Neolítico.

Índice

LA GRUTA DE LA MOLLE-PIERRE

LA COCINA PROBABLE

Prefacio

¿Neo, *has dicho?*

No sé mucho del Neolítico, pero lo poco que sé me pone los pelos de punta. En cambio, aprecio mucho a Jean-Paul Romac. Sus tierras lindan con las mías en las suaves ondulaciones del Sud-Morvan.

Al parecer, las civilizaciones neolíticas fueron el germen de la sociedad. Pero ¿quiénes fueron aquellos descerebrados tan locos como para cambiar el estado natural por el Estado nación y, de resultas, alienar a los seres humanos por los siglos de los siglos, en razón de su arbitrario lugar de nacimiento en un territorio, un pueblo, una época? ¿En base a qué aberración aquellos seudoinventores de lo que cretinos y crédulos llaman *progreso* pudieron aniquilar la libertad y la abundancia en favor de la propiedad, el trabajo, la familia, el interés y demás calamidades impuestas por la pretendida civilización? ¿Quién fue el canalla que levantó la primera cerca, domesticó el primer jabalí, amaestró el primer perro guardián? Y ahora, totalmente en serio: ¿cómo no odiar esa maldita edad que condujo con paso firme a la humanidad hacia la esclavitud?

Hay que decir que, desde muy pronto, aquellos incunables esclavos buscaron distracciones, compensaciones a su nueva condición de siervos. La opresión siempre suscitó saludables contrapartidas, posibilidades de desahogo. Para atenuar la tristeza vital del Neolítico, la Providencia creó el cultivo de la adormidera y las fermentaciones alcohólicas.

Otro consuelo, pues se necesitan varios para aceptar ser esclavo del crecimiento y la tecnología juntos, y este sí que es un milagro: el nacimiento de la gastronomía. La selección de simientes, la mejora de las razas animales, obligan a elegir en función de criterios, un gusto, una cultura. Y este es el tema de este libro.

Un razón más, piensan algunos, para despreciar «el Neo»: aquella voluptuosa edad implantó la indolencia. El hombre «neo», que perdió la primitiva robustez del *homo* cavernícola, no nos dejó ni grandes imperios ni fortalezas, sino pequeños y delicados vestigios de deliciosas y consoladoras curvas y de equívoca verticalidad. Aquellos encantadores pastorcillos, alfareros y asadores son, en el imaginario nacional, mucho menos viriles que sus ancestros cazadores de mamuts. El mundo prehistórico que desvelan Anne Flouest y Jean-Paul Romac es el del descubrimiento de las curvas, del pan fermentado, de las cerámicas panzudas y de la piedra pulida; el mundo de unos mortales que respiraron, en una especie de cálido paréntesis, un atisbo de bienestar burgués, confortablemente acurrucados entre los glaciares del Würm y la frialdad, distinta pero también terrible, de las posteriores edades metálicas.

Desde hace miles de años, el hombre civilizado cultiva la nostalgia de la Edad de Oro. Ya iba siendo hora de que nos dieran las recetas.

Solo me queda por decir que el amigo Romac se las arregló no solo para imaginar esas recetas, sino también para elaborarlas. Puedo dar fe de ello, pues más de una vez me concedió el honor de su degustación. Si a ello le añadimos que mi ingenioso vecino consiguió hacerme probar cerveza de bellota…, los lazos que nos unen son fáciles de imaginar.

Neo quiere decir nuevo, pero de ahí a concluir que la cocina «neo» vaya a destronar a la «nueva cocina»… La «nueva cocina» fracasó hace mucho tiempo y fue sustituida por el *fooding*, *show* o *fast*, la *world-cocina*, la cocina molecular o la cocina artística y la cocina postmoderna. Los imperios culinarios, como los otros, se caen y por eso Alá es grande, como decía un famoso cronista de Auvergne.

Gérard OBERLÉ

Improbables encuentros

Hemos querido contar la improbable historia de la cocina neolítica como si se tratara de la búsqueda de un hipotético Grial. Sabemos con certeza que los hombres y las mujeres de aquellos tiempos inventaron la cocina y la gastronomía y que en ello reside el verdadero origen del mundo llamado *civilizado*, aunque sus predecesores hubieran inventado el arte y la cultura.

Improbable. ¿*Improbable* es lo indemostrable y, por tanto, *probable* es lo que se investiga rigurosamente? Hemos reunido improbables conocimientos adquiridos al sol, en una playa bretona, en un caso, y en una húmeda y fría gruta de Borgoña, en otro. La obra empieza por el descubrimiento del yacimiento neolítico del Lostmarc'h con la mirada intuitiva de un turista de vacaciones y sigue con los rigurosos informes de las excavaciones de la gruta de La Molle-Pierre, cerca de Beaune.

La lectura de destacadas obras de referencia, la visita a los yacimientos más notables y la consulta a arqueólogos nos permitieron recrear el entorno de la cocinera «neo» con el mismo ánimo de descubrimiento y curiosidad que habría podido ser el suyo, deseosa de agradar y mostrar los conocimientos que iba adquiriendo. La mujer adquiere un lugar vital: ¿significaba un paso de lo masculino —el cazador y su venablo— a lo femenino —la cocinera con sus ollas de formas redondeadas—? Del sílex tallado al hacha pulida, de lo desollado crudo a lo cocido, cambio de programa; los tiempos cambian con el clima, que se hace más clemente.

Una síntesis facilita, al lector poco familiarizado con la época, puntos de referencia para poder imaginarse a esa cocinera en su cocina, con sus ollas, el fuego y los recursos disponibles... Aquellos hombres y aquellas

mujeres son, grosso modo, contemporáneos de Adán y Eva. El fuego ya se conocía desde hacía tiempo. La revolución neolítica se relaciona con cambios radicales en los modos de vida, con la producción de alimentos, agricultura y ganadería, y el invento de la cocina, lugar donde se desarrollaban simultáneamente la vida y la técnica, con ollas que cuecen a fuego lento al amor de la lumbre. ¡El origen del mundo!

Entremos en la cocina y que empiece el espectáculo con, por orden de aparición:

— «Lostmarc'h… y su cocina»;
— «Referencias neolíticas»;
— «Manual razonado de cocina neolítica»;
— «La gruta de La Molle-Pierre. Exploración y cocina probable».

—

No nos cabe duda de que las modificaciones de las condiciones de vida respondían a un deseo de bienestar, de garantizarse el abastecimiento, y al surgimiento de una forma de hedonismo neolítico. El «Manual razonado de cocina neolítica» muestra hasta qué punto era posible comer bien utilizando, exclusivamente, las técnicas y los recursos de la época.

Todo lo que aquí se dice ha sido comprobado por arqueólogos, todo resulta creíble y fácilmente realizable hoy en día, siempre que se disponga de una olla de barro y una hoguera, como en la época neolítica.

Lostmarc'h y su cocina

El grito Neo en Lostmarc'h

Oppidum y megalitos

El tiempo pasa

Un hermoso día de verano...

Anne y yo acabábamos de terminar *La cuisine gauloise continue*, ya se había editado el libro y se había presentado con un banquete galo organizado en la cima del Mont Beuvray en el que, primero, nos había rodeado la niebla y, después, había brillado el sol. Un nutrido grupo de gente docta y fascinada había manifestado su sorpresa ante aquella gastronomía, un druida había recitado sus conjuros; todo iba bien en el mejor de los mundos galos.

Como todos los años, yo había ido a recuperar mis orígenes a las tierras celtas occidentales, en la península de Crozon. Hace tanto tiempo que recorro sus landas, sus costas y sus playas que noto cómo crezco de mis raíces. Solía ir con frecuencia a Lostmarc'h. Al principio, casi nadie iba a esas playas aisladas, incómodas para bañarse, solo se aventuraban algunos naturistas si el tiempo lo permitía; después, con la evolución de las costumbres, los «nudistas» fueron haciéndose más numerosos. La colonia había ido aumentando regularmente, los niños crecían, los primeros ocupantes ya eran abuelos o abuelas, el tiempo pasaba. Aún recuerdo el día en que yo mismo albergué mis amores al pie de la ruina de la punta de Lostmarc'h, para protegernos del viento. Le tengo un especial cariño a ese extremo occidental.

Este año habían instalado en el aparcamiento una placa de Monumentos Históricos, ¡qué sorpresa! ¡El letrero que tenía ante mis ojos indicaba

que aquel lugar tan venerable para mí era a la vez un *oppidum* galo datado del año 500 antes de nuestra era y un emplazamiento neolítico con sus megalitos!

Leyenda de Monumentos Históricos sobre *oppidum*: «Fortificación protohistórica (Edad de Hierro) constituida por una doble hilera de muros de tierra y dos fosos. Este espolón sirve, fundamentalmente, como refugio en caso de peligro repentino. En la punta se encuentran también vestigios de un dolmen y de un parapeto». Inscripción del inventario de Monumentos Históricos, 27 marzo 1980 y 23 mayo 1980.

¡Sorprendente! El tiempo recobrado. Pasaba del *oppidum* de Beuvray al *oppidum* de Lostmarc'h y, de regalo, el Neolítico. Lógicamente, estaba impresionado y, a lo largo de todo el camino que lleva a la playa, no pude apartar la mirada de la punta. Todas aquellas coincidencias, la relación entre ellas, ese guiño de la historia, esas «casualidades objetivas»...; revolví todas las ideas que me venían a la cabeza tumbado en la arena caliente. Acababa de reencontrar a los habituales de siempre, la diosa de la playa,

con quien hablé del libro de cocina, y su amigo, con quien discutí de los documentos que existían sobre los posibles yacimientos. Llevaba casi cuarenta años viniendo aquí sin haberme percatado de la presencia histórica y, de repente, me urgía…

Y en aquel momento sentí que aquella apremiante necesidad se tenía que materializar: tenía que dar una continuación a *La cuisine gauloise continue*, una continuación en el tiempo sería la época neolítica, todo se iba encadenando, la experiencia, la vitalidad del emplazamiento, las vivencias, el futuro, el presente, las generaciones que se van sucediendo. Durante el corto tiempo que pasé allí no dejé de pensar en lo que los hombres y las mujeres del Neolítico podían haber cocinado en aquel trozo de territorio frente al mar (casi a nivel del mar).

Ya anteriormente habíamos venido aquí a improvisar meriendas, con una caja de cerillas para encender madera traída por las mareas, cogíamos mejillones, pescábamos quisquillas, recogíamos berberechos y tellinas, buscábamos algún cangrejo despistado y lo poníamos a asar sobre tres guijarros; los días buenos, desnudos o casi, no estábamos tan lejos de nuestros futuros amigos neolíticos.

Recorrí la playa buscando pruebas y encontré hermosos guijarros de piedra dura con forma de hacha pulida un poco desafilada. Los sueños, a veces, hacen milagros. También busqué sílex en el extremo de la península, pero la escasez de tierra no dejaba crecer más que hierba rala y matorrales. Elegí el guijarro más hermoso y empecé a escodarlo con otro, acuclillado allí en la playa, como si no hubiera pasado el tiempo. El resultado no estaba a la altura de mis expectativas, cuestión de paciencia, así que guardé los conatos en la bolsa de playa para afilarlas en Borgoña con una pulidora de disco diamantado, que resultaría mucho más rápido.

El proyecto tomó así forma, una forma muy «buen salvaje aficionado, de vacaciones al sol». Todo habría podido quedarse en una anécdota más, pero Anne había excavado el emplazamiento neolítico de La Molle-Pierre y habíamos hablado muchas veces de ello, teníamos que decidir qué nuevo proyecto abordaríamos al final de las vacaciones, me habían apasionado las cerámicas de la época neolítica y tenía una colección de reproducciones de vasijas, algunos facsímiles en cerámica de hachas pulidas, y sentía una gran ternura por los hombres de los refugios rocosos, los antepasados de los neolíticos, los hombre del nacimiento del arte, los de Lascaux (gracias a G. Bataille, a quien debo este descubrimiento).

Todo iba bien, salían las primeras recetas de orilla de mar, bastante intuitivas; ya habíamos encontrado el tono. De regreso a Borgoña, decidimos partir a la aventura de escribir este libro a cuatro manos; le había prestado a Anne *Le voyage en Bretagne* de G. Flaubert, porque *La cuisine gauloise continue* se había inspirado en *Bouvard et Pécuchet*. La investigación empezó con la lectura de decenas de obras de referencia, porque, por mi parte, tenía mucho que aprender. La documentación se amontonaba en la mesa, pero la cocina arqueológica experimental ya podía iniciarse, con su cortejo de ensayos y descubrimientos: la cocción de bellotas, la de la espinaca silvestre…

Jean-Paul Romac
Septiembre del 2006

Banquete en la playa o picnic neolítico

Trayectoria

Los recursos de la playa saltan a la vista, incluso en la arena. Los troncos que flotan acaban embarrancando cuando hay tormentas o grandes mareas; actualmente, se encuentra mucha madera industrial, como restos de palés, pero antes eran árboles; el bosque debía de llegar a la orilla del mar, los macizos forestales todavía existían hace dos siglos. Abundan los recursos en guijarros de múltiples formas y composición petrográfica. Las algas son accesibles, los moluscos también. Sin tener en cuenta el clima, es fácil imaginarse un rincón del paraíso los radiantes días de verano, en invierno el aspecto es muy diferente. La experiencia demuestra que es posible alimentarse allí, incluso hay cuevas. Un fuego, guijarros calentados al rojo vivo, algunos moluscos, algas, y el banquete puede empezar.

Mejillones de pleamar

Los mejillones de pleamar son pequeños, están adheridos a las rocas que dan al océano; batidos por vientos y mareas, tienen un sabor especial. Hacer una hoguera mientras se recogen los mejillones en marea baja; colocar piedras planas sobre las brasas, dejar que se calienten y disponer los mejillones sobre las piedras calientes, cuando todavía haya brasas ardiendo bajo las piedras; añadir un poco de hierba seca para taparlos, esperar el tiempo que se tarda en mirar las nubes y los mejillones se abren. Sin que-

¿Lostmarc'h en el Neolítico?

marse, ir cogiendo los mejillones —los más listos utilizarán palillos o pinzas—, degustar. Los mejillones tienen un agradable saborcito ahumado; de nuevo, serán los más listos los que sorberán el jugo sin perder ni una gota.

Percebes

En las grandes mareas ir a recoger percebes, patacabras *(Lepas anatifera)*, a las rocas azotadas por el mar. Llenar una olla hasta la mitad con una mezcla

de agua de mar y agua dulce, sumergir los percebes, añadir un manojo de algas para evitar la evaporación y conservar el sabor yodado del conjunto. Cocer a fuego vivo colocando la olla encima de tres piedras sobre las brasas. Dejar que se temple o se enfríe. Degustar sacando el pedúnculo de la piel dura que lo cubre y la uña escamosa; los niños la utilizarán para hacer marionetas, encajándola en los dedos, o para imitar los dedos ganchudos de las brujas.

Pulpo ahumado

Seguramente las sepias (*Sepia* sp.) ya se consumían en aquellos tiempos. La receta sirve tanto para las sepias como para los pulpos pequeños que se encuentran varados en la playa o se pueden arponear en aguas poco profundas. Azotar el pulpo contra una roca para ablandarlo; sumergirlo en una salmuera —para conseguir una salmuera solo hay que dejar una jarra llena de agua de mar al calor de la lumbre—. Dejar reposar un día o dos. Sacar el animal, dejarlo secar al sol y al viento marino, cortar la cabeza en dos y aplastarla. Preparar un buen fuego hasta tener brasas, extender los pulpos en un soporte de ramas y dejar que se ahúmen. Añadir unas pocas algas a las brasas para provocar más humo, amargo pero sabroso. Para degustarlos, rehidratarlos o bien cortarlos en rodajas y pasarlos rápidamente por las brasas.

Los pulpos secos se vendían todavía en Lisboa hace poco, *polvo secco*. Secos se conservan durante mucho tiempo.

Cangrejos a la brasa

Nada hay más sencillo que atrapar un cangrejo, una langosta, un bogavante, un centollo... en un pozo de agua en marea baja. Partir el crustáceo en dos y ponerlo sobre las brasas calientes, boca arriba —necesita poco tiempo—. Romper las patas, chupar la carne. El resultado es diferente según el crustáceo: cangrejo o bogavante.

Quisquillas

En marea baja, buscar un pozo de agua suficientemente pequeño con algunas quisquillas; hacer un buen fuego sobre guijarros e ir a pescar quisquillas. A medida que se recojan, se irán almacenando en el improvisado vivero. Cuando el mar empiece a subir, echar guijarros calientes en el pozo de agua —muchos guijarros, el agua tiene que hervir—, las quisquillas se cuecen en un instante; sacarlas con cuidado porque el agua quema.

Oreja de mar

Los abulones *(Haliotis tuberculata)*, etimológicamente *oreja de mar (auris maris)*,[1] son apreciados por la belleza de sus conchas, ya que el nácar interior está delicadamente irisado en tonos grises, rosas y verdes. Sin duda, los primeros hombres se vieron tentados a utilizarlas como joyas, ya que las conchas encontradas en yacimientos tienen agujeros. La carne también es

[1] La etimología se refiere a la palabra francesa *ormeau:* oreja de mar o abulón. [N. de la T.]

muy apreciada. Arrancar el abulón de debajo de su roca, volver a poner la roca en su sitio (su pesca está hoy en día muy controlada, incluso prohibida); separar el pedúnculo del molusco, envolver este en algas, depositarlo en una roca y golpearlo; su carne tiene que ablandarse. Asarlo sin más, bien sobre un guijarro plano calentado al rojo, bien ensartado en una brocheta, bien ahumado sobre las brasas. Poco común, pero delicioso.

Los abulones secos se conservan mucho tiempo, es un plato muy famoso en China.

Entre lenguados

La pesca a pie con arpón, en aguas poco profundas, permite capturar algunos peces planos, lenguados *(Solea solea)*, acedías *(Pleuronectes limanda)* y, en algunas ocasiones, algún gran rodaballo. Los pequeños lenguados y las acedías muy frescas se asan rápidamente sobre guijarros al rojo vivo. Se tuestan bien por los dos lados y se comen con las manos. La piel queda crujiente y dorada y las espinas se chupan para aprovechar la carne que las rodea. Un pequeño refinamiento: pasar el pescado por avellanas machacadas, que quedarán pegadas a la piel, ligeramente pegajosa, y todo resultará más crujiente. Un pescado por persona, como es lógico.

Hay que prestar atención a los guijarros que se utilizan, algunos explotan peligrosamente, es uno de los riesgos de la arqueología experimental, más peligroso que ingerir espantosas comidas. La caliza se convierte en cal por la acción del fuego.

Lubina

La lubina *(Dicentrarchus labrax)* es objeto de orgullo para quienes la pescan porque frecuenta las aguas agitadas. Se pesca en las rompientes, por eso son abundantes en Lostmarc'h. Los pescadores de la isla de Sein son los únicos que se aventuran en la corriente *(raz)* de Sein para buscar las mejores lubinas de caña. Pero, seguramente, las embarcaciones de los neolíticos no permitían ese tipo de ejercicio.

Elegir una buena lubina —cuando se pesca no hay mucha posibilidad de elección—, quitarle las tripas, asarla sin demora, cuanto más sencillamente mejor. También es posible —pero el sabor será diferente y extrañará a más de un pescador de lubinas purista, que solo la concibe asada o con una salsa...— aromatizarla con unos tallos secos de hinojo que abunda en los taludes, envolverla en algas antes de ponerla sobre las brasas: las algas protegerán el pescado de las llamas y lo ahumarán ligeramente.

Actualmente, hay muchos más surfistas que pescadores de lubinas.

Venus y los cerdos

Cortar una tira de costilla de cerdo y sumergirla en una salmuera de agua de mar hervida. Recorrer el arenal para buscar venus. Caso de no encontrarlas, ya que, en Bretaña las venus no salen a flote si no hay buen tiempo, recoger chirlas (*Venus* sp.) o tellinas *(Tellina baltica)* o berberechos *(Cardium edule)* o almeja fina *(Venerupis decussata)*; lavarlas en algún charco de agua limpia. Ahumar ligeramente las costillas sobre un fuego de leña —las costillas tienen que secar, ahumándose solo un poco, sin hacerse mucho—, cortarlas en tiras y, luego, romper el costillar de modo que cada hueso tenga su porción de carne. Poner en cuencos —lo ideal es un cuenco por comensal— unos trocitos de costilla, cubrir con agua de mar mezclada con agua dulce, añadir alguna hierba y cocer lentamente hasta que se seque todo el jugo; añadir, en ese momento, dos o tres puñados de moluscos, revolver con un palo, dejar que se abran y degustar la mezcla.

Este original plato se sigue ofreciendo al sur del gran arco atlántico. En Portugal, se prepara de diferentes formas; la primera vez que lo degustamos fue en un peque-

ño restaurante de París, Au Soleil de Portugal, cuya dueña, portuguesa, explicaba, con su típico acento, que el plato estaba rico y que llevaba carne, hortalizas y marisco. Se llamaba *patatas a la alentejana;* hay variaciones con otros nombres como *cerdo con almejas*, en Lisboa…

Ostras envueltas en algas *nori*

En las grandes mareas se pueden encontrar ostras (*Ostrea* sp.) cerca de las desembocaduras de los ríos y arroyos. Recoger ostras, cuanto más grandes mejor —su tamaño es proporcional al coeficiente de marea—. Hacer una gran hoguera, esperar hasta tener un montón de brasas, colocar guijarros encima, dejar que se calienten, poner las ostras hasta que se entreabran y aprovechar, entonces, para abrirlas del todo. Separar la ostra de la concha, escurrirla, enrollar la ostra en un alga comestible —abundan los *noris* en las rocas de Lostmarc'h y alrededores, al igual que las lechugas de mar que se encuentran en la arena—. Volver a colocar el papillote en la concha y ponerla sobre las brasas. Se come tibia, procurando no quemarse.

Coles marinas

Todavía se encuentran coles marinas *(Brassica oleracea)*, pocas, en Lostmarc'h; son más abundantes en la playa de al lado, La Palue, accesible en marea baja. ¡El lugar está protegido, así que no se puede cortar ni una hoja! Qué placer morder una hoja bien dura, al salir del baño, para acompañar unos mejillones ahumados.

Guiso de coles marinas con berberechos

Coger unas hojas de col sin arrancar el tallo, cortarlas en tiras. Recoger berberechos y abrirlos calentándolos en seco en un cuenco. Reservar el jugo y devolver la arena a la playa (que también está protegida); sacarlos de las conchas, calentar en el cuenco el jugo de los berberechos, al que se habrá añadido un bol de agua de mar y de agua dulce, incorporar las tiras de col y los berberechos y cocer hasta que se evapore todo el agua, procurando que no se pegue.

Coles marinas, carne y moluscos

Cortar unos trozos de costilla de cerdo y tiras de hojas de col marina. Fundir grasa en un cuenco —manteca de cerdo a ser posible—, incorporar la carne y la col, dorarlos ligeramente. Apartar del fuego, esperar que temple y añadir agua hasta cubrir; poner de nuevo al fuego y, cuando no quede agua, añadir los moluscos, cuyo jugo, al abrirse estos, le dará al plato un sabor yodado y salado. El tipo de molusco depende de la suerte: almeja, berberechos, pechinas…

Recorrer la landa en busca de frutas del bosque

El paisaje ha cambiado, aún quedan algunas frutas pequeñas: moras de sabor salado, endrinas deliciosamente incomibles incluso tras las heladas (pueden incorporarse a un trozo de cerdo para darle color y transmitirle su astringencia), escaramujos para degustar tras las heladas y majuelas para picotear. Los arándanos, más accesibles, prefieren los suelos graníticos, en la península todo está mezclado: granito, esquisto, caliza...

Canto rodado de moler

Nada más fácil que encontrar un canto rodado apropiado, suficientemente grande y pesado, pero no demasiado; solo hay que recogerlo cuando se ve uno mientras paseas por la playa. Encontrar una superficie sobre la que moler no presenta problemas: hay placas que se desprenden regularmente del acantilado bajo el *oppidum*. A la orilla del mar, el cultivo del trigo y de la cebada debía de plantear más problemas, a menos que un bosque desmedrado protegiera claros resguardados.

Torta de algas

Moler cereales, granos de trigo o de cebada, separar la paja de la sémola y de la harina. Preparar una levadura natural —mezclar, en un bol, harina y unas pizcas de algas secas, cubrir con agua dulce: pasadas dos mareas se formarán burbujas—. Hacer una masa con agua de mar, la levadura y la mezcla de sémola y harina. Mantener caliente en un cuenco, hasta que la bola duplique su volumen. Las brasas de una gran hoguera habrán calentado las piedras sobre las que pueden cocerse tortas muy finas. El resto de la masa se puede cocer en un cuenco.

Y así empieza todo, a la orilla del mar, y viaja, luego, tierra adentro, como al principio de la era neolítica..., haciéndonos ir tras los pasos de aquellos lejanos antepasados.

Referencias neolíticas

Referencias neolíticas

Referencias neolíticas

No todos los arqueólogos coinciden en una misma definición del Neolítico; para unos es el paso a la agricultura, para otros a una vida sedentaria, para otros a nuevas técnicas... Todos coinciden, eso sí, en situar el inicio del Neolítico unos diez mil años antes de nuestra era, al este de la cuenca mediterránea (en el Creciente Fértil, a veces interpretado como el paraíso terrenal). Algunos hablan de revolución, el cambio se operó a lo largo de más de mil años y migró hasta los confines occidentales de Europa. Una de las grandes incógnitas es saber si lo que hubo fue una migración de pueblos o si, como pensamos nosotros, lo que promovió el cambio de vida, el *neolithicam way of life*, fue una invasión cultural de proximidad, una aculturación, ¡había nacido el imperialismo!

El periodo que nos interesa va de –5000 a –2000; después, aparecen los metales y los metalúrgicos.

Nos hemos limitado a los territorios de la mitad norte de la actual Francia, de Bretaña a Borgoña. En aquellos tiempos, había tres culturas principales en función de las vías que seguían las migraciones culturales:

— en el perímetro mediterráneo, el cardial, por las típicas decoraciones de su cerámica;
— la corriente danubiana, en torno al valle del Danubio;
— el arco atlántico, original por sus megalitos.

En nuestras regiones, las influencias de la cultura mediterránea suben por el valle del Ródano y se mezclan con las culturas danubianas.

Para facilitar la lectura, las fechas se indicarán con la notación 5000, de nuestra era, o –5000, en lugar de 5000 antes de nuestra era, para que no haya ninguna confusión.

En aquella época, el clima se hace más clemente; más propicio, en todo caso, para las empresas humanas. Las temperaturas son más suaves, se sale de un periodo frío y, después, el clima se degrada: se acabó el paraíso por razones desconocidas y, sin duda, no por culpa de Adán. Esta época es contemporánea de las historias de la Biblia. Adán habría nacido en –4004.

Entre los cambios acaecidos y constatados están la agricultura y la ganadería, que van a la par de una sedentarización y la construcción de casas. Al margen del ingenio del hombre y su sed de avances técnicos, los motivos no se conocen. Se puede, no obstante, aventurar que el hombre consideraba más cómodo tener el ganado a su disposición sin tener que volver, o ni siquiera volver, con las manos vacías de la caza, así como almacenar provisiones de alimentos, gracias a los cultivos, sin tener que

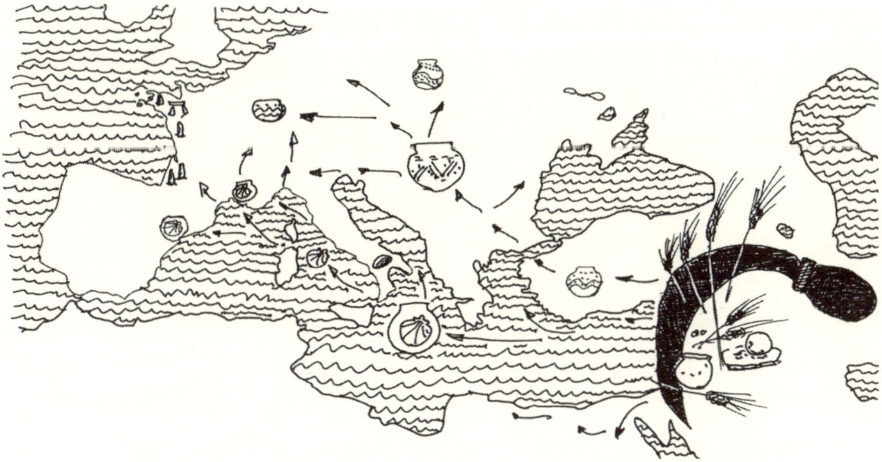

La migración de las culturas cardiales y de bandas a partir del Creciente Fértil
La hoz acompañaba la cultura de los cereales de distinta forma

depender siempre de la estación de la recolección. Son los inicios de la ingeniería, de las previsiones y de la organización. Y tuvieron éxito, porque no se detecta malnutrición y, gracias a la relativa profusión del alimento producido, hubo una explosión demográfica. Era la época inaugural de un mañana feliz...

La vida se organiza en aldeas de cincuenta a ciento setenta personas. Las ventajas de ello tienen que ser constantes para que se generalice el modelo: los ciclos vitales de las personas son todavía cortos, la esperanza de vida es baja, 25-30 años, no mucho menos que en la Edad Media, aunque las medias no son demasiado representativas de la vida real, a causa de la gran mortalidad infantil y de mujeres en su primer embarazo. La vida en comunidad permite la transmisión de saberes y de prácticas, no solo por filiación directa, y el grupo puede garantizar la continuidad y el incremento de competencias.

En esta época asistimos a un inicio de especialización: los hombres cultivan, las mujeres cocinan, procrean y hacen cerámica. Podríamos extrapolar y suponer que se tomaban decisiones: sobre organización de los cultivos, de las siembras, del desbrozo, cálculo del número de animales, construcciones, migraciones. No todos los hombres serían iguales con respecto al trabajo y a la promoción social, aunque no hay elementos que indiquen riqueza ostentosa. Quedan trazas de canibalismo, los sabios probablemente asentaran su poder sobre bases tanto espirituales como arbitrarias y es posible que se realizaran sacrificios: aparecen en la Biblia, una de las únicas referencias escritas y tradicionales que nos ha llegado. El control del paso del tiempo es fundamental para los cultivos; se hizo, probablemente, por observación, tanto de fenómenos como del cielo.

Conviven las cigarras y las hormigas y, en aquellos momentos en los que la tierra está poco poblada, los pueblos se dotan de sistemas defensivos; de ahí a pensar en inseguridad, codicia, agresividad, explotación del hombre por el hombre, no hay más que un paso (mencionado precisamente en las Tablas de la Ley entregadas a Moisés en más o menos –2000).

El cultivo se limitaba a los cereales (trigo, cebada) y leguminosas (guisantes, chícharos, lentejas). La adormidera es la otra planta cultivada, junto con el lino.

Los animales domesticados son el buey, el cordero, la cabra y el cerdo. Todavía no existen el corral ni las gallinas (llegadas en la Edad del Bronce). Los recursos son limitados, pero suficientes. Los bosques cubren una gran parte de los territorios, la recolección y la caza aportan complementos a veces esenciales, por ejemplo, las bellotas.

El bosque era una fuente de alimentos para los cazadores-recolectores y se quema para dejar sitio a los cultivos durante algunos años, antes de que vuelva, progresivamente, a recuperar su lugar. Es difícil acabar con las malas hierbas.

La organización en comunidades ofrece ventajas, en concreto con respecto a la carne: un buey alimenta a un pueblo durante casi una semana, un cordero un día, la conservación no es un problema en estos casos. El saber de los cazadores perdura y algunas piezas de carne se ahúman.

La suavidad del clima y la construcción de casas aportan comodidad y, por qué no, bienestar a las poblaciones que se lo merecen.

Estos pueblos no están tan aislados como podría pensarse. La población no basta para garantizar la variedad genética y la especialización conlleva intercambio de bienes, como hachas pulidas, cuya procedencia es bastante fácil de determinar. Se encontraron conchas en zona continental, lo que puede indicar tanto migración como intercambio. ¡Todo tiene valor de cambio! Tanto vale una hermosa hacha pulida, un asta de ciervo, una cerámica o una joven... ¿Y si aquellos maravillosos tiempos de los buenos salvajes hubieran sido el inicio de la esclavitud?

Las herramientas son todavía de piedra, pero eficaces; de sílex para los cuchillos, rascadores y hoces; de piedra dura pulida para las hachas y azuelas, que son las herramientas para todo. Algunos bastones especiales sirven para revolver los guisos o enterrar los granos. Un poco de cestería para fabricar cestas y nasas, trenzado para los odres y cintas, curtido de la piel de los animales para combatir el frío de las noches, tejido para las telas y colgaduras; es el principio de la vida doméstica y el bienestar material.

Aunque las provisiones no sean demasiado variadas, podemos suponer que, en aquella época hedonista, las mujeres ya habrían descubierto la gastronomía, cosa que aquí tratamos de redescubrir.

Los utensilios de cocina son limitados, tanto en número como en calidad. Hay ollas de barro cocido que, en algunos casos, soportan el fuego. Este está presente en todas las casas, es decir, en todos los hogares. Los hogares tienen encima un entramado de ramas que permite secar o ahumar los alimentos. Esta bendita época (sic) conoce el pan, por consiguiente la levadura, por consiguiente la fermentación, por consiguiente las bebidas alcohólicas.

Esta presentación general de la época y la cultura neolíticas solo pretende que los cocineros se familiaricen con sus nuevos amigos. Esto es un libro de cocina y no un informe arqueológico más; lógicamente, nuestras simplificaciones y generalizaciones no pueden reflejar tres mil años de cultura en un continente entero.

En otro tiempo, al Neolítico se lo conocía con el bonito nombre de *edad de la piedra pulida*.

Algunas fechas de referencia. Nacimiento (sic) de Adán y Eva: –4004; muerte de Adán: –3074. Nacimiento de Noé: –2948; muerte: –1998. Diluvio: –2348. Nacimiento de Abraham: –1996. Sacrificio de Isaac: –1871.

Hábitat bajo rocas

El hábitat

La vida en grupo y la sedentarización se fueron organizando en pueblos. Las casas son sólidas, ya que se construyen con multitud de postes y un armazón que sostiene un tejado de bálago (paja, junco u otros vegetales). Las paredes, bajas, son de adobe o de tablas. El tamaño de las casas impone, unos seis o siete metros de ancho, y son muy largas, unos quince metros, a veces más, a veces menos. La gran abundancia de postes permite hacer separaciones y dedicar los espacios a diferentes actividades: espacio de vida y fuego, almacén, redil... El adobe y el bálago son buenos aislantes. Las casas están orientadas en el sentido de los vientos dominantes y están rodeadas por fosos, inicialmente cavados para extraer la tierra del adobe y también para recoger el agua de las lluvias y ser utilizados como vertedero. Es el principio del bienestar y del cuidado del medio ambiente.

Los arqueólogos encontraron trazas de los postes clavados en el suelo, por lo general calzados con piedras. La madera se descompone dejando un nicho de materia orgánica.

A la orilla de los lagos, las ciudades lacustres, mejor conservadas, han sido especialmente estudiadas.

Cuevas y refugios bajo rocas

Las cuevas y refugios bajo rocas fueron ocupados desde la noche de los tiempos, al menos desde que se domesticó el fuego. Es un medio privilegiado para la conservación de restos arqueológicos. La ventaja de estos emplazamientos es que en ellos se va superponiendo la historia durante periodos muy largos y de manera continuada hasta periodos recientes. Es posible que aquellos hábitats tuvieran, en la época, un carácter marginal, ya que, por lo general, no tienen capacidad suficiente para un pueblo entero y, en el Neolítico, no se conoce ninguna granja aislada. El uso de esas cuevas sigue siendo una incógnita: almacén, refugio, escondite, lugar de culto, redil o simple refugio de caza. La tradición existe desde la época anterior, en la que el hombre de las cavernas adornó con dibujos las cuevas, como en Lascaux.

Más adelante (en la última parte) se presenta el estudio de La Molle-Pierre, un caso especialmente interesante.

Los recipientes y las cerámicas

La cerámica o barro cocido se conserva durante mucho tiempo, al margen del lugar en el que se haya abandonado y de la profundidad a la que se encuentre; los objetos de barro cocido son frágiles, se rompen, pero los fragmentos subsisten; son marcadores fundamentales para la arqueología.

Los arqueólogos han encontrado fragmentos en todos los hábitats ocupados; a no ser que haya sido a la inversa: que solo hayan encontrado los emplazamientos que contenían fragmentos.

En un periodo tan amplio en el tiempo y el espacio, es lógico que haya habido gran diversidad de formas y calidades en los recipientes de cerámica. Todos ellos tienen características comunes, debidas a los niveles técnicos y a las expresiones artísticas de la época, a las respuestas funcionales a las necesidades de los hombres. Los alfareros, sin duda las alfareras (tradicionalmente, es una actividad típicamente femenina o asignada a la mujeres), seleccionaron las tierras arcillosas más adecuadas. Los hombres recorrían grandes distancias para encontrar buen barro.

La elaboración utiliza principalmente la técnica «a colombino», que permite una gran libertad de formas. Casi todos los fondos son redondos, hemisféricos. Los fondos redondeados permiten que el recipiente se sostenga bien en superficies blandas o accidentadas; también son más resistentes mecánicamente y soportan mejor los choques térmicos (que conviene evitar).

Algunos barros son demasiado blandos y no aguantan, a no ser que se añada una hilera de colombinos cada día, y aun así, hay que añadir un elemento estructurador: el desengrasante. Los desengrasantes utiliza-

dos son variados: paja, calcita, silicio, huesos o caparazones de caracoles molidos, barro cocido machacado —en este caso, es una chamota—. Los recipientes se cuecen después de haber secado. El resultado depende mucho de la temperatura de cocción, las cerámicas sin esmaltar son porosas a baja temperatura, pero el barro va consolidándose al aumentar la temperatura, hasta vitrificarse a temperaturas superiores a los 1.000 °C; algunos barros se vitrifican, pero se desmoronan. En el Neolítico, los métodos de cocción no permitían alcanzar esas temperaturas tan elevadas; los estudios indican que las cocciones llegaban a 700 u 800 °C, en el mejor de los casos. La cocción de recipientes grandes era más delicada que la de los pequeños, como es lógico.

Los recipientes pueden clasificarse en dos categorías: los recipientes de almacenamiento y los utilizados para las cocciones. Los primeros se cuecen lo mínimo, basta con un rato; pueden tener diversas capacidades: de medio litro a treinta, en pocos casos cincuenta. Los que se utilizan para ir al fuego suelen ser más pequeños, de medio a cinco litros. Las formas varían, la calidad de los recipientes, término que preferimos al de *cerámica*, varía en función de las necesidades y de las épocas. Al principio del periodo neolítico, las paredes son finas y, por lo general, decoradas; al final, son más gruesas y sin decoración, lo que puede interpretarse

La cocina de la cerámica de bandas

como la transformación de un objeto de lujo en un objeto puramente utilitario y que pasa a ser de uso común. Entre las decoraciones hay que mencionar las realizadas a partir de conchas, sobre todo de berberechos (*Cardium*). Esas decoraciones, típicas de la zona mediterránea, han servido para dar nombre a las poblaciones, la cultura y la época *cardial*. En otros lugares, las decoraciones longilíneas dieron lugar a la cerámica *de bandas*. Las formas especiales del valle del Danubio, muy esféricas, dieron lugar al *danubiano*. Algunos recipientes presentan abultamientos, probablemente destinados a evitar que resbalaran de las sujeciones para suspenderlos. Otros abultamientos, dos tetas o dos labios, evocan un símbolo femenino.

Los recipientes son tan porosos que, en el primer llenado, se puede ver el nivel desde fuera. Con el uso se harán herméticos, ya que los poros se irán cerrando progresivamente. Existe un método muy sencillo para curarlos rápidamente: llenar de leche el recipiente, dejar que penetre en el barro, vaciarlo; la leche es recuperable, solo contiene un poco de polvo de arcilla cocida. Calentar en seco progresivamente hasta que adquiera una coloración castaña clara en el interior. El cacharro está curado. Una vez

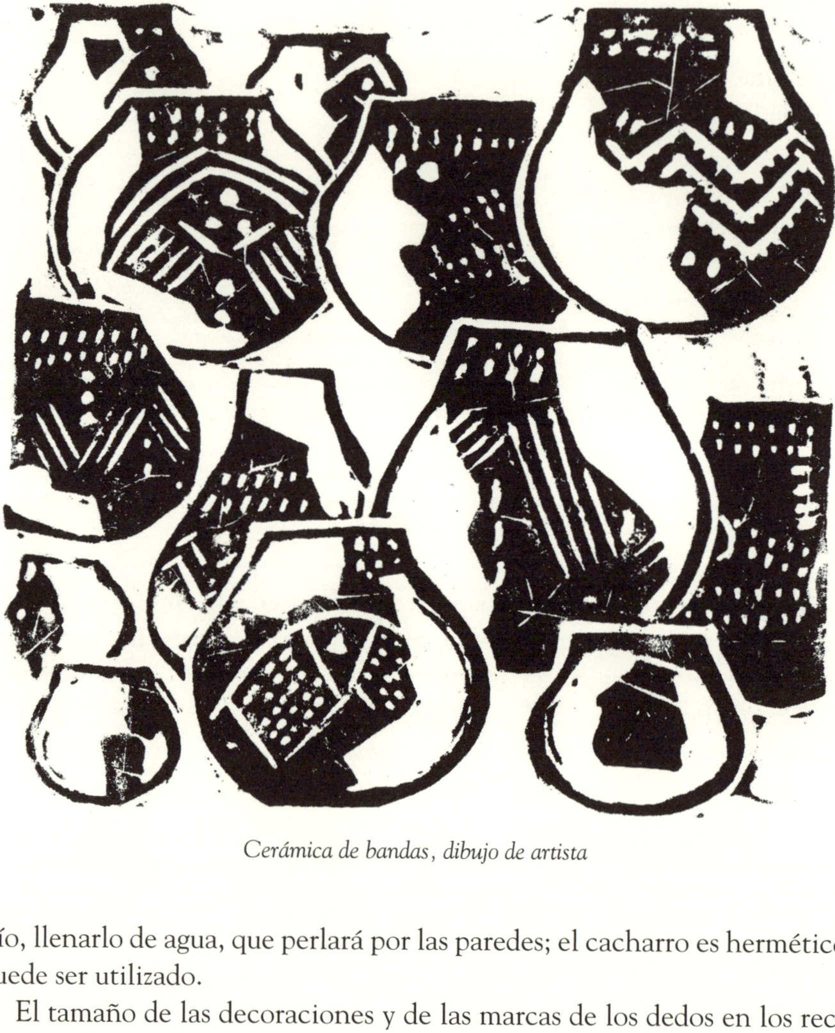

Cerámica de bandas, dibujo de artista

frío, llenarlo de agua, que perlará por las paredes; el cacharro es hermético, puede ser utilizado.

El tamaño de las decoraciones y de las marcas de los dedos en los recipientes permite determinar la altura del alfarero y hace pensar que fuera este una alfarera, al menos como ocurría en la gran época de la cerámica en Puisaye, en la que la realización de la decoración solo se asignaba a las mujeres.

La batería de cocina

La realización práctica de las recetas requirió la fabricación de un cierta cantidad de material, reducida pero significativa y suficiente para llevar a cabo las recetas. Nos hemos limitado a los cacharros destinados a la cocción, sin detenernos en los de almacenamiento. Para facilitar las explicaciones hemos clasificado los cacharros y les hemos puesto un nombre convencional.

La olla es el cacharro de mayor tamaño utilizado; alta o ventruda, tiene una capacidad de tres a cinco o seis litros.

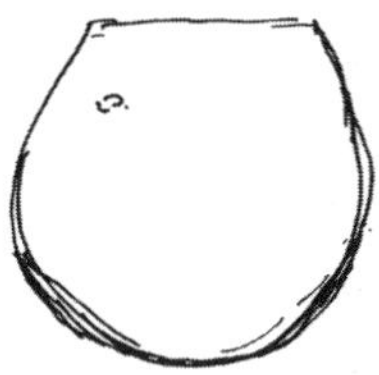

El cuenco, un cacharro muy abierto, más ancho que alto, cuya capacidad va de medio litro a dos litros.

La vasija redonda es de forma esférica y de entre tres cuartos de litro y litro y medio de capacidad.

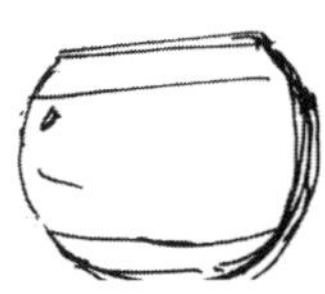

El bol, de medio litro.

La botella, una especie de olla, pero con un cuello marcado; muy útil para hervir leche sin que se derrame.

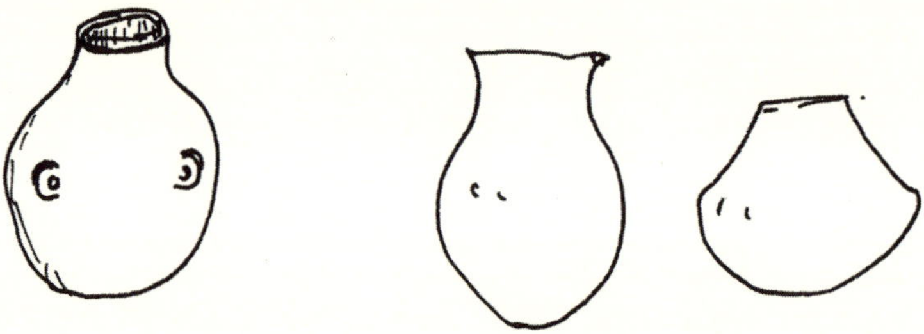

La fuente de pan o de torta, un disco de cerámica para cocer el pan o las tortas.

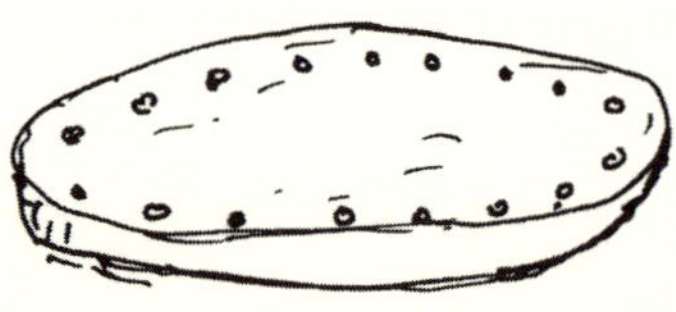

El cucharón, especie de bol pequeño con un asa lateral.

Los utensilios de cocina

Los utensilios eran variados; estudios recientes demuestran que los hombres se adueñaron de ciertos utensilios y las mujeres de otros, respetando así el reparto de tareas. Por ejemplo, el hombre es quien mata a los animales y los trocea; la mujer cocina, trata las pieles, hace cacharros... Nos vamos a limitar a la cocina y a los utensilios de la mujer neolítica.

La mujer habría tenido siempre al alcance de la mano una raedera, incluso colgada del cuello. Este utensilio para todo tiene una tremenda eficacia; puede rebanar un cuello con toda facilidad, cortar carne, rascar una piel —el uso más característico— y picar carnes o hierbas. La raedera no deja de recordar la forma de las actuales; se sujeta bien con la mano, más fácilmente que un cuchillo o una hoja larga, aunque estos últimos gozan de mayor prestigio, todo hay que decirlo.

¿Una raedera? Cada mujer tendría su raedera preferida y personal, lo que no excluye una panoplia de herramientas de diferentes tamaños. Seguramente, también se utilizaban esquirlas de sílex cortantes para trabajos pequeños.

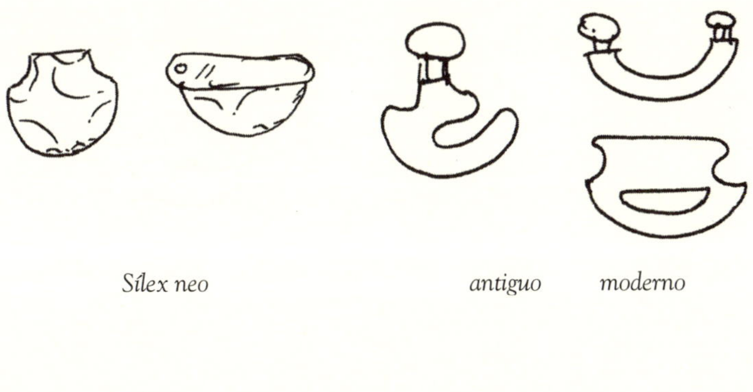

Sílex neo *antiguo* *moderno*

Mujer moliendo

La raedera sigue teniendo su equivalente en los trabajos de encuadernación y de curtido de pieles, profesiones que utilizan un cuchillo de media luna para todo: cortar el cuero, un cartón, cordeles…, la semejanza es extraordinaria.

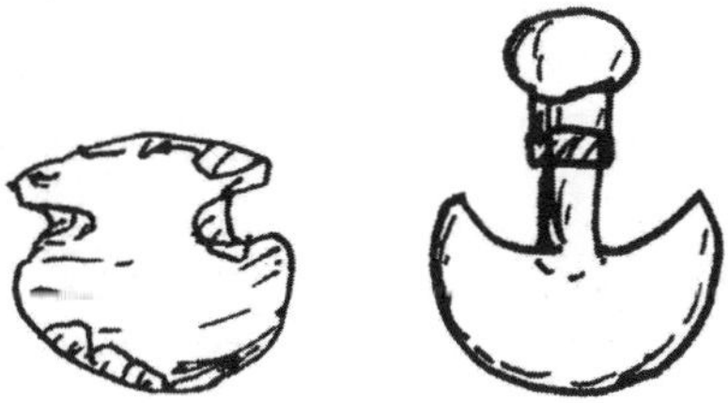

El otro utensilio fundamental, en una alimentación a base de cereales y legumbres, es el mortero. La construcción del mortero es bastante sencilla: una mesa, consistente en una simple placa de piedra y un buen guijarro. Se pueden encontrar sin mucha dificultad las formas adecuadas en estado natural. Hay que evitar las rocas blandas o que se desmoronan, como algunas areniscas, si se quiere obtener harina sin arena ni polvo de piedra. El mortero también sirve para moler pigmentos y diversos materiales necesarios en alfarería para producir desengrasantes.

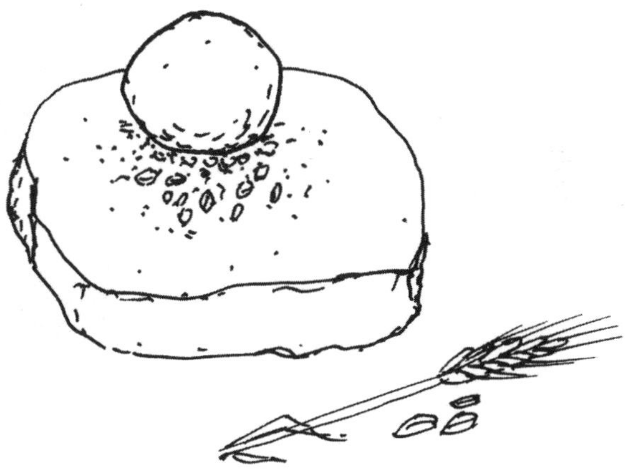

Se utilizan diversos bastones, varillas, pinzas, brochetas y escobillas para remover, batir, revolver…

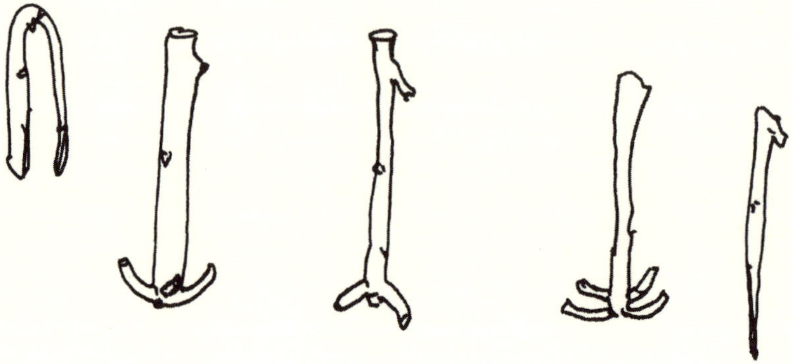

Es de destacar el revuelvegachas, muy abundante en las excavaciones, cortado de la copa de un árbol resinoso; los garrones de las ramas se adaptan al interior del cacharro para evitar que el contenido se pegue. No conviene sacarlo de abetos jóvenes. Después de Navidad, puede sacarse de los árboles de Navidad abandonados.

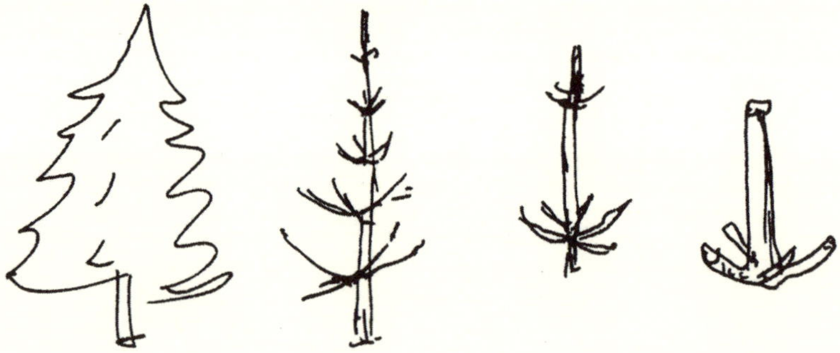

Los cucharones son de barro cocido o de madera tallada. Estos últimos son más difíciles de hacer, pero no se rompen y evitan quemaduras cuando se prueba la sopa.

Recordemos que los hombres disponen fundamentalmente de tres herramientas, que suelen encontrarse en las tumbas: el hacha pulida, la azuela y el gran cuchillo de sílex. Estas herramientas son suficientes para los trabajos corrientes; es fácil imaginarse el despiece de un buey y el desmembrado de las articulaciones con la azuela...

La cestería era habitual, se han certificado cestos y otros recipientes: el cesto plano puede utilizarse suspendido sobre el fuego para secar los cereales o tostarlos, así como para ahumar las carnes. Algunos trenzados se utilizaban como cedazos o nasas.

El despiece se hacía con métodos diferentes a los actuales; por facilidad y economía de medios, el hombre tenía que separar músculos enteros, limitando el despiece transversal a la veta de la carne, lo que permite recuperar tendones y nervios que servirán como fibras sólidas. Los huesos solo se rompen para sacar el tuétano.

«Al principio de mi carrera solo veía el buey. Tras tres años de ejercicio ya no veía al buey. Ahora mi espíritu funciona antes que mis ojos... Conozco la conformación del buey y solo intervengo en los intersticios. No lesiono las venas, las arterias, los músculos ni los nervios, y mucho menos los grandes huesos. Un buen carnicero gasta un cuchillo al año porque solo corta la carne. Un carnicero ordinario gasta un cuchillo al mes porque lo mella contra los huesos. He utilizado un mismo cuchillo durante diecinueve años. Ha despiezado varios miles de bueyes y su filo siempre parece recién afilado.»[2]

[2] Tchouan-Tseu: *Philosophes taoïstes*, t. 1, París: Gallimard, 1980, p. 106 (La Bibliothèque de la Pléiade).

Los hogares y la cocción

Para cocer hay que hacer fuego, única fuente de calor conocida en aquella época. Es sencillo o casi; y quien dice fuego, dice hogar, pero las cosas empiezan a complicarse cuando se pretende clasificar los hogares en una tipología. ¿Influye la tipología en la gastronomía? Los hogares se clasifican, por lo general, en función de dos criterios principales: planos u hondos, rodeados de piedras o no, de donde salen cuatro combinaciones; después hay que determinar la presencia o no de piedras calientes en el hogar. La presencia y el uso de esas piedras, que no hay que confundir con los guijarros calentados, sigue siendo asunto de debates y coloquios. Los principales usos potenciales de las piedras son los siguientes:

— servir como morillos, para quemar grandes trozos de madera;
— sostener las ollas;
— almacenar calor, para una cocción estofada;
— asar alimentos colocados sobre las piedras, sin que estén en contacto directo con las brasas;
— servir como suelo, para evitar que el hogar se socave al vaciarlo.

Tipología

Plano *Hueco*

Habría que añadir un modelo de hogar compuesto por un conato de voladizo de piedras, que hace de chimenea hacia el exterior y de radiador en el interior. Este modelo es especialmente eficaz; lógicamente, las piedras caen regularmente en el hogar y hay que volver a ponerlas en su sitio. Se pueden introducir ramas en los espacios que quedan entre las piedras de la estructura para secar, ahumar o acecinar alimentos. Esas piedras que quedan abandonadas están en el interior y a los lados, así que parece un hogar hueco rodeado de piedras calentadas.

En el arco atlántico sabían construir el montaje en voladizo, sobre todo para la construcción de tumbas.

Los guijarros calentados se colocaban en el fuego y se retiraban luego para calentar alimentos fuera del hogar.

Este tipo de hogar sigue siendo utilizado por los excursionistas en las orillas del mar Negro (que formó parte del Creciente Fértil).

Hay otro tipo de hogar diferente: el hogar en foso con piedras calentadas, por lo general denominado *hogar* u *horno polinesio*. El horno polinesio utiliza trozos de lava, que tienen una resistencia al calor y a los choques térmicos muy superior a cualquier otra roca, como el granito.

No queda mucho espacio para una base de barro cocido. Este tipo de base, por lo general, está incrustado en fragmentos de barro que el fuego cuece in situ. Es el hogar de las viviendas lacustres de madera.

¿Qué más soluciones existen, aparte de los hornos, para hacer fuego?

Existe un modo de cocción sobre piedras negras, simplemente calentadas al sol, método que no se adapta bien en nuestras latitudes.

Los modos de cocción

Los hogares dejaron carbón de leña, cenizas y otros vestigios inmediatamente reconocibles por los arqueólogos. Los objetos que pasaron por el fuego conservan su huella: ollas ennegrecidas, maderas quemadas, piedras requemadas, huesos carbonizados...; sin fuego no hay cocción; sin fuego tampoco hay huellas, los hábitos de la comida cruda se nos escapan y no se excluyen, como es lógico, pero, desde hace miles de años, la cocción de los alimentos forma parte de las prácticas alimentarias de los humanos.

La reunión de estos elementos permite deducir los modos de cocción. Yendo de lo más sencillo hasta lo más sofisticado tenemos: asar directamente al fuego; ahumado en caliente con el humo que sale del fuego; ahumado en frío; sobre brasas; sobre piedras colocadas encima de las brasas; sobre piedras calentadas; estofado sobre brasas y en ollas de barro cocido; cocción en agua de verduras, que facilita la digestión. Hay hornos, aunque son escasos.

La parrilla

El arte de la parrilla no es nuevo en aquella época. Hay diferencias entre los restos arqueológicos de un animal que se echa entero en una gran hoguera y la cocción delicada de brochetas o de un pernil de cierva. En el primer caso, cuando los miembros se desprenden están quemados por un extremo y crudos por el otro; en el segundo, los espetones están colocados en soportes que mantienen las carnes a una buena distancia del fuego y que nunca llegan a carbonizarse (excepto por descuido). Dominaban tanto el arte de la barbacoa como el del asado a fuego lento.

Las piedras calentadas

La utilización de piedras calentadas es probable, pero pocas piedras resisten los choques térmicos, excepto las lavas. La presencia de piedras que pasaron la prueba del fuego suscitó debates sobre su utilización práctica. Pueden dejarse en el sitio y utilizarse como base para la siguiente hoguera.

La técnica consiste en calentar muy intensamente piedras que resistan el calor y colocar alimentos encima, fuera del fuego. Las piedras colocadas sobre las brasas permiten asar pescados o carnes, mantienen una cierta distancia con las brasas y aíslan de la llama directa. Las placas de pizarra o de lava son ideales para ciertas parrillas y para la cocción de tortas; ya existía la moda «a la piedra». Una variante de esta técnica es sustituir las piedras por discos de arcilla cocida.

Otro uso más cuestionable es el de la piedra calentada sumergida en un recipiente con líquido. Los recipientes de la época son, por lo general, de barro cocido y sufren con los cambios; tienen una gran inercia térmica y suelen ser de pequeño volumen. Los cálculos son muy desfavorables...

«Visto en la tele», principios de junio del 2007, hacia las 21 h. Un reportaje sobre los nómadas bereberes del Atlas. Estos nómadas introducen una piedra caliente en la bola de masa de pan antes de dejarla cocer al calor de la lumbre.

Ahumado, acecinado

En las cuatro esquinas de algunos hogares, los arqueólogos detectaron la presencia de agujeros para estacas. Esas estacas debían de ser horquillas que sujetaban un entramado de ramas para formar una especie de soporte alto. Esta superficie a distancia permitía ahumar alimentos o secar carnes y granos. La intensidad del fuego y del humo tenía que controlarse para obtener buenos resultados y para que el dispositivo no ardiera. Además, es probable que se utilizara un segundo hogar para obtener brasas. El acecinado es una especie de ahumado en caliente.

Horno polinesio

Aunque el clima fuera más clemente que el actual, nuestras regiones no se parecían a la Polinesia, pero, fantasía de arqueólogo, hay muchos hoyos llenos de guijarros o de piedras identificados como hornos polinesios. El horno polinesio necesita gran cantidad de combustible; los cascarones de nuez de coco, por ejemplo. Cortar madera de roble con un hacha de piedra en cantidad suficiente es desproporcionado en relación con el rendimiento.

Es probable que se haya utilizado la cocción en hoyos de pequeño tamaño; cavar un hoyo de tamaño adaptado a lo que se quiere asar —un buey entero, no; como mucho un cordero— y hacer una gran hoguera. Cuando está tapizado por una capa de brasas, colocar guijarros y, luego, el alimento envuelto en hojas; cubrir con más hojas y dejar estofar. El método va bien con una liebre, una polla de agua, un jamón. Se puede cubrir con tierra y volver al día siguiente, después de la jornada de la caza.

Cocción en ollas, cocción en agua

El tamaño de las ollas de la época, destinadas a la cocción, es modesto, de uno a cinco litros; no sirve para grandes trozos de carne. La utilización de las ollas era especializada, algunas servían para cocer bellotas, otras para gachas —los restos calcinados espesos indican usos repetidos y casi exclusivos—. Se puede suponer razonablemente que las cocciones se hacían en un recipiente por persona, en especial con las ollas de un litro, que son muy abundantes; esa capacidad es la de una comida y en algunos periodos del Neolítico no hay ni platos ni escudillas. Las ollas resisten mal los choques térmicos, su manejo requiere vigilancia y aprendizaje. Las ollas de fondo redondo o bien se encajan entre piedras (piedras que se calentarán, según los arqueólogos, sin una misión específica) o se ponen en torno al fuego. La cocción es lenta, el aumento de la temperatura es progresivo. En esas condiciones no se puede ni cocer un ave de buen tamaño.

Cocción al horno

Se han encontrado algunos hornos. El horno está formado por una base cubierta con una bóveda de arcilla. El calentamiento se hace con fuego y, más probablemente, se alimentaría con brasas de otro hogar. El uso del horno presenta muchas ventajas, en concreto la de conservar el calor por la noche, absorber la humedad y evitar que las chispas puedan hacer arder las casas. Es posible que se hayan utilizado con fines culinarios.

Los marinos deportivos solían utilizar guijarros o recipientes de barro para calentar los camarotes y absorber la humedad. Solo había que colocar el recipiente boca abajo sobre el cámping gas y calentarlo. Vieja técnica.

Los recursos

El paso a la agricultura y a la ganadería modificó considerablemente el modo de vida y los hábitos alimentarios. En la época de los cazadores-recolectores la preparación de las comidas tenía un carácter muy oportunista: cocina de temporada, con la recolección, y caza, dependiendo de la suerte. La vida en el Neolítico se fue organizando y podemos imaginar que la dinámica —con todas las reservas posibles, ya que se trata de un tiempo de tres mil años— orientada a controlar la producción fue acompañada por investigaciones culinarias. El confort y la seguridad son un principio de hedonismo, acompañado de descubrimientos gustativos, incluso gastronómicos.

El inventario de recursos se hace rápidamente. La agricultura produce cereales y leguminosas. La ganadería, bueyes, corderos, cabras y cerdos. El perro, domesticado desde hacía tiempo, desde la gran época de caza, se consumía accesoriamente. La recolección y la caza aportan los complementos. La transformación de los productos empieza a adoptar una forma más organizada: hay que planear reservas, conservar y calcular los recursos adaptados a la población... La cocción en agua es un gran avance, permite preparar —y digerir— las bellotas, los cereales y las leguminosas secas.

La leche es un subproducto de la ganadería, su uso está demostrado tanto por los escurridores como por los restos de caseína en el fondo de las ollas. La leche cuaja, voluntariamente o no. La nata es probable.

No hay aceite en nuestras regiones. Las materias grasas son escasas, pueden proceder de la grasa fundida de animales: buey, ternera, en especial la excelente grasa de los riñones, cordero (no muy buena), cerdo, pero los cerdos son flacos. No hay que olvidar la grasa de las aves cazadas: oca, pato, polla de agua...

La piedra de moler permite moler y obtener una masa. De la molienda de frutos como las avellanas o los hayucos o las semillas de lino se obtienen masas grasas. Es posible extraer las grasas contenidas en esas masas con agua caliente, la grasa sube a la superficie y puede ser retirada tras haberse enfriado.

El menú

Los recursos son limitados, la diversidad también. Las comidas, probablemente, se organizaban en torno a cereales y leguminosas secas, pero ni unos ni otras son fáciles de digerir. La preparación de gachas y la fermentación (pan, torta, cerveza) son, sin duda, los mejores métodos y los más agradables. Les hemos dedicado mucho espacio.

Y la sal

La sal siempre fue un elemento indispensable, pero ¿de dónde salía en aquellos tiempos? Las distintas regiones disponían de sal en diferentes formas; seguramente, en el origen de su consumo local estuvieron los manantiales y lagos salados, la orilla del mar, el afloramiento de yacimientos. Es cierto que existían intercambios, incluso entre largas distancias; los productos transportados eran productos duraderos: hachas, perlas, conchas. En cuanto a la sal, el asunto es más delicado; por lo menos, hubo dos problemas: uno económico: ¿cuál era su valor de cambio y cuál la compensación? Y otro: ¿cómo administrar un suministro regular y recurrente? La sal se disuelve en el agua, los restos de sal desparecieron caso de haber existido.

Algunas plantas contienen más sodio que otras, como por ejemplo las aliáceas. Los bulbos pueden contener 40 mg de sodio por 100 g. El ajo de osos (*Allium ursinum)* y el puerro silvestre (*Allium ampeloprasun)* fueron muy consumidos.

Los expertos en nutrición compararon descubrimientos arqueológicos relativos a los modos alimentarios prehistóricos y constataron que la diversidad alimentaria se reduce considerablemente cuando un pueblo de cazadores-recolectores adopta un modo de vida sedentario, orientándose hacia la agricultura, diversidad que se reduce aún más cuando un agricultor de subsistencia pasa a la producción (John Robinson, Universidad de Michigan).

«Pondrás sal en todas tus ofrendas», Levítico 2, 12.

Y las cenizas

Una alimentación variada es suficiente, en principio, para alimentar a un ser humano. La introducción de la ganadería y la agricultura limita la variedad de los aportes esenciales. La sal es un caso especialmente importante, pero ¿qué hacer en las regiones carentes de sal y alejadas de las zonas de intercambio? El análisis químico de las cenizas de vegetales evidencia interesantes composiciones, especialmente en sodio; de ahí a pensar que una pizca de ceniza supliría una pizca de sal solo hay un paso. Se hizo el experimento (consistente en preparar una torta en la que la sal se sustituía por cenizas: su sabor era agradable; un puré de guisantes con ceniza también es perfectamente aceptable) con buenos resultados.

Todos los vegetales sirven, pero algunos tienen más cantidad de sodio que otros, el tipo de suelo influye directamente en la composición de las plantas. Los huesos darán, lógicamente, mucho calcio. También hay una gran proporción de sodio en los tallos de los juncos que crecen en las marismas de aguas… salobres.

Composición de cenizas en porcentajes

	SiO_2	Fe_2O_3	CaO	NgO	K_2O	Na_2O	P_2O_5	SO_3	MnO
Abedul	11,5	1,3	29,6	14,3	22,6	9	7,9	2	0,3
Roble	2	—	72,5	3,9	9,5	3,9	5,8	2	—
Fresno	23,3	3,9	25,5	12	16	7,7	7	2,5	0,4
Trigo	66,2	—	6,1	5,2	11,5	2,8	5,4	2,8	—
Haya	3,9	0,6	42	8,2	24,3	8,3	6,2	2,1	4,5
Hiedra	11,4	2,5	24,6	8	25,5	20,1	5,6	1	0,5
Avellano	9,7	0,1	26,6	15,2	36,2	10,2	4,2	1	0,1
Ciruelo	1,3	5,2	6,4	9,3	56,9	5,2	12,1	3,3	—
Junco	11	—	9,4	6,3	36,6	6,6	6,3	8,8	—
Abeto	1,8	0,2	29,6	5,5	7,4	5,5	3,7	1,8	—
Sauce	4,4	1,3	20,2	8,3	49,8	2,5	10	1,2	0,2
Huesos	2,9	0,3	52,4	1,3	—	—	40,9	—	—

Manual razonado de cocina neolítica

Metodología y presentación

Tras los aperitivos en la playa y las comidas con el producto de la rapiña, se nos ocurrió reinventar, sobre bases serias y creíbles, la cocina del Neolítico. Consultamos y revisamos los estudios más pertinentes sobre el tema (la bibliografía se incluye al final de cada parte). Aprovechamos para escribir una síntesis sobre todo lo que se relacionaba con el entorno de aquellos hombres y mujeres susceptible de sentar las bases a partir de las cuales se hace posible cocinar. Esos datos se aportan en las «Referencias neolíticas».

No se sabe nada de cocina neolítica, no existe ninguna prueba formal, solo suposiciones y aun así…; para imaginar la cocina neolítica se necesita, además de imaginación, experiencia y referencias…, como para cualquier otra actividad.

En realidad, hay que meterse en su propia piel, convertirse en una cocinera neolítica; no estamos en Hollywood ni en el Actor's Studio, así que no es necesario vestirse con pieles de animales (los estereotipos son persistentes; los neolíticos sabían tejer y, probablemente, se vestían con cuero y faldones tejidos, capas, cintas…). La reproducción de los utensilios no plantea grandes problemas, ya que siempre hay algún alfarero complaciente dispuesto a hacer cacharros muy realistas. En cuanto al sabor de los cereales y leguminosas, sin duda evolucionó, pero pueden comprarse productos a agricultores o cooperativas agrícolas de toda seriedad y el resultado es bueno. ¡Mucho ingenio!, pero no basta con eso. En cocina prevalecen tres hipótesis de trabajo:

La cocina razonada

— habría una permanencia de los gustos, o de la cultura gastronómica, a lo largo de las distintas épocas;
— las herramientas, los utensilios crean las recetas; una olla y una determinada gama de productos limitan las posibilidades;
— «todo ha sido hecho, todo queda por hacer», sentencia esgrimida por los innovadores. La invención siempre es posible, las recetas son abundantes, pero su número no es infinito.

Hemos añadido una restricción que consiste en encontrar, para todas las recetas, una huella en alguna parte, ya sea en el tiempo o en el espacio, de modo que todas las recetas tengan un origen más real. ¿Fuente de inspiración, referencia, experiencia? Todo ello a la vez. No hay ninguna documentación escrita, así que consideramos que la Biblia, cuyas historias son más o menos contemporáneas de nuestros amigos neolíticos, podía ser una referencia, el plato de lentejas de Esaú, por ejemplo.

Todo es verídico.

La existencia de todos los productos utilizados está comprobada; por ejemplo, los caracoles, cuyas conchas se encuentran en los yacimientos. Tampoco nos hemos olvidado de las similitudes, como la que existe entre el dispositivo para secar o ahumar, encima de los hogares, con el utilizado por los filibusteros.

Hemos utilizado exhaustivamente los análisis e inventarios de las excavaciones de La Molle-Pierre y nuestra propuesta se ciñe a una estricta aplicación de esos datos.

Las recetas se presentan por temas, empezando por el bosque, las bellotas, que podían representar hasta tres cuartas partes de los «vegetales» consumidos. Los cereales, las leguminosas, la recolección, la ganadería, la caza, la pesca y el mar constituyen capítulos independientes.

La reconstrucción de recetas neolíticas no puede ser concreta, no hay proporciones ni tiempos de cocción, como es lógico. Los interesados deberán intentar hacer la receta una vez, para «meterse en harina» y, luego, perseverar para obtener mejores resultados. Este es un libro de aventuras.

Ni, ni, ni..., ni patatas, ni aceite, ni tomates, ni judías, ni gallinas, ni huevos de gallina (sí, huevos de otras aves), ni azúcar (un poco de miel), ni... trampa, ni cartón...

El bosque

El bosque cubría grandes extensiones de terreno. Estaba formado por robles, tilos y otras especies, según la región, la altitud y el tipo de suelo. En el Neolítico, el hombre empieza a modificar los paisajes, quema parcelas para implantar cultivos que se abandonan al cabo de dos o tres años, cuando no se puede controlar la invasión de malas hierbas, zarzas y árboles pioneros como los abedules, fresnos, frutales (cerezos silvestres), espino blanco... El bosque se modifica en dos tiempos: primero, los pioneros; después, se reinstala el robledal mixto. El ciclo completo dura entre cien y doscientos años. El periodo neolítico dura tres mil años, es decir, más de veinte rotaciones en un mismo emplazamiento.

El roble: bellotas, cortezas, taninos

El cultivo y la producción de cereales y leguminosas siempre tienen un carácter un poco aleatorio, debido a los riesgos inherentes a la agricultura. El bosque es una reserva constante de alimento que nutrió a numerosas generaciones. En el Neolítico, los bosques estaban formados, en gran parte, por robles, de modo que las bellotas se consumían en cantidad. Los recursos de bellotas varían según los años —los años buenos no escasean y no están en función de las mismas condiciones climáticas que los cereales; lluvias o sequía en verano, por ejemplo—. La recolección es fácil y el almacenamiento también, solo hay que competir con los jabalíes y los gusanos. Algunas especies de robles producen bellotas muy amargas, otras no. En el bosque todavía no existía la selección y las diferentes variedades de robles (*Quercus* sp.), se cruzan en suelos diferentes: el albar o roble pequeño *(Q. petraea)* crece en casi todas partes, en suelos ácidos, calcáreos o arcillosos, únicamente no prospera en los suelos demasiado húmedos; el pedunculado *(Q. robur)* se encuentra en terrenos húmedos y bien provistos de agua; se los encuentra, en asociación con el albar, en suelos arcillosos; el pubescente *(Q. pubescens)* solo se implanta en suelos calcáreos, generalmente en pendiente, orientados hacia el sur o sobre suelos esqueléticos (delgados e inmaduros). Tampoco debemos olvidar los demás robles de esta gran familia, como la encina *(Q. ilex)*, el roble pirenaico *(Q. pyrenaica)*, el de las marismas…

El tamaño de las bellotas potenció la selección del roble pedunculado en detrimento del albar, sus bellotas son menos amargas.

La mejor manera de preparar las bellotas es larga, pero simple: cebar cerdos para obtener buenos jamones.

Las tres maneras de quitarles el amargor son: tostarlas, limpiarlas, aclararlas en agua corriente y escalfarlas; se describen en las recetas.

Nota tardía de Tristán: entre los antiguos romanos era vital el reparto de bellotas. En latín antiguo *roble* se dice *ilex*, que dio *ilex*, nuestro acebo, por analogía con la hoja de la encina *(Quercus ilex)*. Y en aquellas sociedades antiguas era tan importante el reparto de bellotas, en función de la casta de cada familia, que dio en latín *Lex*, que designa cualquier forma de legislación. El hecho de que esta palabra proceda del nombre del alimento de los cerdos no dejará de hacer gracia a los legisladores.

Nota rectificativa de Jean-Loup: solo una precisión sobre las elucubraciones etimológicas respecto a las bellotas. La palabra *lex*: la ley, tiene una etimología más banal; procede de la raíz *leg-* que significa «recoger» —como la lectura, que es un trabajo de recogida ordenada de letras—; por tanto, la ley es una recopilación y no una historia de recogida de bellotas.

El filósofo y lingüista italiano de entresiglos XVII-XVIII Giambattista Vico dice en *Principios de ciencia nueva* (1725):

«Probablemente *lex* significó en un principio «cosecha de bellotas», de donde deriva *ilex* o *illex* para designar el roble, el árbol que produce las bellotas; del mismo modo, *aquilex* debió de significar «el que recoge las aguas». *Lex* significaría, posteriormente, «cosecha de legumbres» y, por derivación, dio el término *legumina*. En una época en la que todavía no se habían encontrado las letras necesarias para la redacción de las leyes, *lex* sirvió, más tarde, para designar —debido a exigencias sociales— la reunión de los ciudadanos o asamblea pública; es decir, la presencia del pueblo constituía la ley [...]. Finalmente, la acción de recoger las letras para hacer grupos palabras se denominó *legere*».

Parece una buena explicación de la relación roble-justicia (o, más frecuentemente, lugar de reunión).[3]

Nota de Jean-Paul: *dura lex:* las bellotas son duras este año.

[3] Robert Harrison: *Forêts. Essai sur l'imaginaire occidental*, París: Flammarion, 1994, pp. 64-65.

Elogio de la bellota

Grandeza y decadencia

La bellota es un gran recurso, solo hay que agacharse y recogerlas, un auténtico regalo de la naturaleza en el paraíso terrenal; desgraciadamente, si bien las bellotas, en la cuna de las civilizaciones neolíticas, son suaves y agradables, no sucede lo mismo al alejarse hacia la Europa continental y atlántica. Las bellotas de nuestras tierras son amargas, incomestibles y su acidez se debe a la gran proporción de taninos que contienen. A dosis altas, estos taninos son peligrosos para la salud de los humanos. La preparación de las bellotas es, sin duda, engorrosa, pero menos que el molido de los cereales con una piedra de moler. El ama de casa neolítica probablemente hiciera variaciones entre el todo-cereales y el todo-bellotas. Afortunadamente, los taninos son solubles en agua fría, solo hay que lavar las bellotas —método que aún se emplea para extraer los taninos de los *merrains* (tablas para los toneles) de los mejores robles, para aromatizar los vinos…—. La cáscara de la bellota también contiene taninos, así que hay que lavar las bellotas previamente peladas, operación esta última nada sencilla cuando están frescas. Hay varios métodos. En otoño, para un consumo «inmediato»: poner a remojo las bellotas cambiando el agua, periódicamente, durante dos o tres días, escaldarlas en dos aguas, tostarlas ligeramente y pelarlas —las cáscaras se han abierto al calor—, aclararlas y probar: si el amargor persiste, escaldar y aclarar una o dos veces más; las bellotas ya están listas.

Para un consumo diferido, es preferible tostar parcialmente las bellotas para matar los gusanos antes de almacenarlas, procurando no tostarlas demasiado; pelarlas en el momento de prepararlas; escaldar en dos aguas y ya están listas. Las cáscaras son excelentes para encender o avivar un fuego moribundo.

Aunque es posible reducirlas a harina utilizándolas a ellas solas, en general es preferible triturar las bellotas mezcladas con otros cereales; el resultado es mucho mejor tanto en sabor como en digestibilidad…

Machacar groseramente las bellotas con trigo y cebada y, si es posible, con un poco de malta. Calentar un cuenco o una olla, según la cantidad a preparar, verter la molienda, añadir agua hirviendo y mantener en caliente. Esta preparación podrá utilizarse para elaborar panes de bellotas, tortas y gachas.

Las bellotas demasiado tostadas por error pierden todo su valor nutritivo, pero, una vez molidas, aportan un sabor a quemado parecido a una mezcla de chocolate, café y achicoria. Lo mejor de la bellota es que sirve para todo: alimenta y aromatiza con una amplia paleta de sabores que va desde lo amargo al dulzor de las almendras, pasando por variaciones tánicas picantes o avainilladas, según la preparación. Las cáscaras vacías servirían para ahumar un trozo de cerdo, ya que su humo aromatiza tanto como las castañas tostadas (importación romana).

Bajo la acción del calor (una a dos horas a 65 °C), el almidón se transforma en azúcares asimilables.

Harina de bellotas

La harina de bellotas es fácil de obtener con bellotas muy secas; solo hay que triturar las bellotas con una piedra de moler, lo que no es un trabajo demasiado pesado. Si las bellotas se han lavado bien hasta que desaparezca el amargor y solo quede un ligero sabor a avellana seca, se puede añadir a todo tipo de harinas y les dará más sabor.

Pan de bellotas

Cualquier receta de pan admite harina de bellotas. Un pan más original, especial de bellotas, se elabora con bellotas gruesamente molidas mezcladas con cebada y trigo también gruesamente molidos. En un bol, calentar leche mezclada con agua, verter la molienda y dejar esa especie de gachas al calor. Preparar una levadura, si es posible a partir de zumo de manzana fermentado o a partir de un poso de cerveza; dejar a temperatura ambiente, mezclar, añadir harina, amasar hasta que la masa no se pegue a las paredes del cuenco. Dejar al calor para que fermente. Cocer en torta delgada o en bola. La torta es más agradable, de más rápida cocción y más fácil de controlar. La proporción de bellotas puede variar desde un cuarto a un tercio según la intensidad de sabor a bellota que se desee.

Guiso de bellotas

Preparar las bellotas, tostarlas bien —tienen que quedar secas, de color marrón oscuro, y poder soportar la cocción sin deshacerse ni convertirse en puré—. Elegir un cuenco o una olla, según la cantidad que se vaya a preparar, llenar con las bellotas y cubrir generosamente con caldo de carne. Añadir unos trozos de magro de cerdo y una corteza de tocino para suavizarlo. Cocer a fuego lento. Servir con un cucharón en los boles. Los resultados dependerán mucho de cuánto se hayan tostado las bellotas y de cómo sean de tánicas.

Relleno de bellotas

Moler gruesamente las bellotas, picar la carne en trozos pequeños, bien con cuchillo de sílex o con la raedera. Incorporar la carne, añadir un poco

de líquido, completar con llantén *(Plantago major)* picado o, según temporada, ajo de osos. El relleno ya está listo. Envolver la masa en hojas, como una morcilla, y enrollar en un trozo de pecho, atar y cocer en un poco de agua. Si se hace con trozos pequeños de pecho serían niños envueltos o popietas.

Terrina de cerdo con bellotas

Triturar bellotas variadas, picar los sobrantes del despiece del cerdo, picar en trozos grandes un trozo pequeño de hígado de cerdo, mezclarlo todo, añadir algunas hierbas aromáticas y frutas: majuelas sin pepita, escaramujos sin las fibras urticantes o endrinas, según temporada —las frutas sirven para suavizarlo—. Engrasar un cuenco, rellenar y cubrir con hojas para evitar que se forme una corteza bastante dura. Cocer a fuego lento. Dejar enfriar, completar con caldo o grasa fundida si la masa se despega de las pareces del cuenco.

Paté de bellotas

Plato consistente y reconstituyente. Preparar una levadura —si es posible con un poso de cerveza de bellotas—, calentar una mezcla de bellotas trituradas con cereales (cebada y trigo integrales), en leche y dejar a temperatura constante al calor de la lumbre, la mezcla ha de estar caliente sin quemar las manos. Picar restos de carne de cerdo, ternera, buey. Añadir un poco de harina a la levadura; la pasta (de ahí el nombre de *paté*, en oposición a terrina) debe quedar líquida, añadir la leche que pida. Mezclar los cuatro ingredientes: carnes, bellotas, cereales y pasta, en cantidades equivalentes. Engrasar un cuenco y rellenarlo con la preparación. Cocer a fuego lento y dejar enfriar. Si el paté resulta un poco seco, añadir caldo y dejar reposar al fresco.

No se puede dejar de probar este paté, si es necesario simplificándolo, para apreciar la cocina de la bellota. Este paté nutritivo y perfumado tiene sabor a caza, a paté de jabalí, a adobo especiado, siendo así que el ingrediente principal es la bellota.

Utilizar bellotas de distintas procedencias y torrefacciones para aumentar la paleta de sensaciones.

Gran terrina de bellotas

La terrina, por oposición al paté, no es una pasta. Picar carne, moler bellotas, remojar con un jugo de carne o un caldo, mezclar, añadir hierbas aromáticas recogidas en el campo, engrasar un cuenco, apretar la mezcla y cubrir con hojas suficientemente anchas para evitar que se seque. Cocer a fuego muy lento. Una vez terminada la cocción, reponer caldo o grasa, según disponibilidades, hasta rellenar el cuenco, dejar enfriar y reposar al menos un día. La proporción de bellotas puede variar de un tercio a la mitad de la composición y su cocción, según sean amargas o dulces, cambia considerablemente el resultado. Las bellotas dulces apenas se notan en el paladar, las más amargas recuerdan el sabor de la caza y de la grasa de caza.

Carnes: la terrina se elabora con restos o sobras de carne cruda, aunque es posible incorporar hasta un tercio de carne cocida. Con la ternera, más delicada, hay que añadir leche para que la mezcla quede jugosa. Pueden mezclarse bellotas dulces con algunas bellotas más amargas para realzar el plato. La ternera aporta suavidad, pero también puede utilizarse cerdo o buey —el buey cocido es un poco seco y conviene mezclarlo con carnes grasas de cerdo—; el cerdo puede utilizarse solo o mezclado con cualquier otra carne, aves sobre todo; las bellotas darán la sensación de estar comiendo terrina de jabalí.

Nota: no hay más que pollas de agua o patos, nada de gallinas de corral.

Terrina de carnero con bellotas

Sustituir el buey por carnero, muy sabroso, añadiendo poca leche. Hay que tener cuidado con la grasa de carnero, porque tiene un olor muy potente, pero es mejor el carnero que el cordero, mucho más insípido.

Cervezas y gachas de bellotas

Los taninos desaparecen en parte durante la fermentación alcohólica. Hay que proceder igual que en el caso de whisky de bellotas, reduciendo la proporción de bellotas; entre un tercio y la mitad de bellotas es suficiente. La mezcla de bellotas debe incluir bellotas amargas, que aporten acidez, bellotas dulces, para que la harina aporte azúcar que fermente, y bellotas tostadas, para dar cuerpo a la cerveza, lo mismo que se acostumbra mezclar maltas rubias, negras y malta chocolate para las cervezas de malta de cebada.

Whisky de bellotas

Parece una broma, pero no lo es. Preparar una selección de bellotas más o menos torrefactadas. Moler groseramente una mezcla de un tercio de malta de cebada rubia y dos tercios de bellotas molidas. Calentar una tinaja grande con agua, vaciarla y llenarla con la molienda. Añadir agua caliente y mantener caliente. Dejarlo así; la temperatura de la tinaja tiene que mantenerse caliente, sin quemar la mano. Durante ese tiempo el almidón de las harinas se transforma en azúcares fermentables. Dejar enfriar. El líquido se decanta solo, más fácilmente en frío; trasegar para conservar solo el líquido claro. Las heces pueden incorporarse a un pan o hacer las delicias de los cerdos. Hervir y dejar enfriar. Añadir una levadura preparada con malta de cebada, el líquido fermentará y dará una buena cerveza de bellotas. Puede dejarse así, pero si una fría y clara noche de invierno se pone la cerveza al sereno, por la mañana se habrá formado una capa de hielo —hay que quitarla porque es agua—, el líquido restante se irá concentrando en alcohol si se repite la operación varias noches. Ahumar unas bellotas con carbón de turba y meterlas en una botella, añadir el líquido procedente de las noches frías, tapar, esperar, el líquido se colorea; es el whisky neolítico.

La utilización de un alambique de laboratorio permite comprobar más rápidamente el sabor de este alcohol. Pero recordemos que la destilación está regulada...

La destilación por frío ha sido mencionada por A. Lichine; actualmente, se utiliza para desalcoholizar las cervezas, conservando solo el hielo fundido, que será la cerveza sin alcohol.

Crema de bellotas

No es crema de castañas

Preparar las bellotas hasta que desaparezca totalmente el amargor, triturar o moler groseramente —un secado intenso facilita mucho esta tarea—, calentar un cuenco llenándolo de agua, vaciar el agua en otro recipiente. Echar las bellotas con cebada o malta de cebada —proporciones: dos tercios de bellotas por un tercio de cebada—, cubrir con agua caliente y mantener al calor —el cuenco ha de estar caliente, sin quemar la mano—, escurrir someramente, separar los residuos sólidos (heces), hervir el jugo, dejar enfriar y decantar. Quitar el agua, que es dulce y con aroma a bellota —con la que se puede hacer cerveza, si se deja fermentar—; lo que queda en el fondo del cuenco es crema de bellotas, deliciosa y aromatizada como la crema de castañas.

Esta receta tiene como subproducto el procedimiento de fabricación de una cerveza de bellotas o de un whisky de bellotas. Todo es utilizable. Las heces servirán de base para una torta, los posos servirán para un pastel o un deliciosa crema.

Puré de bellotas

Proceder como para la crema. Si las bellotas son demasiado amargas o al degustar la crema queda un sabor a tanino excesivamente fuerte, esta crema puede transformarse en un puré añadiéndole un trozo de tocino y cociéndolo. Según la consistencia, será puré o sopa.

Nota decadente: actualmente la bellota carece de interés y de prestigio, como indican las connotaciones peyorativas de expresiones como *animal de bellota*. ¿Cuándo se la rehabilitará?

La bellota no siempre tuvo esa mala fama y simbolizó durante mucho tiempo el futuro y la fuerza de la naturaleza. Una bellota representaba el potencial poderío del majestuoso roble que crecería de ella, recordemos que las bellotas solían tallarse en los armarios.

La bellota no fue sustituida por la castaña más que en los terrenos ácidos (graníticos), ya que el castaño no crece en terrenos calcáreos.

Bollo de bellotas al aroma de posos

Preparar una levadura a partir de sidra o de una cerveza de bellotas. Triturar cereales, trigo y cebada, reservando la sémola y la harina. Mezclar crema de bellotas con medio bol de leche tibia de modo que la mezcla quede untuosa; si queda un huevo, batirlo, añadir la harina y la sémola y, luego, la levadura, amasar hasta que la masa no se pegue a las paredes del cuenco, rectificando si es necesario la cantidad de harina. Dejar al calor para que fermente. Cocer al calor de la lumbre, calor muy suave al principio, sacarlo del molde. No hay azúcar ni miel añadidos, la crema de bellotas y los cereales se han transformado parcialmente en azúcar.

No existen huevos de gallina, hay que buscar en los nidos.

Torta de bellotas

Preparar una levadura. Machacar bellotas groseramente. En un cuenco caliente, dejar al calor la molienda con agua caliente; la harina de bellotas se transformará parcialmente en azúcar, el conjunto será más digerible y se facilitará la fermentación. Amasar en un cuenco la levadura, las bellotas con su agua y harina —la mezcla debe quedar elástica—. Hacer una bola y dejar al calor para que fermente. Extender la masa dejándola fina, esperar a que aumente un poco el volumen, ponerla en una placa caliente y cocer rápidamente. Se puede simplificar la preparación utilizando crema de bellotas.

Pastel de heces de bellotas

El pastel se confecciona con heces, que aportan la sustancia, y con crema de bellotas, que aporta el azúcar. Preparar una levadura, mezclar en un cuenco un tercio de heces de bellotas, un tercio de crema y un tercio de harina integral de trigo. Añadir la levadura, amasar. Tapar y dejar al calor para que fermente. Cocer la masa fermentada sin tocarla ni amasarla. Al final de la cocción, dejar enfriar y secar un día para que los aromas se mezclen. El resultado depende de la proporción de bellotas en las heces y de su amargor, lo ideal (sic) es que tenga la misma acidez que le da el amargor a la cerveza.

Bellotas con manzanas

Preparar las bellotas. Cocer las bellotas en un cuenco con agua. Cuando el agua se ha evaporado casi del todo, añadir cuartos de manzana, mezclar, cocer suavemente hasta que las manzanas tengan consistencia de compota y servir templado. La acidez y el azúcar de las manzanas maridan bien con las bellotas.

Bellotas con frutos silvestres

Recoger frutos tras las primeras heladas: endrinas, escaramujos (quitarles la borra pilosa), majuelas. Mezclar las frutas, una única variedad cada vez que se haga, para evitar que los sabores se mezclen. Cocer con agua y miel. Dejar reposar. Cocer de nuevo revolviendo, procurando que no se pegue. Dejar templar. Con paciencia quitar las pepitas. Calentar una vez más y servir templado.

Políporos

Los políporos suelen crecer en encinas viejas mustias o enfermas, sobre todo en alguna grieta. Se ha demostrado que los políporos ya existían en aquella época. Crudos tienen sabor a pollo, pero se desconocía el pollo. Se pueden cortar tiras largas y morderlas siempre que sean jóvenes, como máximo una semana tras su aparición, más tarde sabe a tanino de roble.

Los políporos también pueden secarse y combinarse con cualquier carne cocida. No se deshacen con la cocción, aunque sea larga.

El fresno

Las hojas de fresno *(Fraxinus excelsior)* se comen en ensalada, pueden aromatizar tisanas o cervezas. Las hojas fermentadas con agua azucarada son la base para elaborar sidra de fresno. También es un excelente forraje.

En *La cuisine gauloise continue* se recogen recetas de cerveza de hojas de fresno y de sidra de fresno.

El haya

Las hojas y los hayucos del haya *(Fagus sylvatica)* son comestibles crudos o cocidos. Los hayucos son deliciosos, tiene sabor a avellanas y, si se muelen, se obtiene un sabroso aceite. Los hayucos tostados y pelados sirven para condimentar platos de cereales y leguminosas.

La corteza en infusión tiene propiedades aperitivas como la quina, al igual que los alisos.

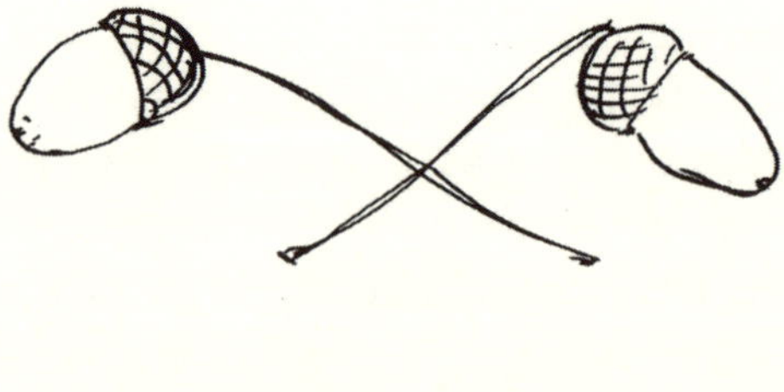

El avellano, las avellanas

El avellano (*Corylus avellana*) es muy abundante. Las avellanas pueden consumirse crudas, tostadas o cocidas. Se conservan bien, aunque están expuestas a la codicia o el latrocinio de los roedores. El aceite de avellana es muy apreciado, como el de los hayucos, pero se necesita paciencia y una familia numerosa con niños voluntarios para elaborarlo. Las avellanas maridan igualmente bien con cereales y con leguminosas.

El abedul, la savia

Los abedules (*Betula* sp.) son árboles pioneros, crecen en los campos baldíos, ya desde el primer año, y medran rápidamente. La madera seca se utiliza como astillas porque arde con mucha facilidad, su combustión es rápida y desprende mucho calor en poco tiempo, es útil para avivar unas brasas moribundas y poder recalentar un recipiente. La savia es dulce, se recoge en primavera y verano introduciendo una pajita en la madera o cortando ramas y dejando que suelten su jugo en una botella. En la época neolítica había pocas fuentes de azúcar, aparte de la miel. La savia puede aromatizar agua; fermentada, da vino y, destilada, una especie de vodka.

Los frutales

Los frutales aparecen en la linde de los bosques tras la deforestación.

Amelanchero	*Amelanchier ovalis*
Zarzaparrilla	*Clematis vitalba*
Cornejo macho	*Cornus mas*
Cornejo rojo	*Cornus sanguinea*
Espino blanco	*Crataegus* sp.
Arraclán	*Frangula alnus*

Espino cerval de mar	*Hippophae rhamnoides*
Acebo	*Ilex aquifolium*
Madreselva	*Lonicera xylosteum*
Manzano	*Malus sylvestris*
Cerezo de monte	*Prunus avium*
Endrino	*Prunus spinosa*
Peral	*Pyrus* sp.
Espino cerval	*Rhamnus catharticus*
Zarzamora	*Rubus* sp.
Frambueso	*Rubus idaeus*
Saúco negro	*Sambucus nigra*
Saúco rojo	*Sambucus racemosa*
Serbal blanco	*Sorbus* sp.
Serbal de cazadores	*Sorbus aucuparia*
Serbal común	*Sorbus domestica*
Serbal silvestre	*Sorbus torminalis*
Arándano	*Vaccinium myrtillus*
Barbadejo	*Viburnum lantana*
Barbatilla	*Viburnum opulus*
Muérdago blanco	*Viscum album*
Arándano agrio	*Vaccinium oxycoccos*

No todos los frutos son comestibles.

Las setas

Las setas tienen la mala costumbre de desaparecer sin dejar rastro. Muy probablemente, en el Neolítico, existían las mismas setas que existen en la actualidad, pero su selección requería y requiere conocimientos profundos: ¿quién tenía la responsabilidad de identificar y de decidir las que eran buenas? A menos que se hicieran ensayos previos con «voluntarios»…, las ciencias experimentales siempre necesitaron cobayas.

Sopa de champiñones

Limpiar los champiñones cepillándolos, sin lavarlos. Fundir grasa de riñón de ternera, añadir los champiñones, saltearlos, aumentar el calor al final de la cocción. Cubrir con un caldo de carne hirviendo y dejarlo apartado del fuego. En el momento de servir, añadir unas hojas de ajo de osos picadas o un puerro silvestre picado; algunos prefieren el champiñón en su jugo, sin sabor a ajo. Es comprensible.

Boletus a la NeO sobre piedra caliente

Cortar las setas, a ser posible boletus, en rodajas gruesas de un dedo. Calentar una piedra plana, engrasarla con manteca de cerdo, poner las rodajas sobre la piedra por ambos lados, vuelta y vuelta; la seta ha de estar tostada por fuera y blanda por dentro.

Solo sirven los boletus muy frescos, los que tienen gusano no sirven: ¡el interior queda crudo!

La cosecha

Cereales y pilones

Los primeros cereales cultivados son el trigo y la cebada:

— trigo candeal *(Triticum aestivum* y *compactum)*, trigo escaña *(Triticum monococcum)* y trigo farro *(Triticum dicoccum)*;
— cebada polística de grano desnudo *(Hordeum vulgare nudum)* y cebada polística de grano vestido *(Hordeum vulgare)*.

Los cereales tienen todo tipo de virtudes para los nutricionistas modernos, no es de extrañar que tuvieran un gran éxito en aquella época. Su forma de consumo más sencilla consiste en morder espigas de trigo y masticarlas mucho tiempo, como un chicle, procedimiento anecdótico donde los haya, aunque los granos masticados y escupidos aceleran las fermentaciones. La cocción de los cereales es bastante larga, por lo que es preferible reducirlos a harina, cosa fatigosa con los medios disponibles entonces: un pilón y una mesa de piedra; el rendimiento es bajo. Por eso es comprensible el interés por encontrar recetas con cereales crudos o con cereales solo triturados o con la sémola. Las recomendaciones actuales se decantan por los cereales integrales, con cáscara y germen. En cierta medida, el germen se conserva moliendo groseramente.

Torta al natural

¿Receta de supervivencia o símbolo de escasez?

Moler groseramente trigo, dejar en remojo con agua que lo cubra un día entero, la mezcla ha de quedar húmeda. Escurrirlo, exprimiéndolo al máximo, molerlo un poco más y hacer bolas en el cuenco de la mano, aplastarlas y depositar la torta, del tamaño de la palma de la mano, sobre una hoja o un pequeño emparrillado. Secar las tortas al sol o encima del fuego, pero bastante alejadas de él. Ya está. La calidad del trigo es un factor de éxito. Probar con cebada o una mezcla de cebada y de trigo. Son crujientes.

Tabulé de temporada

Moler trigo y separar la harina, los desechos y la sémola fina cada cosa por su lado. Llenar un cuenco con la sémola, cubrir con agua y dejar reposar hasta que absorba toda el agua. Añadir el producto de la recogida de temporada: llantén picado, frutos, brotes de espinaca silvestre; revolver y dejar reposar. Este plato varía según la estación y la recolección, las ciruelas ácidas mezcladas con acedera no dan el mismo resultado que los brotes de espinaca silvestre con fresas, o el ajo de osos con flores de primavera.

Pan ácimo o casi

Buscar una hermosa piedra negra y ponerla al sol (receta de verano). Echar un poco de agua tibia en un gran cuenco, incorporar harina integral, añadir nata de leche, revolver hasta obtener una masa ligera y sin grumos, elástica en su punto. Extender sobre una superficie plana engrasada, procurando que la masa quede lo más fina posible. Colocar la masa sobre la piedra caliente y dejar cocer al sol, ni cruda ni cocida, «soleada». Si está nublado cambiar de receta o calentar la piedra en el fuego.

Levadura, levántate

Las levaduras están presentes en todas partes, se desarrollan rápidamente cuando las condiciones son favorables, unas necesitan un medio un poco dulce, otras prefieren el frescor, se alimentan de azúcar y del aire. Solo hay que dejar abandonada una mezcla de harina y agua para crear una levadura; por tanto, la probabilidad de que un pueblo que se alimenta de gachas descubra los beneficios de la levadura es grande. Las ventajas son múltiples: las gachas son más agradables, se digieren mejor, el tiempo de cocción disminuye.

Se llama *levadura* a un cultivo de levaduras que se puede incorporar a una cantidad mayor de masa. Las levaduras se conservan vivas separando un poco de masa fermentada; hay que alimentar y conservar las levaduras como se hace con el fuego… En aquellos tiempos no existían los sobres de levadura de pan deshidratada ni los bloques de levadura prensada de las panaderías.

Levadura elemental, querido NeO

La manera más elemental, la más ortodoxa según algunos, de producir levaduras es mezclar, en un cuenco, la misma cantidad de agua y de harina y esperar unos días. Si la mezcla presenta una ligera espuma y desprende buen olor, es una levadura lograda; si la mezcla huele a podrido, no ha salido bien y hay que ir a pedírsela a la vecina. La experiencia indica que la harina de cebada integral es la que mejores resultados da. La cebada es la base de las fermentaciones, aunque la mezcla de cebada con trigo también es muy buena. Un pizca de miel o unas bayas muy maduras, aplastadas, activarán la fermentación.

Levadura de cuajada

La introducción de leche en las masas fermentadas favorece el desarrollo de los fermentos lácteos, suaviza el sabor un poco ácido y regulariza el tamaño de las burbujas. Se puede hacer una levadura con leche cuajada o suero de leche mezclado con harina. La levadura se desarrolla en menos de un día, una pizca de miel favorece la actividad de las levaduras. Es suficiente con un cuenco.

Levadura de manzanas fermentadas

La fermentación de frutas es también otro medio favorable para el desarrollo de las levaduras: triturar manzanas bien maduras, cubrirlas con un poco de agua, esperar al sol de otoño, no es el veranillo, pero es un clima suave y los rayos de sol todavía calientan. Al día siguiente, prensar para extraer el zumo que ya empezó a fermentar. Mezclar en un cuenco el zumo y la harina y esperar un día; como es otoño, las temperaturas son suaves y las levaduras crecen.

Levadura de cerveza

Las semillas de cebada suelen germinar en los silos; coger un puñado ligeramente secado y ahumado sobre el fuego, molerlo groseramente y añadir una pizca de miel y agua. Mantener al calor. Al cabo de algunos días se forman burbujas y la levadura está lista. Las levaduras tienen una esperanza de vida considerable y es aconsejable utilizar las mismas tinajas para fermentar las cervezas.

Arqueólogos submarinistas encontraron botellas selladas, procedentes de un naufragio del siglo XVIII, en cuyo interior había cerveza. Unos maestros cerveceros consiguieron recuperar las levaduras y cultivarlas. La cerveza se llama Flag Porter (historia contada por Chris).

Cerveza

La elaboración de cerveza no está comprobada en el Neolítico, pero es probable, incluso muy posible, que las gachas fermentaran. La cerveza, una vez terminada la fermentación, sedimenta, solo hay que sacarla y beberla. Los posos son una fuente de levaduras fácilmente reactivable, alimentándolas con un poco de azúcar en forma de miel o de zumo de frutos maduros y añadiendo un poco de harina; ya está, y el sabor es inigualable. ¿Cerveza o bebida fermentada?

Según las definiciones técnicas, una bebida fermentada sería una cerveza a la que se le añade miel[4] y la cerveza una bebida elaborada con lúpulo.

[4] La traducción literal sería: «una bebida fermentada sería una cerveza chaptalizada». El proceso de añadir azúcar para el enriquecimiento alcohólico de una bebida se denomina, en francés, *chaptaliser*. En España y en medios especializados, el término *chaptalizar* intenta abrirse camino. [N. de la T.]

Levadura mascada

Masticar durante bastante tiempo granos de cebada; la saliva, mezclada con los granos machacados, es una base de levadura.

Esta práctica se sigue utilizando actualmente, aunque tiene algo de «escupir en la sopa». Se ignora la razón, pero se considera que la saliva de las mujeres es mejor.

Gachas y farinadas

Digerir grano cuando se carece de molleja

Las mujeres NeO, sin duda, se cansaban moliendo los cereales solo con su piedra y pilón, incómodamente arrodilladas, agachándose cientos de veces… Seguramente, quisieron acortar la tarea para poder ir por la linde del bosque en busca de bayas o de aventuras, pero era el caso que el mejunje poco molido resultaba bastante indigesto y que los granos poco cocidos quedaban duros, lo que era motivo de «comentarios», ya que no está constatado que las costumbres conyugales fueran, entonces, especialmente galantes. Y encontraron un sencillo sistema: habían dejado su mezcla de trigo y cebada apenas molida al calor de la lumbre, con un poco de agua, esperando un milagro (aunque el milagro es un invento más tardío, todavía no constatado en aquella época). Cuando regresaron, la masa había cambiado de sabor y de aspecto y desprendía un sutil olor. La experiencia merecía continuarse, así que añadieron harina y…, la mujer NeO acababa de inventar la transformación del almidón en azúcares fácilmente asimilables.

Para lograr esta preparación: moler gruesamente una mezcla de cebada integral y de trigo, añadir agua o leche, a 70-80 °C, en un termo precalentado, y esperar una hora. Para comprobar la temperatura sin termómetro basta con introducir un dedo, el cual aguanta hasta los 60 °C sin quemarse; cuando la superficie del agua está tornasolada, es que ha llegado a los 75 °C.

Da mucho de sí, con un kilogramo de malta de calidad se obtienen 200-300 gramos de azúcar; de sobra para azucarar un «pastel».

PanNeo

Preparar una levadura. Mientras se va haciendo, mezclar granos gruesamente molidos. Añadir agua hirviendo en una olla caliente y mantener al calor. Mezclar. Amasar, salar, añadir harina, volver a amasar y dejar fermentar. Cocer.

Torta de bellotas y zumo de majuelas

Esta receta es una variante de las recetas de pan y de torta de bellotas sustituyendo el agua de remojo y el agua de la levadura por zumo de majuelas. El aroma de las majuelas (o espino blanco) perdura en el pan.

Torta-crepe o cara-cruz

La principal dificultad de esta receta está en hacer la masa, que no sea ni de crepe ni de pan, sino entre ambas. La masa tiene que tener la consistencia justa para no gotear y poder extenderse con facilidad. Preparar una levadura líquida. Añadir harina con sémola en menor cantidad, amasar hasta que la masa se pegue en las manos; dejar fermentar y volver a amasar. Cocer sobre una placa o una piedra ardiendo, darle la vuelta una vez. Conseguir una torta-crepe de rápida cocción depende de lo fina que sea la masa.

Pan-torta-crepe

El objetivo es conseguir una especie de torta, del grosor de una crepe y capaz de embeber líquidos como la miga de pan. Sin levadura, la masa ha de fermentar sola; moler finamente trigo integral mezclado con algunos granos de cebada. Eliminar los desechos, conservando las cáscaras y la sémola. Echar la harina integral en un cuenco, ir añadiendo agua tibia, amasar hasta conseguir una masa lisa, ligera y elástica. Cubrir y mantener al calor. La bola tiene que fermentar y aumentar, al menos, hasta duplicar su volumen. Hacer bolas en el cuenco de la mano y, seguidamente, aplastarlas sobre una placa. Cocer las minitortas sobre piedras calientes por los dos lados. Cuando las tortas están cocidas, pasarlas rápidamente por el fuego, con ayuda de unos palos, sin quemarlas. Comerlas rápidamente, antes de que se endurezcan.

Torta fresca

Esta torta ha de cocerse justo antes de consumirla, servirá, doblada en dos, como soporte de otros alimentos: puré de espinacas silvestres, compota de hígado, carne picada; es una comida completa. Preparar una levadura. Moler trigo, eliminando los desechos y conservando la harina y la sémola fina. Amasar en un cuenco con un chorro de leche tibia y nata. Hacer una bola, cubrir y dejar que fermente en caliente. Aplastar la bola sobre una placa tibia, dejar reposar antes de poner la torta sobre una placa muy caliente, darle la vuelta para que ambos lados se hagan rápidamente; la torta tiene que quedar flexible y doblarse sin romperse. Poner el relleno en medio, enrollar y comer caliente.

Se ruega evitar comparaciones con las hamburguesas.

Pan de cereales germinados

El pan de cereales germinados presenta muchas ventajas: economía de trabajo, porque no se necesita moler finamente para obtener harina, y conservación de gérmenes y cáscaras; además, la mezcla fermentará sola, sin necesidad de levadura. Moler groseramente una mezcla de cereales, trigo y cebada, en proporciones variables, según gustos y disponibilidades —los granos han de quedar rotos en dos, sin aplastar el germen, la cáscara se suelta sola—. Humedecer la mezcla y mantenerla a temperatura moderada durante uno o dos días, sin que se seque: aparecerán unos puntitos blancos: son los gérmenes. Aplastar la mezcla. Sacar una parte de ella y mantenerla al calor; se formarán burbujas: es una levadura natural. La parte restante, la más importante, se calentará en una gran olla y se mantendrá al calor. Juntar y amasar ambas partes y dejar que fermente en caliente. Volver a amasar y formar una bola que se dejará en el fondo de un cuenco engrasado; cubrir y dejar que crezca la masa. Cocer a fuego vivo.

La receta de pan de cereales germinados es la base de una torta con algunas diferencias: añadir un poco de grasa líquida para que sea más fácil aplastar la masa, añadir un poco de agua para que quede más blanda; moler más finamente. La cocción se hace sobre una placa caliente.

Torta de sémola

Mezclar y amasar una mezcla de harina de trigo y de sémola muy fina con un poco de agua, una pizca de sal y nata o grasa fundida hasta obtener una masa firme y lisa. Cortar en trozos y aplastar en la palma de la mano; dejar reposar y cocer sobre piedras muy calientes vuelta y vuelta.

Si se utiliza sémola en lugar de harina, los panes o tortas se endurecerán muy rápidamente.

Roscas

Suele ser habitual la preparación de pan, o similar, en forma de anillo, ¿será para poder colgarlos o para simbolizar el ciclo eterno? El número de variantes es considerable modificando la cocción, la forma, la receta... Preparar una levadura. Mezclar la levadura con harina y agua, añadir sal, un poco de miel y materia grasa —la nata espesa le va bien y también una grasa fundida—; amasar hasta obtener una masa elástica que no se pegue a los dedos. Dejar fermentar en caliente. Amasar de nuevo, formando un cilindro largo, cortar trozos, formar roscas y pegar los extremos pellizcando fuertemente la masa; dejar en caliente para que siga fermentando. En una gran olla con agua hirviendo sumergir las roscas y sacarlas cuando empiezan a flotar, dejar secar. Mojar ligeramente con leche, salpicar con sal y cocer en una placa caliente. Este pan conviene comerlo fresco, pues se seca con bastante facilidad, pero se conserva mucho tiempo.

Preparaciones similares son tradicionales en algunas regiones de Europa central, al sur de Alemania, Suiza, Alsacia y en la cocina judíal, donde se denominan *bagel*. En la Edad Media, se las llamó *échaudées* (escaldados).

Rosquillas

Receta muy similar a la de las roscas y que ilustra la variedad de posibilidades mencionada. Preparar la masa, la levadura, la bola... Añadir miel a la masa para potenciar la fermentación. Una vez fermentada la masa, cortar trozos y formar bolas, aplastarlas y agujerearlas con el dedo en el medio, formando arandelas. Dejar reposar y cocer sobre una placa caliente.

Pan de cebada

Preparar una levadura. Triturar cebada mondada de modo que se obtengan todas las granulometrías, desde la más fina hasta la más gruesa. Amasar con sal, una pizca de miel, agua y levadura —el amasado es difícil porque la masa se pega continuamente—. Dejar fermentar en caliente. El pan de cebada tiene un sabor muy agradable y es consistente. Se recomienda mezclar harina de trigo en la masa para que el pan sea más ligero, suba mejor y sea más fácil de amasar.

Actualmente, habría que ser cautos con las denominaciones: ¿pan de cebada 100 %, pan mayoritariamente de cebada o pan con una gran proporción de cebada?

Pan malteado

La incorporación de malta en la preparación del pan presenta algunas ventajas: el pan sube mejor, el olor a malta aromatiza toda la casa, se digiere mejor y aguanta más tiempo sin secarse. En el Neolítico, era habitual secar-tostar el grano encima del fuego. Los granos germinados se convierten, así preparados, en malta: malta de trigo, de cebada. Un pequeño refinamiento en la preparación: humedecer la mezcla de harina y mantenerla cerca del calor para que se inicie la transformación de harinas en azúcar, truco que se describe en la receta de panNeo. Amasar... Al variar las proporciones se obtienen resultados sorprendentes. Grosso modo: un tercio de malta de trigo, un tercio de trigo, un tercio de cebada o un tercio de malta de cebada y dos tercios de trigo.

Torta de cenizas

Moler cereales, cebada por una parte y trigo por otra. Verter agua muy caliente sobre la harina de cebada, que se transformará en azúcares útiles para el desarrollo de las levaduras. Preparar una levadura. Tamizar cenizas de leña y eliminar las partes fibrosas que quedan flotando; conservar el agua. Mezclar las cenizas, la levadura, la harina de trigo y la harina de cebada mojada. Amasar y amasar. Formar una bola y dejar al calor para que suba. Amasar de nuevo, aplastar para obtener una torta, volver a dejar al calor sobre una superficie caliente para que siga subiendo. Calentar un recipiente plano, poner la torta y cocer. La torta tiene una miga gris, que no tiene mala pinta, y es agradable de comer.

Sopa de cebada, de llantén, de acedera, de espinaca silvestre, de diente de león, de setas, de carne ahumada

La cebada exige mucho tiempo de cocción y mondada será más fácil de digerir. El remojado facilita la cocción. Agua, una vasija, cebada y fuego, solo eso; la sopa es nutritiva y fácil de digerir si la cocción ha sido larga. Quizás algo insípida. Se pueden hacer muchas variantes recogiendo algunas hierbas y picándolas: llantén, acedera, espinaca silvestre, diente de león, o cortar algunas lascas de carne ahumada: cordero, cerdo o buey, o también setas. Al principio, la sopa estará clara; luego, se irá espesando. Conviene añadir solo un ingrediente para darle identidad, porque si no sería un revoltijo.

Sémola de trigo con avellanas

Cascar avellanas y triturar una parte. Moler trigo, separar el desecho, la harina y la sémola. Poner la sémola en un cuenco, añadir agua caliente, un poco de grasa fundida, que facilitará la separación de los granos, e incorporar las avellanas a la sémola todavía caliente. Dejar al calor para que suba. Enfriar, salar o endulzar con miel. Muy energético.

Leguminosas

Las leguminosas que se cultivaban eran el guisante *(Pisum satium)*, la almorta *(Lathyrus cicera)*, el chícharo *(Lathyrus sativus)*, las lentejas *(Lens esculenta* o *culinaris)*, el vezo *(Vicia villosa)* y el yero *(Vicia ervilia* o *Ervum ervilia)*.

Los guisantes

La temporada de guisantes es muy corta; hay que aprovecharla sin demorarse. El consumo de guisantes secos está constatado, así como el de las otras leguminosas.

Guisantes frescos ahumados

Desgranar los guisantes, buscar una estera o un entramado denso de ramitas; cortar un trozo de cecina en láminas. Disponer el dispositivo entrelazado encima de una olla llena de agua, colocar los guisantes y la carne acecinada sobre él, cubrir con grandes hojas y poner el agua a hervir. La cocción al vapor ablandará las carnes ahumadas, rehidratándolas. Todas las carnes ahumadas son adecuadas, aunque el resultado es diferente: magro, lengua, costillas de cerdo, costillar y pierna de cordero o de buey. Resulta muy adecuada su preparación en cuencos redondos individuales.

Guisantes verdes con tocino

Desgranar los guisantes, cortar trozos de tocino seco. Cubrir el fondo de un cuenco con hojas de acedera, poner encima el tocino y los guisantes, cubrir con agua, tapar con más hojas de acedera y volver cocer.

Variante: añadir, a los guisantes, hojas y semillas de espinaca silvestre.

Puré de guisantes secos

Dejar a remojo los guisantes secos, desechar el agua y aclarar. Incorporar en una olla con agua los guisantes y, en temporada, hojas de espinaca silvestre; si no es el caso, se pueden utilizar hojas de acedera. Añadir hojas de salvia y cocer muy lentamente, sin revolver; los guisantes, con paciencia, cocerán hasta convertirse en puré; evitar que se peguen porque el sabor es horrible.

Un detalle delicado: antes de servir, añadir virutas de cecina de pierna de cordero.

Albóndigas de guisantes

Triturar guisantes secos. Calentar leche y añadir los guisantes triturados, harina y verduras picadas: acedera, espinaca silvestre o llantén; si es posible, añadir un huevo. Hacer bolitas y dejar secar. Cocer en agua hirviendo. ¡Hay que probarlo!

Torta de guisantes secos

Los guisantes han de estar completamente secos antes de molerlos. Preparar una levadura, mezclar los guisantes triturados con harina fina, añadir

leche tibia, nata y, al final, la levadura; amasar y dejar al calor para que suba. Hacer bolas y aplastarlas, mantenerlas al calor. Cocer por ambos lados sobre piedras calientes.

Guisantes secos a las hierbas

Tener a remojo los guisantes durante una noche, desechar el agua. Escaldar los guisantes en agua salada con una hoja de salvia y un pizca de ceniza, desechar el agua. Cocer los guisantes en agua salada con salvia y, a media cocción, añadir un puñado de hierbas, que variarán según temporada y los recursos locales: en primavera, hojas de ortigas; durante todo el año, llantén; hojas de acedera tiernas, en primavera o en otoño, para que no pierdan su particular sabor ácido; también puede utilizarse espinaca silvestre. Cada hierba da un resultado diferente. Los guisantes se despellejan un poco con la cocción; el llantén y la acedera conservan su textura.

Las fabáceas

Hay dos tipos de fabáceas cultivadas: la almorta, cuyas semillas secas son peligrosas, y el chícharo. La almorta puede sembrarse en otoño, junto con la cebada, cuyos tallos le servirán como soporte. Es un excelente forraje. Los frutos se consumen como los guisantes frescos. Desgraciadamente, las semillas de la almorta seca son nocivas en dosis altas y provocan graves enfermedades, tanto en los animales bovinos como en los humanos (latirismo); de ahí a pensar que esta fabácea haya sido cultivada al final de la explotación de los suelos, como una especie de barbecho, antes de dejar que los suelos queden invadidos por zarzas y abedules…, solo hay un paso; pero no nada sabemos de esas prácticas. Conviene escaldar la almorta con una hoja de salvia antes de la cocción, que siempre será larga. El chícharo, mucho más razonable, se consume tanto fresco como seco y se siembra en primavera.

La nocividad de los productos pudo evolucionar, en especial para cocciones largas y en función de las cantidades absorbidas (el principio de precaución reduce considerablemente las dosis admitidas); A.-M. y P. Petrequin citan el consumo de los frutos del saúco, actualmente considerado nocivo.

Se encuentran simientes de chícharos en establecimientos especializados en legumbres raras o antiguas.

Chícharos con cordero

Lavar los chícharos secos y dejarlos en remojo. Escaldarlos, desechar el agua. Pasar los trozos de cordero por el fuego para dorarlos por todos los lados. Cubrir el fondo de un cuenco de agua, incorporar el cordero, que habrá perdido parte de su grasa al dorarse, añadir los chícharos y hojas de salvia. Cocer lentamente hasta que el agua se haya evaporado casi por completo.

Hoy en día, serían alubias con cordero; las hojas de salvia van bien con las legumbres y el cordero.

RESPUESTA COMERCIAL
F. D. Autorización n.º 11.203
(B. O. C. n.º 97 –10.12.92–)

NO NECESITA
SELLOS

A franquear
en destino

EDICIONES TREA, S. L.

Apartado n.º 39 F. D.

33280 Gijón (Asturias)

Polígono Industrial de Somonte | María González la Pondala, 98. Nave D | 33393 Somonte-Cenero. Gijón (Asturias)

Tel.: 985 303 801. Fax: 985 303 712 | trea@trea.es | www.trea.es

Chícharos en leche

Hervir la leche, añadir los chícharos y dejar reposar una noche. La leche ha de cubrir completamente los chícharos. Al día siguiente, poner la olla cerca del fuego y cocer muy lentamente. Comprobar el nivel de leche. Servir.

Variante: siempre es posible añadir llantén o puerros en el momento de servir.

Chícharos con compota de ciruelas

Dejar los chícharos a remojo una noche, escaldarlos. Mezclar los chícharos y las ciruelas, a ser posible deshuesadas, cubrir con agua y cocer a fuego lento, removiendo. Las ciruelas se convertirán en compota ácida que recubrirá los chícharos. Se come tal cual, dulce —con un chorrito de miel— o salado.

Chícharos en polenta

Triturar los chícharos en sémola fina. Soplar sobre la sémola para quitar las pieles y los residuos más finos. Hervir el agua, incorporar la sémola en forma lluvia y revolver hasta que espese. Verter la preparación en una placa para tortas caliente y engrasada. Dejar enfriar. Marcar rayas con un sílex, poner la placa en las brasas, dejar tostar, ir cogiendo los trozos con una palo puntiagudo.

Las lentejas

Las lentejas son leguminosas papilonáceas de la tribu de las *Vicieae*, como la algarroba y la arveja.

Sopa de lentejas

Limpiar las lentejas. Cubrirlas con agua y cocer lentamente. Un trozo de tocino seco, un puerro silvestre, una raíz cambian el sabor de la sopa —para bien o para mal—. Los puristas no se ponen de acuerdo sobre si las lentejas deben quedar enteras o, por el contrario, fundirse en una aterciopelada crema. La versión más posible de época sería la de las lentejas enteras, cocción *al dente*.

Las lentejas *bio* actuales son de cocción muy larga y no se deshacen.

De sobra conocida es la historia de Esaú que vendió su derecho de primogenitura por un cuenco de lentejas (o una sopa, o un plato según las traducciones), datada hacia –1800. En –1896 se sitúa el nacimiento de Isaac. Esaú: hermano mayor de Jacob e hijo de Isaac y Rebeca.

Lentejas con cecina

Cocer las lentejas como para una sopa, reduciendo la cantidad de agua. Al final de la cocción, añadir copos o pétalos de cecina, que solo tienen que hidratarse, sin llegar a cocer. Cerdo, buey, cordero según posibilidades de la despensa, todo está bueno, todo es diferente y se puede añadir.

Lentejas con buey en salmuera

Dejar a remojo juntos el trozo de buey y las lentejas durante medio día. Lo mejor es cortar los trozos de buey del tamaño de un bocado. Cocer en el agua de remojo.

La chuleta de buey en salmuera va muy bien para esta preparación.

Lentejas en suero de leche

La cocción de las lentejas en leche es de sobra conocida (*La cuisine gauloise continue*), pero el resultado al utilizar suero es muy diferente, ya que el sabor agrio de este realza y completa la suavidad de las lentejas. En una olla, cubrir las lentejas con suero y cocer a fuego lento.

El vezo

El vezo es una planta herbácea bastante alta, por lo general, trepadora. Puede ser vivaz o anual, de invierno o de primavera, según las variedades. Lo mejor es ponerle tutores y plantarla con un cereal como la cebada. El vezo es un buen forraje, tanto en verde como seco, cortándolo antes de que maduren las vainas. Los frutos son pequeños y parecen lentejas esféricas, su sabor es parecido, con un toque a avellana. Se cocina como las mismas.

La variedad vezo blanco también se llama *lenteja del Canadá*.

El tiempo de cocción puede ser largo, como el de las lentejas *bio*.

El yero

El yero es pariente del vezo (ambos *Vicia*), más pequeño y con menos grano, también es llamado *lenteja roja*. El yero es un buen forraje para cultivar con cereales, que sirven como tutores. Los granos mezclados y molidos forman una harina nutritiva. Este tipo de cultivo, que se dejaba para pasto de animales, podía servir como una buena transición antes del abandono en barbecho. El yero se cocina como el vezo que, a su vez, se cocina como las lentejas.

Recolección

Las limitaciones de la agricultura, visto el reducido número de productos que esta ofrecía, se completaba, en cantidad y diversidad, con lo aportado por la recolección.

Ajo de osos

La fama del ajo de osos es de sobra conocida y lo ha llevado hasta las mesas de los más delicados gastrónomos. La recogida ha de hacerse a principios de la primavera, antes de que salgan las flores.

Las hojas, cortadas en tiras, forman parte de la composición de diversos rellenos, especialmente de cordero o de cabrito. Las hojas frescas también pueden utilizarse para cubrir el fondo de un cuenco destinado a la cocción de patés o terrinas. Los sabores actuales asocian, por lo general, el ajo de osos con los caracoles o el cordero.

Salsa de ajo de osos

Las hojas jóvenes son más delicadas y conviene recogerlas sin arrancar el rabillo de la hoja. Las hojas se marchitan rápidamente y se quedan blandas. Picarlas lo antes posible y reducirlas a puré. Apretujar la pasta de hojas en un cuenco y servir. La pasta puede conservarse añadiendo sal o vinagre de malta.

El principio de precaución, tan extendido en la actualidad, aconseja recoger el ajo de osos cuando todavía está en flor, para no confundirlo con el muguete o lirio de los valles *(Convallaria majalis)*, como si hubiera desaparecido el sentido del olfato... Los restos de ajo de osos en el Neolítico proceden del polen, lo que permite suponer que se recogía en flor. Seguramente, era muy útil, al final del invierno, por su poder vermífugo, así como por sus propiedades estimulantes y reconstituyentes. Contiene de todo: azufre, vitaminas, omega 3 y 6, hierro, magnesio, calcio, sodio...; es antiséptico y antibiótico; en resumen, un auténtico milagro al final del invierno; nada mejor que hacer una cura de ajo de osos, teniendo en cuenta que su ciclo vegetativo es corto: de seis a ocho semanas entre marzo y abril. No soporta la sombra y crece bajo los árboles antes de que les nazcan las hojas.

El origen etimológico del nombre *ajo de osos* es objeto de discusión. Proponemos la siguiente hipótesis: las virtudes y poderes del ajo de osos (por su riqueza en oligoelementos y vitaminas y poder afrodisíaco) serían capaces de despertar a un oso al final de la hibernación...; también se dice: cura de caballo o pócima que resucita a los muertos, ¿no?

Puerros

El puerro silvestre *(Allium ampeloprasum)* crece en sitios frescos. Su fuerte olor se parece mucho al del ajo. Crudo, en láminas, realza los platos y sustituye al ajo.

El puerro y el ajo de osos son liliáceas.

Compota de puerros

La compota de puerros con cerveza adquiere un sabor y un color diferente en función de la cerveza empleada. Es muy aconsejable presentar dos compotas a la vez: una preparada con una cerveza rubia y ligera y otra con una cerveza negra y fuerte. Filetear los puerros, fundir grasa de riñón de ternera, añadir los puerros, salar, añadir alguna hierba aromática en polvo, dejar reducir revolviendo continuamente. Incorporar la cerveza, calentar hasta que hierva y apartar del fuego. Volver a cocer para secar la compota. Servirla templada o fría. Los puerros se oxidan en contacto con el aire por lo que deben mantenerse cubiertos.

Sopapuerro

Fundir grasa de riñón de ternera en una olla abierta, añadir los puerros cortados en rodajas y cocer lentamente, evitando que se quemen y rascando bien el fondo de la olla con un palo de revolver gachas; remojar con un poco de caldo o, mejor aún, con un jugo de carne de ternera. Espolvorear puerros crudos picados inmediatamente antes de degustar. Solo puerro, puro puerro.

Puro puerro

Proceder como para la sopapuerro disminuyendo el volumen de líquido.

Llantén

El llantén (*Plantago* sp.) se da todo el año y todas sus variedades son comestibles, crudas o cocidas. El llantén menor *(Plantago lanceolata)* es el mejor; hay que recoger las hojas jóvenes en primavera o inmediatamente después, aunque crecen regularmente todo el año. El llantén es muy abundante en los céspedes y a los niños les gusta hacer tirachinas con el tallo y el fruto. Tiene un sabor muy delicado, a alubia y avellana juntos, y la gran ventaja de soportar cocciones muy largas sin deshacerse; crudo, constituye un original acompañamiento. Es algo de lo que se debe abusar: puede incorporarse a las sopas o a los guisos (infrecuentes en el Neolítico a falta de recipientes suficientemente grandes) y combina con leguminosas, como los guisantes o lentejas, y con cereales, como la cebada.

Eslogan de un herborista de la época: «¿Una planta?: el llantén, que siempre se da bien». El llantén tiene múltiples virtudes: antibacteriano, desinfectante, broncodilatador... y, en uso tópico, alivia las picaduras de ortiga.

Nada ha sustituido al llantén, no se conoce ninguna evolución ni descendencia en nuestras regiones, así que sintámonos bucólicos y vayamos a recoger llantén menor. La hierba estrella *(Pl. coronopus)* abunda en las zonas litorales arenosas y habría sido cultivada en Italia, en la época cardial, pero esa es otra historia.

Rumex

El *rumex* (*Rumex* sp.) es el antepasado de la acedera y se le parece mucho. Prospera en suelos frescos y ricos. Las variedades tienen más o menos el sabor de la acedera, más intenso en primavera e inicios del otoño y que desaparece en verano. La acedera no se altera con el calor, mantiene su consistencia y difícilmente se convierte en puré. Se puede utilizar de muchos modos, en sopa, en papillote con sus hojas, con pescados.

El *rumez* contiene ácido oxálico; un manojo de acedera, cenizas y agua, puesto a hervir y dejado reposar, sirve para limpiar los fondos pegados de las ollas.

Papillotes de acedera con cebada

Triturar muy groseramente la cebada, dejar una noche en remojo, retirar los desechos que flotan. Cocer una vez la cebada y desechar ese agua. Extender hojas de acedera, hacer rollos de cebada cocida con la mano y poner el cilindro sobre la hoja, enrollar, fijar con un palillo. Preparar un cestillo

Llantén, rumex *llantén*, rumex

o unos mimbres trenzados y colocar los papillotes. Hervir agua en una olla alta, colocar encima el cestillo y cocer al vapor

Quinhuilla

La resistible ascensión de la espinaca

La quinhuilla *(Chenopodium album)* está presente en los yacimientos, sin que se pueda afirmar que fuera consumida, pero como es de la misma familia que la espinaca, se le atribuye el papel de antepasado. Se consumen tanto las hojas como las semillas. Cortar un gran manojo de quinhuilla, agarrar un tallo con la mano izquierda (si se es diestro), por la parte más gruesa, y desprender las hojas y las semillas entre el pulgar y el índice de la mano derecha. Según la época se obtendrán, principalmente, hojas o una mezcla de semillas y hojas. Las semillas, muy pequeñas, pueden añadirse a los cereales para preparar pan, tortas o gachas; son pequeñas, pero su sabor y consistencia no pasarán desapercibidos. En otoño, cocinarlo todo, rallar unas lascas de tocino en una olla, añadir un poco de agua y, después, las hojas y los granos mezclados; dejar al calor de la lumbre, revolver con un palo plano hasta obtener una pasta suficientemente cocida, pero no demasiado, porque el sabor desaparecería. Untar una torta caliente, enrollarla.

¡Es mágico, los niños quieren repetir! Las semillas y las hojas pueden comerse crudas, las semillas son crujientes. También pueden mezclarse con avellanas. Frescas, son mejores que secas.

¡Y pensar que a esa pobre quinhuilla se le atribuye la responsabilidad genética y hereditaria de ese horror de los comedores escolares del siglo pasado: las espinacas enlatadas con sabor a hojalata que asquearon a generaciones de alumnos!

La quinhuilla se instalaba en las tierras cultivadas, abandonadas o no, más frecuentemente en el primer caso. Aquellos tallos leñosos podrían haberse utilizado como tutores para los chícharos, ya que ambas son buenas plantas forrajeras; en cuanto a pensar en la organización de un barbecho forrajero con quinhuilla y chícharos es quizás llevar un poco lejos la capacidad de los ingenieros agrónomos del Neolítico.

Actualmente, en el mercado *bio* está muy de moda la quinoa, de la familia de la quinhuilla

Sémola

Mezclar sémola de trigo con semillas de quinhuilla, remojar y dejar una noche para que suba. Se degusta tal cual, crudo, o pasándolo someramente por el fuego en un recipiente con un poco de grasa; revolver para despegar las semillas.

Relleno de pescado

Las semillas, recién maduras, combinan bien con rellenos de pescado, aportándoles un punto crujiente y consistente. También sirve para las albóndigas de pescado.

Relleno de carne

Como en el caso del pescado, las semillas de quinhuilla combinan bien con carne picada; en teoría, podrían suplir la falta de carne, pero, en realidad, se necesitarían tantas semillas que su recolección podría hacerse excesivamente larga, incluso con una pandilla de motivados infantes.

Diente de león

El diente de león (*Taraxacum* sp.) pertenece a una gran familia con numerosas variedades, especies y subespecies, todas ellas comestibles desde la raíz a las flores. Las hojas crecen en la base de la planta, en estrella, más o menos dentadas, la flor es «amarillo diente de león» (a diferenciar, claramente, del «amarillo botón de oro»), muy melífera. Las raíces, por lo general son pivotantes.

Diente de león de primavera

La recogida se hace todo el año, pero los mejores dientes de león se encuentran, bajo las hojas muertas, en primavera o justo después del deshielo; acompañadas con tocino asado son crujientes.

Diente de león a la brasa

En cualquier época, el diente de león es un aporte fundamental en la «cociNeO», cocidos, a la brasa, hervidos; están ricos de cualquier modo. Podemos ver el camino recorrido desde el diente de león a la brasa de aquella época y las endivias a la flamenca (aunque conozco a un jovencito que lo que más le gusta de esas endivias es la flamenca: el jamón y la bechamel).

El diente de león tiene nombres comunes muy variados, tantos positivos como negativos: *áster*, *panadero*, *taraxacón*, *achicoria amarga*, *amargón*, *soplón*, *pelosilla*..., y hasta *reina de las ensaladas*.

El diente de león sería el antecesor de las achicorias, su nombre latino *Taraxacum* procede de *achicoria*, en árabe: *tharakhchakon*.

Amor del hortelano y compañía

El amor del hortelano (*Galium* sp.) también forma una gran familia numerosa; algunas son malolientes, otras, apreciadas por su olor; algunas rascan, otras no; también las hay conocidas por cuajar la leche en determinadas ocasiones. Algunos nombres aluden a la utilización y la fama de cada una: *rascalenguas*, *azotalenguas*, *garduña*, *lapa* (G. *aparine*), *aspérula glauca* (G. *glaucum*), *cuajaleches*, *galio blanco* (G. *mollugo*), *aspérula olorosa*, *reina de los bosques*, *galio palustre* (G. *palustre*), *galio de Harz* (G. *saxatile*), *sanjuanera* (G. *verum*)...

La aspérula olorosa se utiliza en primavera para preparar bebidas burbujeantes
La eficacia de esta planta para cuajar la leche está muy cuestionada.
Información procedente de la *Flore forestière française*, tomo 1, llanuras y colinas.

Coles

El grupo de las coles (*Brassica* sp.) forma una gran familia: las brasicáceas o crucíferas. Las marinas (*Crambe maritima*) crecen en las dunas de la fachada atlántica. Alguna de estas crucíferas era comestible, como la berza silvestre o colinabo (*Brassica rapa*). Los pólenes no dan la configuración concreta de estas plantas —espigado, tamaño de las hojas...—. Las hojas podían acompañar sopas y guisos. Los brotes y los botones florales escalfados son deliciosos.

Ortigas picantes

La ortiga mayor (*Urtica dioica*) es vivaz, muy vivaz. Es preferible a otras ortigas que pican menos, pero son peores. Las hojas de ortiga joven pueden convertirse en la parte verde de algunos platos un poco tristes; son buenas solas, en sopa o como acompañamiento. Tostadas, son crujientes.

Descanso tras la recolección

Frutas silvestres

Manzanas

Las manzanas silvestres (*Malus* sp.) ya existían, pero es dudoso que hubieran servido para tentar a Adán porque eran muy pequeñas, muy duras y muy ácidas y, con el tiempo, se ponían pochas. Pueden secarse —se conservan durante mucho tiempo— y completar platos insípidos de cereales o de gachas.

Los arqueólogos encontraron manzanas carbonizadas cerca de un hogar de la gruta de La Molle-Pierre y también en otros lugares.

Ciruelas

Las ciruelas silvestres (*Prunus* sp.) son pequeñas y muy ácidas. Los arqueólogos encontraron ciruelas secas o carbonizadas cerca de hogares. Son sabrosas en compota, solas o acompañando leguminosas o carnes.

Abraham se sentó debajo de un ciruelo después de su circuncisión.
Ver las numerosas recetas de carnes con ciruelas ácidas.

Escaramujos

Los escaramujos *(Rosa canina)* se recogen después de las primeras heladas. Hay que sacarles una especie de borra urticante que tienen en el interior. Su carne es muy valorada por las vitaminas que contiene. En compota, son muy sabrosas. El buey con escaramujos es un buen ejemplo de su posible utilización.

Frambuesas

Los paseantes de la época se atiborraban literalmente de frambuesas cuando las encontraban, ¡una especie de cura rápida, vaya! Y exquisita. Pero los frutos se conservan mal y se ponen agrios enseguida.

El gran consumo de frambuesas está ampliamente demostrado por la abundante presencia de aquenios en los excrementos humanos.

Majuelas (espino blanco)

El espino blanco da, en otoño, unos pequeños frutos rojos, las majuelas, deliciosamente perfumadas. Los frutos contienen uno o dos huesos, según la especie *(Crataegus nonogyna* o *C. laevigata)*. Lo más fácil es comerlos sobre la marcha e ir escupiendo los huesos. La madera del espino blanco es muy dura y puede utilizarse para construir punzones o pasadores... Las frutas se conservan bien, se secan quedando solo en piel y hueso. Pueden prepararse para utilizar su delicado aroma: recoger las majuelas, llenar un recipiente adecuado, cubrir con agua y cocer —los frutos han de cocer el tiempo suficiente como para deshacerse, sin llegar a convertirse en un puré marrón, conservando el color rojo—. Dejar enfriar, aplastar con la mano y recoger el jugo; hervido, se conserva durante algún tiempo, aunque, al ser ligeramente azucarado, corre el peligro de fermentar. Este extracto de

majuelas servirá para aromatizar el pan o las tortas, si se utiliza en lugar de agua, tanto en la preparación de la levadura como en la mezcla de harina. Junto con la bellota, dará un buen sabor complementario del amargo de los taninos del roble.

Moras

Las zarzas del bosque *(Rubus fruticosus)* colonizan rápidamente los espacios deforestados, siempre que haya claridad, y van desapareciendo progresivamente cuando el bosque se cierra; es una planta heliófila. Se ha constatado un gran consumo de ellas en el Neolítico. No parece que se cocieran, salvo con sangre fresca (ver receta); por otra parte, en aquella época, las mermeladas parecen bastante improbables; la mejor manera de consumirlas es recorrer los lindes del bosque y atiborrarse de ellas. Las hojas en infusión constituyen una buena tisana. Las moras son también apreciadas por los cérvidos y los zorros.

Fermentaciones

Casi todas las frutas maduras fermentan; puede facilitarse este proceso triturándolas un poco, con lo que, un día u otro, empezará a formarse la espuma. Manzanas y ciruelas pudieron fermentar y dar origen a «vinos». Los zumos fermentados son la base de levaduras muy útiles para la preparación de panes.

La fermentación de frutas no ha sido formalmente constatada, pero parece probable, incluso posible.

Raíces

Las raíces pueden ser un complemento en la alimentación, bien por sus aportes de vitaminas y sales minerales, bien por sus cualidades gustativas. Podemos mencionar las zanahorias silvestres (*Daucus* sp.), el salsifí silvestre (*Tragopogon* sp.) y muchas otras, como el rábano picante o la raíz de diente de león. Probablemente, fueron utilizadas más como acompañamiento que como plato completo.

Hierbas aromáticas

En aquella época, se conocía el sérpol *(Thymus serpyllum)* y también podrían haberse utilizado otras plantas: semillas de zanahoria, flores de saúco, ajo de osos, puerro silvestre, acedera...

Piedras calientes

Los arqueólogos han identificado cantidad de piedras calentadas, también llamadas *piedras calientes* (sobre todo, en las inmediaciones de los hogares); están enrojecidas y tienen las trazas características de un calentamiento intenso. Los usos de esas piedras son un asunto de debate, por ejemplo: cortafuego, calentamiento indirecto, base, paredes, calentador y las piedras calientes propiamente dichas, sobre las que se cuecen los alimentos directamente. Existen dudas sobre la realización práctica de cocción con un canto rodado caliente sumergido en un cuenco lleno de alimento. Los cuencos de cerámica tienen una gran inercia, hay que calentarlos tanto como los alimentos y pueden romperse cuando se introduce la piedra; además, su capacidad se reduce, lo que deja poco sitio para los alimentos, teniendo en cuenta el conductor líquido que es la sopa.

Sopa de guijarro

Es de sobra conocida la historia de la sopa de guijarro. Un vagabundo consigue ser invitado a comer y sugiere la receta de la sopa de guijarro, aportando él, generosamente, el guijarro mientas que los anfitriones mejoran la sopa con puerro, berzas, tocino…, la sopa queda deliciosa. La historia, sin duda, es muy antigua y parece remontarse al Neolítico. En aquellos tiempos…: preparar una olla con verduras y tocino, sacar del fuego un guijarro caliente y sumergirlo en la olla. Si se calcula bien:

— el guijarro no explota con el choque térmico;
— la olla no se rompe cuando el guijarro llega al fondo;
— el guijarro ha almacenado bastante calor como para calentar la sopa y la olla y mantiene una pequeña ebullición.

Desgraciadamente, la termodinámica no es muy partidaria de este procedimiento.

Ejercicio de termodinámica clásica: una olla de 5 l que pesa 2 kg contiene 2 l de sopa, todo ello a 20 °C; si el guijarro pesa 1,5 kg (en la olla tiene que quedar sitio), ¿a qué temperatura hay que calentar el guijarro para que la sopa hierva? Se considera que la olla, el agua y el guijarro tienen el coeficiente térmico del agua.

El guijarro debe alcanzar los 300 °C para que el conjunto llegue a 100 °C; teniendo en cuenta las pérdidas de calor, para mantener la ebullición debería alcanzar los 600 °C. A esas temperaturas, algunas rocas se disgregan o explotan o resultan peligrosas para la alimentación, como es el caso de la caliza, que se transforma en cal viva; sumergida en agua, la reacción es «viva y exotérmica», muy peligrosa.

En realidad, los guijarros no tienen el mismo coeficiente térmico que el agua (valor de referencia: 1) sino 0,25; de hecho, los guijarros tiene que calentarse a más de 900 o 1.000 °C. La experiencia indica que los guijarros solo pueden alcanzar entre 300 y 350 °C en un fuego.

El procedimiento es aplicable en recipientes más ligeros, como los odres, utilizados por los pueblos que no tenían cerámica.

Calor interior

Conseguir un ave y un guijarro de un peso equivalente al del ave. Calentar el guijarro en las brasas y, cuando esté a punto, muy caliente, cogerlo con una buena pinza e introducirlo en el interior del ave —si el guijarro está adecuadamente caliente se oye cómo crepita la grasa cuando se introduce (es una buena señal); en caso contrario, volver a empezar—. Envolver el ave en hojas de rábano picante u otras hojas grandes, colocar el paquete sobre la base caliente, rodearlo de piedras calientes y tapar. Esperar, el ave se va cocinando tanto desde el interior como desde el exterior y la grasa se derrite al contacto con el guijarro caliente del interior. Delicioso.

La experiencia demuestra que es importante el tipo de guijarro; son muy adecuadas las calizas con *gryphus* fosilizados, pero algunas piedras explotan bajo la acción del calor, el granito, por ejemplo. Se supone que el guijarro alcanza una temperatura entre 300 y 400 °C.

Papada caliente (o fría)

La papada de cerdo es una parte especial que, hoy, se utiliza más que nada en la elaboración de patés. La grasa, poco densa, se conserva mal y atrae moscas y gusanos. Hay que consumirla rápidamente. Pasar la papada por una salmuera o, en su defecto, enrollarla en hierbas: sérpol, salvia…; apretar con fuerza. Ahumar ligeramente la papada —tiene que oler a humo y cocer un poco porque urge luchar contra las moscas y el humo las aleja—. Preparar un gran fuego y cuando la cantidad de brasas sea suficiente, cubrir con piedras planas y colocar alrededor más piedras, las que tienen que calentarse. Cuando todo esté caliente, colocar la papada ahumada encima, sobre las piedras, cubrir con las piedras calientes y volver cubrir de nuevo con una capa de hierbas frescas, que no deben arder. La papada tiene que

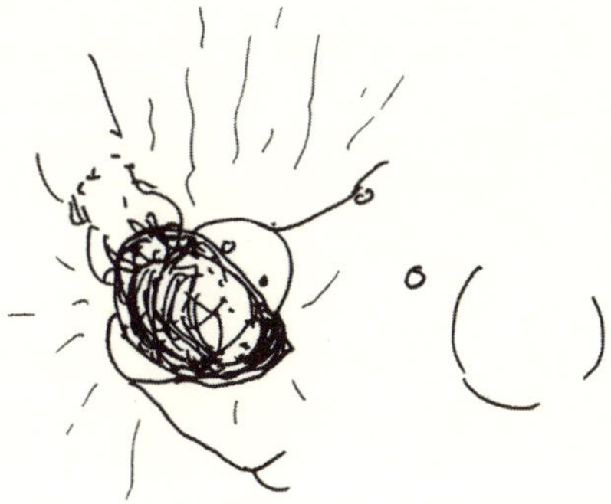

hacerse lentamente, si el fuego es demasiado intenso la grasa se derrite, se quema y el plato se estropea. Mantener al calor. Ha llegado el momento de desmontar la instalación y degustar la papada caliente, la grasa está en su punto, transparente, jugosa, deliciosa. La papada, incluso cocida, no se conservará durante mucho tiempo, así que lo mejor es disfrutarla inmediatamente.

Ahumados

Preparación

Los arqueólogos detectaron agujeros de postes en las cuatro esquinas de algunos hogares y dedujeron la existencia de algún dispositivo de secado o de ahumado. Un dispositivo idéntico lo utilizaban en las islas los piratas, filibusteros y otros viajeros, para ahumar las carnes antes de embarcarlas. Hemos conservado el término *ahumado* para designar, a la vez, la preparación y el resultado.

Hay que hacer un fuego o, más concretamente, brasas, para evitar que ardan tanto el soporte como las carnes. Las carnes se colocan sobre un entrelazado de ramas donde las envuelve el humo. Demasiado calor derretiría las grasas, que arderían al caer sobre el fuego. Brasas de madera dura como el roble pueden secar sin ahumar. Las semillas pueden tostarse ligeramente colocándolas en una cesta sobre las ramas.

Este dispositivo puede utilizarse para:

— ahumar carnes para conservarlas; es especialmente necesario en época de caza, cuando el alimento sobrante ha de poder ser transportado al resto del grupo que se quedó en el pueblo;
— preparar comidas apreciadas por ese sabor tan peculiar.

El humo aleja las moscas y otros insectos atraídos por la carne.

Pierna de cordero

Recortar y redondear una pierna de cordero pequeña. La carne de los machos jóvenes vírgenes es la mejor. Si es posible, salar y dejar serenar dos días. Preparar un gran fuego para conseguir una buena cantidad de brasas, esparcirlas. Construir el soporte del ahumadero, repartir las ramas, regular la altura y la temperatura. El humo debe estar caliente en su punto. Depositar la pierna de cordero sobre la construcción y alimentar las brasas para generar humo. Darle la vuelta a la pierna y comprobar la temperatura; la mano debe sentir el calor sin quemarse, la pierna de cordero no debe cocerse. Darle otra vuelta a la pierna, volver a comprobar…, y así sucesivamente; se tarda bastante, medio día al menos. Dejar enfriar. Poner a secar al fresco durante dos días. Probar: si la carne está demasiado roja y si la pierna de cordero va a ser conservada, volver a pasar por el ahumadero; caso contrario, cortar en filetes finos y comerlos tal cual o pasarlos al vapor con alguna hortaliza (guisantes, chícharos) o hierbas como el llantén o el ajo de osos.

Esta receta la hacen en Rumanía y en Siria, dándole el nombre de *pastrami*, y también en Nueva York, en los restaurantes judíos.

La paletilla no resulta tan bien, pero vale igual, especialmente con una paletilla de carnero, más sabroso que el cordero.

Cabeza de cerdo

Retirar los sesos, deshuesar parcialmente la cabeza de cerdo, al menos la mandíbula inferior. Dejar, como mínimo, dos días en salmuera, escurrir. Preparar un ahumadero, depositar allí la cabeza. Según los gustos, se puede potenciar o bien el secado o bien el ahumado. Para un ahumado y secado en caliente, la cabeza ha de cocer bajo la acción lenta y de larga duración de un calor muy suave, que permita dar vueltas a la cabeza sin quemarse la mano. Se consume cruda en rodajas finas o rehidratada. Sumergir la cabeza en un gran cuenco, cubrir con agua, añadir hortalizas (guisantes, chícharos) o cereales y cocer a fuego lento. La cocción es muy lenta, la misma que para las legumbres secas o también para la cebada.

En la actualidad, ya hay en el mercado cabezas de cerdo secas, importadas de Portugal.

Lengua de cerdo

La lengua de cerdo se presta bien al ahumado. Hay que controlar el fuego y los humos, manteniendo un calor moderado ya que, de otro modo, se acartonaría. La lengua admite muy bien el ahumado y se come, seguidamente, cruda o cocida, para lo cual hay que rehidratarla. La lengua, cortada en lonchas, acompaña a hortalizas verdes cocidas al vapor. Colocar en una cesta o en una estera las verduras, no hay muchas opciones: guisantes o chícharos cultivados y llantén, dientes de león y acederas silvestres, añadir las lonchas de lengua y cocer al vapor sobre un gran cuenco de agua o de cualquier caldo.

Surtido de ahumados

Todas las carnes pueden ahumarse; modulando la llama y el humo se pueden obtener variedad de resultados con cada carne.

El cerdo admite muy bien el ahumado: costillas, paleta, lomo y, menos habitualmente, los pies. Las salchichas, ligeramente ahumadas, se conservan bien ya que la carne está protegida del ambiente por la tripa. También queda muy bien el lechón, pues, al no tener casi grasa, no se derrite como ocurre con los trozos más grasos de los ejemplares mayores.

En nuestros días, el buey no suele prepararse seco o ahumado. Pero, en términos de conservación, un buey proporciona un volumen mucho más grande de carne para conservar que el cerdo. Los resultados son sorprendentes y deliciosos, sea cual sea el trozo o el corte utilizado, quitando las grasas, poco apetitosas: chuletas, entrecot, lomo entero, morcillo..., todo está bueno. La lengua de buey es difícil de ahumar debido a su tamaño; es preferible ahumar una de ternero, o bien cocerla antes.

La caza puede ahumarse fresca, in situ, antes de transportarla. Evitar ahumarlas demasiado porque su sabor ya es de por sí fuerte.

La caza de pluma (polla de agua, urogallo, pato, oca, paloma...) también puede ahumarse: cortarlas a la mitad y aplastarlas antes de ahumarlas; darles vuelta de vez en cuando.

El pescado seco ahumado se conserva bien.

La anguila ahumada tiene mucha fama, se puede secar colgada u horizontal, al gusto.

Carnes de ganadería

Buey

En realidad, no fue al buey al que se domesticó, sino al uro (*Bos primigenius*). El uro era más grande, más peludo que los animales domesticados. Los bueyes se consumían jóvenes: ternero lechal, ternero o vaca madura, pero no añosos, por lo general. La selección del animal correspondía a la producción de carne de carnicería. La matanza y el despiece eran realizados por los hombres. También se utilizaban las pieles y se extraía el tuétano de los huesos largos. La dificultad del despiece y el reducido tamaño de las ollas limitaban las preparaciones. El despiece no debía de suponer grandes problemas para aquellos hombres expertos en el uso de la azuela; luego, había que separar los músculos enteros, unos con más facilidad (el solomillo), otros con más dificultad, como las chuletas de buey. Las huellas de despiece halladas indican que los trozos se deshuesaban antes de la cocción.

Parrilladas

Para conseguir una buena parrillada hay que utilizar piezas grandes y gruesas. Sin parrilla, la cocción puede hacerse directamente sobre las brasas. El fuego tiene que ser intenso para conseguir una buena cantidad de brasas que mantengan el calor —el roble cumple muy bien esta función—. Las piezas de carne se pueden elevar ligeramente mediante unas piedras. Dar la vuelta solo una vez, al final de la cocción, y dejar reposar al calor antes

Del uro al buey

de servir. Son apropiados los trozos convencionales, así como el entrecot, que, lentamente asado, resulta muy sabroso.

Brochetas

Mucho más fácil resulta cortar trozos pequeños de buey y ensartarlos en un palo de madera; la cocción se regula mucho más fácilmente. Casi todas las piezas o cortes admiten este procedimiento, incluso la espalda, quitándole el tejido central.

Asado

Pueden asarse el redondo, la babilla, el entrecot, el solomillo bajo. Engrasar un cuenco, colocar la pieza envuelta en unas lonchas de tocino y poner sobre las brasas. Cubrir a medias para mantener el calor, darle la vuelta a la carne. Dejar reposar al calor.

Terrina de buey

En un cuenco, poner una corteza de tocino con el lado graso hacia abajo, repartir pequeños trozos de buey en capas, alternado con lonchas de tocino, y terminar con otra de corteza de tocino. Cubrir con caldo, añadir unas hierbas. Cocer a fuego muy lento medio día. Dejar enfriar, añadir jugo de carne o grasa para sustituir el caldo evaporado. Dejar enfriar una noche, tapado con guijarros, para compactar la terrina.

Hochepot *de pecho*

Cortar en trozos el pecho, sin pieles ni grasa. Tostar rápidamente en el fuego para que coja color. Colocar los trozos en un cuenco grande, añadir un pie de cerdo cortado en dos o una oreja de cerdo limpia. Cubrir con caldo sazonado y salado. Cocer a fuego lento. Servir con un puré de guisantes con torreznos.

Lengua de buey o de ternero

La lengua es una pieza grande que se conserva durante algunos días, una vez limpia de filamentos y partes blandas. Si es posible, conviene remojarla en una salmuera o, si no, en agua. La cocción tradicional, como un cocido, da un caldo excelente.

Abraham se la ofreció a los ángeles.

Lengua seca ahumada

La lengua ahumada se va cortando a demanda. Puede comerse tal cual, cortando lonchas finas que hay que masticar bastante rato. Es un buen complemento para una cocinera que tiene que improvisar, solo hay que sumergir trozos en agua caliente, para rehidratarlos, acompañados con un ramo de llantén. Los resultados son aún mejores al vapor: colocar trozos pequeños de lengua en un cesto, añadir manojos de llantén y colgar el cesto sobre una olla con agua. Se obtiene un resultado muy diferente, pero también muy agradable, sustituyendo el llantén por diente de león; se puede encontrar llantén y diente de león incluso en invierno.

Bonnet chaud *(gorro caliente)*

Preparar una levadura con un poco de sidra en fermentación o con posos de sidra. Una vez crecida la levadura convenientemente, añadir harina y grasa fundida. Picar unas hierbas, de llantén o de acedera o de espinaca

silvestre e incorporar a la masa. Amasar y dejar que suba. Llenar un gran cuenco hasta la mitad con los trozos de buey, añadir cebada, chícharos (previamente escaldados) y algunas hierbas aromáticas, cubrir con agua mezclada con un resto de caldo. Tapar con hojas para aislar de la torta. Aplastar la bola de masa hasta obtener el tamaño adecuado y colocar el pedazo de masa sobre las hojas, tapando el cuenco. Calentar al calor de la lumbre, dejando cocer lentamente toda la noche. Retirar la torta de masa, que tiene forma de gorro, ya que el perímetro se levantó en contacto con el recipiente más caliente y la parte del medio también. Repartir y servir la carne con las verduras. Preparado de antemano y recalentado queda aún mejor.

Receta adaptada de una receta tradicional: el *cholent* (del francés *chaud lent:* calor lento), preparado la víspera del *shabbat*, universalmente conocido desde la noche de los tiempos bíblicos.

Pecho de buey

Cortar el pecho en tiras siguiendo la línea de las costillas, aunque el corte transversal sin sierra no es fácil. Romper los huesos, separar las partes grasas, cocerlo todo, con algunas raíces y hierbas aromáticas, en agua hirviendo. El caldo será una buena base para cualquier preparación, la carne cortada y enfriada en una terrina se conserva unos días. Los trozos cocidos pueden reservarse para otras preparaciones, sobre todo con frutos; colgarlos para que escurran y se sequen.

Pastrami & pastrama, *pecho salado seco*

Cortar el pecho de buey, reservando trozos de chuleta. Salar y cubrir con hierbas aromáticas al menos durante un día, a principios de otoño, para que las carnes puedan secarse sin estropearse con el exceso de calor. Tenerla en salmuera varios días, sacarla y aclararla con agua. Colgar la pieza en una corriente de aire. Dejar secar. La carne se conservará bastante tiempo. Para rehidratarla, colgar los trozos al vapor y, luego, cocerlos en un cuenco grande.

También se puede deshuesar el pecho, con lo que se evita el sabor a rancio del hueso seco; en este caso, no cortar los filamentos transversales para conservar el músculo entero.

Salmuera y caldo

La salmuera es un buen sistema para conservar el buey, aunque hoy sea más bien poco utilizada. Preparar una salmuera, añadir miel, frutos —escaramujos, majuelas, ciruelas secas— y hervir. Añadir el buey, en trozos, a la salmuera fría y tenerlos en ella durante varios días. Escurrir los trozos y cocerlos en un caldo. El escabeche puede volver a utilizarse, pero conviene hervirlo cada tres días. El buey en salmuera tiene un bonito color en tonos rosas; al caldo se le pueden añadir setas, cereales o leguminosas.

Tuétano

El consumo de tuétano también está constatado, ya que son abundantes los grandes huesos partidos hallados en los depósitos de vertidos. Romper el hueso, sacar el tuétano y escalfarlo. Una torta puede ser el simple acompañante de este deseado plato, pues la proporción de tuétano con respecto a la masa de carne es muy pequeña.

Variante: escalfar el hueso partido antes de sacar el tuétano; hay partidarios de uno y otro método.

Los neolíticos no esperaron a Freud para descubrir el carácter fálico del consumo del tuétano de los huesos.

Tostadas de tuétano

Tostar rebanadas de pan, untarlas con un puré de ajo de osos, añadir lonchas de tuétano y servir a escondidas, la envidia es una mala costumbre.

Variante: sustituir el puré de ajo de osos por una capa de puerros silvestres.

Tripa asada

Lavar la tripa, que ha de ser gruesa y grasa. Dejarla en salmuera una noche. Aclarar, escaldar en agua hirviendo, desechar el agua y cocer con un manojo de hierbas aromáticas. Escurrirla y colgarla para que el agua no se quede en los alvéolos. Pasar ambos lados de las tripas por las brasas. Hay que proceder rápidamente, para que no se peguen. La tripa ha de quedar crujiente, sin sabor a humo.

Despiece con azuela, con cuchillo de sílex o con rascador

Teta asada

¡La carne de buey es, muchas veces, carne de vaca! Lavar los trozos de teta, asarlos por los dos lados en las brasas. Servir muy caliente. Acompañarla con ajo de osos machacado.

Toro

Incluso los más fieros y valientes acaban como carne de carnicería y guisados. Cortar el rabo de toro en trozos y las criadillas en filetes, ponerlo todo en una olla bastante alta, salar, añadir bayas de jengibre, un chorro de miel y cubrir con cerveza fuerte. Cocer mucho tiempo y servir con pan y tuétano. Conservar el caldo para otras preparaciones reconstituyentes.

Ternera

La ternera se encuentra con regularidad en los análisis de los vertederos. ¿Ternera lechal o novillo? Todo sirve, hay contraste entre el consumo de ternera, un poco insípido, y el de caza: zorros y lobos. Lo mejor de la ternera sin ninguna discusión: el jugo de su carne y los despojos. Pero, lamentablemente, a falta de grandes ollas, en el Neolítico la producción de jugo era más bien limitada; quedan los despojos: son fundamentales la cabeza, prácticamente sagrada, los riñones, el hígado, la grasa de riñón y las patas…

El sacrificio de animales jóvenes puede deberse a diversas costumbres: ritual de sacrificio, optimización de la ganadería en terrenos pobres (el crecimiento ponderal es lento después del periodo juvenil), mayor facilidad para sacrificarlos, óptimo gustativo o adecuación entre la demanda y el tamaño del animal (una ternera sirve para alimentar a un pueblo un día o dos sin plantear problemas de conservación: al espetón, y en paz), destete precoz para aprovechar rápidamente la producción de leche…

La muerte de la vaca-madre-amamantadora supone el sacrificio de la ternera, al igual que la competencia de un lechal gemelo que quiera ejercer su derecho de progenitura para acceder a la leche materna.

Ternera asada a la parrilla

La ternera entera asada en espetón se reserva para las grandes ocasiones; suele ser más frecuente asarla en cuartos, se economizan medios con el despiece de las chuletas con un sílex o una azuela. Desmembrar una ternera y reservar los miembros; asar lo demás al espetón; en algunos casos, se dejan los riñones en el interior para que su grasa la haga más jugosa. La ternera tiene que hacerse lentamente a un lado del fuego para no soportar los humos y para poder recuperar las grasas y los jugos que se van fundiendo durante la cocción. Esta debe quedar un poco más que al punto, para que, tras el necesario reposo, las carnes se desprendan con facilidad con la mano, nadie se queme y se aprecie su característico sabor.

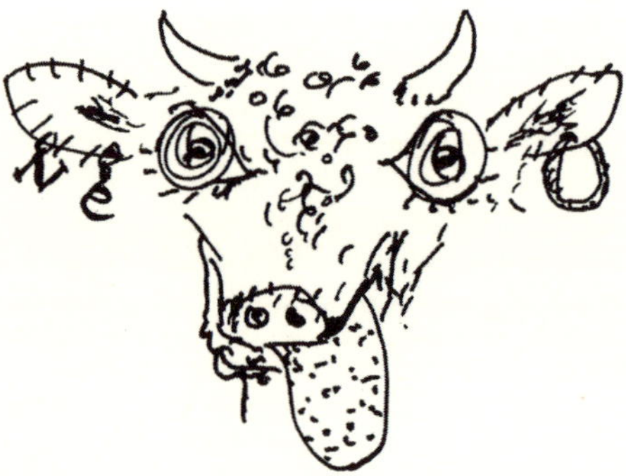

Caldo de ternera y terrina

Un buen caldo de ternera se prepara con las cabezas de los huesos largos trituradas, una oreja, más huesos, restos del despiece y una pata. Cocer mucho tiempo con sal y hierbas aromáticas, un poco de miel y unas pizcas de cenizas tamizadas. Al final de la cocción, reservar el caldo y desengrasarlo. Llenar un cuenco con los restos de carne, rascar los huesos, añadir la pata deshuesada y la oreja, cubrir con caldo y reservar al fresco; la terrina será exquisita una vez que se solidifique.

Babilla de ternera

La babilla de ternera se corta en el muslo, sacando el trozo en el sentido de la hebra de la carne; es un trozo compacto, homogéneo, el mejor trozo de la ternera, aparte de los despojos. Mechar la pieza con trocitos de tocino seco, fáciles de introducir. Tapizar el fondo de un cuenco con trozos de corteza de tocino y raíces. Colocar encima la babilla, poner al fuego, empezando por un fuego vivo, ir girando el cuenco. Mientras se va haciendo, calentar un caldo, si es posible de ternera, en otro recipiente; cuando hierva, verterlo encima de la babilla. Cocer muy lentamente y cubrir con algunas hojas aromáticas. Servir con cereales cocidos y guisantes verdes, acompañados del jugo de cocción.

Variante: añadir cerveza al caldo. Al final de la cocción, recuperar el caldo y dejar el cuenco cerca del fuego; la babilla tomará otro color y, en el mejor de los casos, quedará glaseada.

Babilla en fricandó

La diferencia del fricandó estriba en algunos detalles de su preparación: la babilla se corta en el sentido de la hebra, en filetes o tajadas, se incorporan a la cocción cortezas de tocino y media pata de ternera en trozos. La guarnición, al gusto: diente de león, acedera, espinaca silvestre. La cocción se ha de prolongar hasta que pueda comerse con cuchara.

Cortar la babilla en filetes o tajadas, picar trozos de tocino, cubrir un cuenco con cortezas de tocino, colocar los filetes o tajadas y la media pata cortada en trozos y dejar que suelte el líquido antes de cubrir todo con un caldo de ternera mezclado con cerveza rubia muy caliente, teniendo más que cuidado con los choques térmicos. Añadir un chorretón de grasa de riñón: esta formará una película en la superficie, que evitará la oxidación y la evaporación. Cubrir con hierbas aromáticas. Cocer a fuego muy lento —un ligerísimo borboteo que apenas rice el velo de grasa—. Después, dejar reposar medio día o una noche, sacar el caldo, desengrasar, poner el cuenco al fuego para que tome color. Mientras tanto, se habrá recogido acedera, llantén o espinaca silvestre. Reducirlos por separado en la grasa de riñón de ternera sin que lleguen a puré, salar si la grasa es dulce, añadir un chorrito de cerveza y servir.

Esta preparación neolítica sobrevivió, hasta mediados del siglo XX, en zonas rurales, como *fricandó a la acedera* (la acedera es de la familia de los *Rumex*, la achicoria de la familia del diente de león y las espinacas de la familia de las espinacas silvestres).

Jarrete de ternera con cebada

Preparar un caldo de ternera. Deshuesar el jarrete, las ollas son demasiado pequeñas para cocerlo todo junto. Echar cebada mondada en el fondo de una olla, añadir el jarrete, algunas hierbas y cubrirlo con caldo de ternera; cocer durante mucho tiempo. El jarrete ha de poder comerse con la mano, despegando los músculos. Servirlo con la cebada, acompañado con lonchas de tuétano y pan.

Si quedan sobras, picar la carne, mezclarla con la cebada, llenar un cuenco, remojarlo con caldo, calentar hasta que se evapore el caldo y servir caliente antes de que se reseque.

Si siguen quedando sobras, añadirlas al caldo y servir una sopa con rebanadas de pan tostado.

Variante: sustituir la cebada por chícharos.

Sesos de ternera

Los sesos no se prestan a demasiadas preparaciones: o crudos o hervidos. En el Neolítico, la probabilidad de que se comieran crudos es muy alta. Sacar los sesos, lavarlos en varias aguas, picarlos y enrollarlos en una torta especial.

Lo habitual suele ser escalfarlos, cortarlos en trozos y degustarlos sobre una torta. Todos los sesos son buenos: de ternera, de cerdo, de cordero. Los sesos entran en la composición de las terrinas, a las que aportan suavidad y untuosidad.

Los sesos también pueden utilizarse para curtir pieles.

Las huellas de despiece y de cráneos humanos hundidos encontrados en los vertederos permiten pensar que los sesos humanos fueran un plato selecto.

Patas de ternera en gelatina de leche

La terrina de pata de ternera es un gran clásico. Cortar las patas en dos, abiertas a lo largo, colocarlas en un recipiente, cubrir con leche y cocer al menos medio día a fuego muy suave. Una tapa de hojas limita la evaporación de la leche. Esperar a que esté tibio, sacar las patas y deshuesarlas. Colocar las patas deshuesadas en un recipiente, cubrir con el resto de la leche de la cocción y dejar enfriar. La leche se habrá convertido en gelatina, ya que la larga cocción la habrá concentrado, así como modificado el sabor del lácteo. Para economizar, mezclar la leche con agua de manantial.

Hígado de ternera en espetón

Cortar un lóbulo entero y mecharlo, utilizando un sílex puntiagudo, con tocino, por ejemplo. Los trozos de tocino seco son fáciles de introducir en los cortes. El lóbulo habrá de tomar el aspecto de un erizo. Salar y sazonar con algunas hierbas secas. Envolver el lóbulo con tripa de cerdo, varias veces si es posible. Ensartar en un palo de madera dura, asar muy suavemente; el lóbulo tiene que mantenerse a un lado de la llama, en ningún caso encima de ella; tampoco tiene que ahumarse. Girar de vez en cuando. Según gustos, se dejará cocido o rosa en el centro.

Los neolíticos, seguramente, consumían sangre, muy nutritiva en sales minerales y vitaminas: es posible que consumieran el hígado sangrante o crudo. El consumo excesivo de hígado crudo puede causar enfermedades de hipervitaminosis, comprobadas en algunas personas.

Hígado para dos

Cortar un lóbulo, envolverlo en una loncha fina de tocino y pinchar con palitos para sujetar el envoltorio. Preparar un buen fuego y colocar una gran piedra caliente un poco apartada. Poner el lóbulo sobre la piedra. Los dos comensales se instalan uno enfrente de otro y van dando vuelta al lóbulo mientras charlan de unas cosas y otras.

Hígado de ternera picado

Picar un lóbulo de hígado de ternera con otras carnes: babilla, lascas de tocino seco, magro de cerdo y entrecot de buey, teniendo que ser el hígado al menos la mitad del picadillo. Salar. Hacer una bola y envolverla en tripa de cerdo. Engrasar un cuenco, poner la bola y cocer a fuego suave; si es necesario, añadir manteca de cerdo para que no se seque. Dejar reposar. Esta terrina puede comerse tal cual o envolverla en masa de pan y cocerla, en cuyo caso sería un paté.

Esta preparación también admite cerdo picado.

Riñones

El riñón de ternera es muy superior al de buey, que tiene que ser escaldado para quitarle el sabor a orina. Quitar las partes blancas y la piel que lo cubre y asarlo ensartado en un palo.

El riñón asado entero —en la ternera en espetón, por ejemplo— se corta en lonchas finas y se presenta sobre rebanadas de pan.

Siempre es emocionante abrir el paquete de grasa para extraer el riñón, meter las manos en la grasa resbaladiza —agradable sensación—, sacarlas más suaves (la legendaria suavidad de las manos de las mujeres del Neolítico). Aparece el riñón: pequeño, mediano o grande, rojo oscuro o muy pálido. ¿Existirá una ciencia adivinatoria a partir de los riñones? La grasa derretida en una terrina desprende un olor muy apetitoso, siempre y cuando no se queme, y los chicharrones, dorados en su punto, suben a la superficie. La grasa se conserva en tarros (¿primer producto de belleza?) y se puede utilizar en cualquier preparación: torta, pan, cocción de guisantes, de chícharos, de la acedera, de la espinaca silvestre...; por sí solo justificaría el consumo de la ternera. Los chicharrones son igualmente ricos frescos, es decir, calientes, recién sacados del recipiente, sobre una rebanada de pan que se enriquece con grasa derretida, o fríos, en tortas o en pan de chicharrones.

Bofe de ternera

El bofe no se desecha, a menos que se le dé a los perros. Preparación del bofe: lavarlo en varias aguas, escalfarlo y escurrirlo bien. Cortar en trozos y prepararlo a la brasa o guisado.

Puerco, cerdo

¿Puerco o cerdo? El puerco sería la versión doméstica del cerdo, un cerdo doméstico en realidad, siendo el jabalí un cerdo silvestre: ¿y el puerco, en-

tonces, sería doméstico? La transposición al hombre tiene connotaciones diferentes: este hombre es un puerco, este hombre come como un cerdo. Conviene evitar las versiones femeninas, aún más peyorativas. El puerco procede de la progresiva domesticación del jabalí (*Sus scrofa*). Ambas especies subsisten y pueden cruzarse, ¡cerdos de ciudad y de campo! Los cerdos, todavía convertidos en puercos, son ágiles y relativamente delgados en la época neolítica; de hecho, comparando el tamaño de los huesos, los arqueozoólogos distinguen los cerdos, de huesos pequeños, de los jabalíes, de huesos grandes. Lo ideal para la carne de un cerdo se sitúa entre los siete y los nueve años de edad; para la grasa, es mejor esperar, hasta un año y medio, a que tenga tocino.

Del cerdo vale todo. El cerdo tiene la ventaja de ser de un tamaño razonable y de asarse sin distinción desde la cabeza al rabo. Se conserva igualmente bien en salazón y ahumado. Lo único malo es que chilla cuando es degollado.

Cerdo fresco

El cerdo fresco se asa, bien en espetón o sobre brasas, y desprende un olor exquisito; la carne asada no necesita nada, ninguna otra preparación. Todo se asa, pero las piezas frescas más sabrosas son el lomo, las costillas y las chuletas. Asar un costillar bastará para alimentar a varios hambrientos, sin tener que separar las costillas, trabajo un poco fastidioso, con un sílex y que no siempre queda bien con un hacha pulida.

Asados

La carne de cerdo tiene la grasa suficiente como para ser asada simplemente con un fondo de agua en un recipiente de barro. La grasa se irá derritiendo y las carnes lo harán después, en el plato y en la boca.

Para variar las sensaciones, incorporar al asado hojas de salvia o semillas de eneldo.

Hígado en terrina

Picar hígado de cerdo fresco con la misma cantidad de grasa de cerdo, salar. Cubrir el fondo de un cuenco con corteza de tocino, incorporar la mezcla, si es posible envuelta en tripa (o peritoneo) y cocer lentamente. Dejar reposar, cortar lonchas gruesas y servir con pan tostado.

Orejas con lentejas

Lavar y limpiar las orejas. Pasarlas por la llama para quemar las cerdas. Disponer las orejas en el fondo de una olla, añadir las lentejas y cubrir con agua. Salar. Cocer a fuego lento, las orejas darán untuosidad a las lentejas. En temporada, añadir brotes de ortiga u hojas de acedera. El agua puede ser sustituida por cerveza, suero o un resto de salmuera: el plato ganará.

Cassoulet *NeO*

La cocción lenta en recipientes de barro es una especialidad neolítica, al menos en la historia más antigua. Confitar algunos trozos de cerdo en manteca de cerdo; introducir en una olla trozos de cerdo confitado, de cerdo salado y de cerdo fresco, añadir chícharos secos, cubrir con agua o, mejor, con caldo y cocer lentamente. Revolver de vez en cuando, retirando la espuma que se forma y completar el líquido, si es necesario, con caldo caliente. Dejar reposar una noche en las brasas, tapado. Antes de servir no olvidar las cortezas de tocino (indispensables) y gratinarlas poniendo un tronco de brasa a caballo sobre la boca de la olla; soplar para avivarla.

Salazón

Todas las piezas y cortes del cerdo pueden prepararse en salazón, aunque lo más frecuente es hacerlo con los costillares. Preparar una salmuera en una gran olla, colocar los trozos de cerdo, mantenerlos sumergidos con ayuda de piedras (a ser posible de granito o de gres), tapar y esperar. A partir de este momento no se debe tocar la carne con las manos, so pena de estropearla. Sacarla con pinzas de madera. Si la salmuera huele mal, vaciarla, hervirla, dejarla enfriar y volverla a echar en la olla. La salmuera puede reutilizarse para hacer gachas o pan. La sal es escasa, así que nunca se debe tirar una salmuera. Esta preparación no necesita nada más, ni tan siquiera hay que añadir hierbas.

Cerdo seco

El cerdo seca bien al aire. La conservación y el secado mejoran si se cubren las piezas con sal gruesa, que atrae el agua al exterior. Secarlas dejándolas en una corriente de aire.

Cabeza de cerdo

La cabeza de cerdo es un manjar de lujo. Partir la cabeza en dos. Quitar los sesos y la lengua. Cocer en una gran olla, en caldo. Servir. Cada cual elegirá su trozo favorito: carrillera, oreja, morro…

Recortes y despieces

Tras el despiece, cocer en un caldo, por un lado, los huesos con restos de carne y, por otro lado, los restos del despiece, incluyendo los trozos de grasa y de pellejo. Limpiar los huesos, mezclar con los restos de despiece, cubrir con un caldo graso y dejar enfriar. Se obtiene una deliciosa terrina, a medio camino entre el paté de cabeza y los chicharrones.

Carnero, cordero

El carnero *(Ovis aries)* es la versión doméstica del muflón *(Ovis orientalis)*. El origen del carnero sigue discutiéndose en los medios especializados: ¿es una domesticación o una importación de Oriente? Los carneros y las cabras se conforman con terrenos pobres y el consumo de ovicápridos es mayor que el de buey en zonas altas y en esos terrenos. La lana se hila y teje, las pieles se curten. Un carnero alimenta a un grupo humano durante uno o dos días. El carnero asado es una preparación muy sencilla y los guisos son muy adecuados para los ejemplares más añosos. Los animales se sacrifican jóvenes; abundan los lechales —quiero decir, abundan sus restos—. El secado y el ahumado del carnero casi han desaparecido de nuestros hábitos, aunque la experiencia demuestra que vale la pena intentarlo.

Péché mignon

Es tan exquisito que las primeras religiones prohibieron esta preparación. Poner a remojo, en un cuenco, trozos de pan de torta duros y algunas bellotas machacadas en leche (ver la preparación previa de las bellotas). Picar un trozo de cordero no demasiado graso. Recoger acedera y tapizar un cuenco. Mezclar la miga de pan, las bellotas y el cordero. Añadir hojas de salvia, formar una bola y ponerla en el cuenco, cubrir con acedera, dejando los bordes bien cubiertos con las hojas. Cocer a fuego muy lento. Sorprendente, delicioso. Las bellotas son indispensables y le dan un toque picante; si no, resultaría demasiado suave.

Pierna y cuarto trasero en espetón

Separar las piernas del carnero recién sacrificado, romper la columna vertebral a la altura de las primeras costillas; lo que queda es el cuarto trasero, toda la parte de atrás del carnero. El cuarto trasero a la parrilla es el mejor trozo del cordero, como es de sobra sabido. La pierna en espetón, seguramente, era un gran clásico que se servía sangrante y caliente. Antes de asarlo, hacer cortes en la pierna e introducir hojas de salvia o, en primavera, de ajo de osos, que servirán para aromatizar la pierna. Asar la pierna ensartada en un palo, girándolo regularmente. Como se han hecho cortes, la sangre saldrá por ellos. Retirar del fuego, dejarlo sobre una piedra caliente, cubrirlo con piedras y hojas y dejarlo reposar.

Pecho a la parrilla

Quitar la paletilla de la mitad del animal cortado en la receta anterior; quedan el pecho y las costillas. El pecho se asará suavemente hasta dejarlo crujiente y bien cocido por dentro. También puede asarse directamente sobre las brasas, en cuyo caso, las costillas se desprenden bien. También se puede rellenar antes de asarlo en espetón.

Pastrami, *pecho de cordero salado seco*

Cortar el pecho en trozos, eliminando todas las partes viscosas y la piel. Salar y cubrir con hierbas aromáticas al menos un día entero, resguardado de las moscas, a ser posible a principios de otoño. Mantener unos días en salmuera, sacar la carne y aclararla con agua. Colgar el trozo en una corriente de aire caliente. Dejar secar. La carne se conservará mucho tiempo si las moscas y los gusanos no la atacan. Cortar lonchas y rehidratarlas al vapor.

Hígado de cordero

El hígado de cordero se prepara como el de ternera. Es superior al de esta, pero inferior al del cabrito.

Cabeza de cordero asada

Cortar la cabeza, extraer los sesos, arrancar la lengua del cordero. Ensartar la cabeza en un palo de madera verde. Colocar la cabeza encima de las brasas de un buen fuego de roble. Girar regularmente. Si se seca demasiado, rociar con un chorro de caldo. Una vez asada la cabeza, se degusta en solitario o en pareja. Sacar la carne con los dedos hasta dejarla limpia.

El consumo de cabezas no presenta ningún interés gastronómico especial, salvo las carrilleras; sin embargo, es una larga tradición que perdura desde la noche de los tiempos. Los aficionados a comerlas suelen adjudicar a la cabeza la concreción de un poder macabro, o esperan transferencias positivas, o están oficiando algún tipo de ritual.

Cabeza de cordero hervida

Extraer los sesos, que se desharían en la cocción, y los ojos, por razones estéticas; la lengua puede dejarse. Preparar un caldo consistente, sumergir la cabeza en el líquido hirviendo y dejar cocer a fuego lento. Servir para dos.

Todo en uno

Cortar trozos de carnero o de cordero: pecho, costillar alto, cuello, añadir los despojos también en trozos: corazón, bazo, hígado (no demasiado hígado porque se endurece con la cocción), bofe; la cabeza se reserva para otro día. Llenar una olla alta con las carnes, añadir chícharos y cebada mondada (descascarillada) y un ramito de hierbas aromáticas y cubrir con agua. Poner la olla al fuego, en las brasas de la noche, y dejarla pernoctar. Hay que preparar un tapón para evitar que se evapore el jugo, bien con hojas o con una torta (ver el *bonnet chaud*). Al día siguiente, solo hay que meter la cuchara... Por precaución, es preferible escaldar los chícharos y la cebada antes de la cocción.

Plato tradicional de la cocina judía que se deja cociendo a lo largo de la noche para el *shabbat*.

Lo mejor es una olla alta que se estreche en la boca.

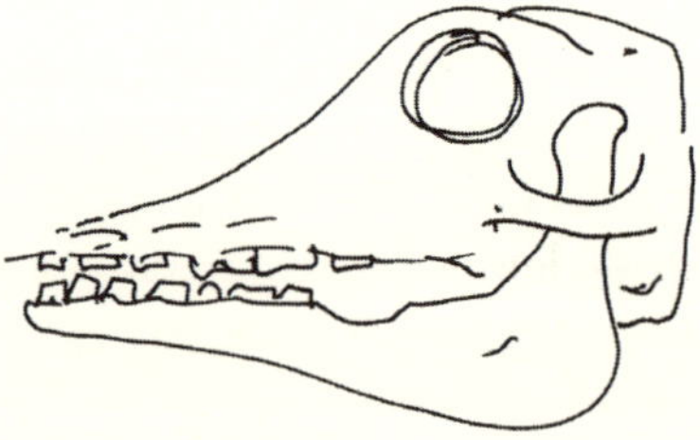

Pecho relleno con cebada

Cortar el pecho y abrirlo en dos para obtener una gran superficie de carne, suprimir las partes viscosas. Recortar los trozos sobrantes.

Escaldar la cebada mondada y triturada. Picar muchas hierbas con los recortes del cordero. La selección de hierbas: llantén, hojas y semillas de espinaca silvestre, acedera, ajo de osos, hojas de fresno, ortigas, variarán el abanico de sabores. Repartir el picadillo sobre la carne, enrollar y atar con corteza de sauce. Pasar por el fuego para que dore y suelte la grasa. Escalfar, seguidamente, en un caldo hirviendo. La cocción tiene que servir para cocer la cebada.

Variante: poner el pecho enrollado en un cuenco, cubrir con agua y cocer hasta que se evapore totalmente el agua, tostarlo.

Paletilla de cordero con bellotas

Cortar una paletilla de cordero. Preparar un caldo en una olla, añadir trozos de cordero y algunas plantas, sin olvidar la indispensable salvia. Cocer lentamente. Al final de la cocción, añadir bellotas dulces precocidas. Las bellotas realzan el sabor del cordero; si se tratara de carnero, podría resultar excesivo el sabor manido, sobre todo si la pieza no está completamente desengrasada.

Brocheta de dos riñones

Ensartar los dos riñones y las criadillas en un palo y asar al fuego; es para compartir con la compañía del momento. Antes, retirar la grasa y la tela de los riñones y quitar la piel dura que cubre las criadillas. Un chorrito de miel, a media cocción, añade sabores de caramelo y excita los sentidos.

Despojos de cordero sacrificado

Juntar la cabeza deshuesada, el corazón, el bofe, los riñones, el hígado y los pies, previamente limpios, en una gran olla. Cubrir con agua, salar y cocer sin prisas. Los despojos realzarán sus propios sabores, no se necesita ningún otro aroma. Los restos picados servirán para hacer una terrina, cubriéndolos con jugo y dejando que cuaje en gelatina.

Guiso de aguja y frivolidades

Cortar la aguja, separando cada vértebra con cuidado o, aún mejor, deshuesándola. Cortar las criadillas en rodajas. Cocer en una olla con cerveza, miel y sal. El jugo tiene que quedar meloso. Servir con trozos de pan.

Cordero seco

Cortar trozos de pierna de cordero seco del tamaño de un bocado, cascar huevos de codorniz o de otra ave pequeña y mezclar. Engrasar un cuenco con grasa de riñón de ternera y verter en él la preparación. Cocer rápidamente, revolviendo.

Esta receta es supuestamente afrodisiaca, al igual que el guiso anterior.

Caprinos

¿Puede decirse que las cabras sean animales domesticados? Las cabras mantuvieron su carácter despierto e independiente. Se dice que los niños criados con leche de cabra son caprichosos (significativa etimología). Las carnes de cabra y de chivo tienen mala fama, pero es evidente que se consumieron. La leche de cabra es magnífica, en cuanto al cabrito…

Cabrito

El cabrito es un animal pequeño, simpático y entrañable, que hay que mantener a raya si se quieren conservar los arriates y las huertas. En la actualidad, matarlo sigue pareciendo una crueldad, debido a su mirada de ojos tristes y a sus gritos de niño degollado (las referencias no son siempre personales). La carne es un poco insípida, hay que marinarla con salvia y miel.

Cabrito asado

Partir el cabrito y reservar los dos perniles. Aplastar la pieza en canal y echarla a las brasas, darle la vuelta una vez. La carne tiene que quedar bien hecha. Degustar con los dedos; tras un descanso, seguir con las chuletas, las patas delanteras…; no es una arrebatiña, pero casi…

Cabrito con salvia y leche

Hervir leche de vaca con salvia. Sumergir los perniles en la leche una vez tibia, dejar que la carne macere. Asar a fuego lento, hasta que se forme una costra que cubra la carne.

Cabrito con miel

Preparar una marinada de cerveza ligera, añadir miel y salvia y dejar marinar un día o dos protegido del aire y de los predadores. Asar al punto, rociando regularmente con la marinada; la miel formará una capa estanca de caramelo que evitará que salgan los jugos. Dejar reposar y servir.

Cabras y chivos

Los animales adultos también se consumen. Lamentablemente, en el Neolítico no se conocían las salchichas. Mortificar los animales para ablandar la carne, marinar en una cerveza muy ligera, no es necesario realzar el sabor. Guisar con cebada o chícharos.

El sabor un tanto fuerte de los animales adultos puede suavizarse mediante su lavado, dejándolos unos días en un arroyo o una fuente.

Lácteos y quesos

Leche

El ordeño de rumiantes ya era una técnica conocida entonces, pero no resulta fácil estimar el consumo de leche.

Leche cuajada, ¿cuajará o no cuajará?

La preparación de leche cuajada es vital porque permite elaborar requesón, quesos y preparar inestimables levaduras. El método es sencillo: templar leche cruda, añadir polvos de la madre Celestina, esperar, y la leche cuaja..., a veces. Todo depende del tipo de cuajo: la planta llamada *cuajaleche* tiene propiedades controvertidas, es la llamada *amor del hortelano*. Pero cualquier hierba recién cortada que caiga por descuido en un cuenco de leche tibia cuaja la leche; sin hacer nada, acaba cuajando en dos o tres días. Es comprensible que en los siglos siguientes los hombres buscaran métodos más fiables y repetibles.

Los arqueólogos han encontrado escurridores en los yacimientos, lo que demuestra que ya se preparaba la cuajada.

Cuando los judíos bajaron del monte Sinaí, tras haber recibido las Tablas de la Ley, encontraron que su leche había cuajado. El debate es tan importante como en el caso de la planta cuajaleche: ¿fueron las Tablas las que cuajaron la leche? El fenómeno es difícilmente comprobable o reproducible.

Requesón

Basta con escurrir la cuajada.

El requesón puede aromatizarse con frutos o hierbas, o mezclarse con cereales o leguminosas cocidas.

Quesos

A partir de la cuajada o del requesón es fácil hacer un queso; solo hay que dejarlo secar. También puede cocerse; en realidad, solo se trata de un paso a una temperatura elevada, antes o después de haber cuajado. La regulación de la temperatura, las condiciones de secado y las posibles fermentaciones o mohos dan toda la gama de quesos —cuestión de control y de puesta a punto—. Lo más difícil es poder repetir una receta y conseguir un resultado constante.

Suero

El suero contiene oligoelementos y fermentos y puede utilizarse para preparar levaduras y tortas. El suero, un poco ácido (por el ácido láctico), también da muy buenos resultados cuando se utiliza para cocer legumbres. Es una bebida refrescante, poco energética.

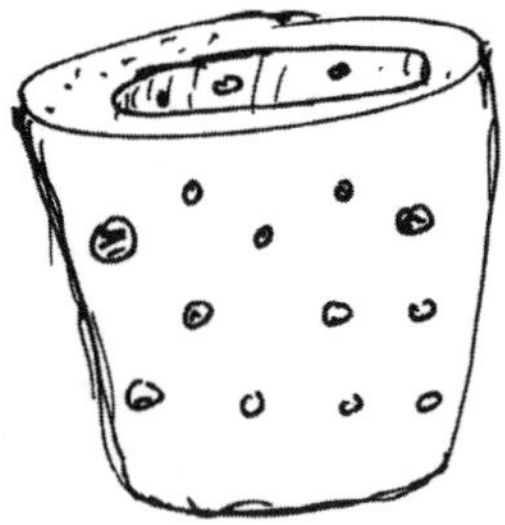

Platos cocinados

Combinatoria

Una alimentación a base de cereales y legumbres puede parecer aburrida, pero no lo es en absoluto. Las mezclas de cereales y leguminosas dan resultados inhabituales, al menos a la luz de la nueva cocina, «la NeOcocina». Asociar lentejas con cebada, o guisantes secos con malta, o guisantes verdes con sémola es sorprendente. ¿Cómo prescindir de ello después de haberlo probado? Era sencillo y evidente. La incorporación de algunas plantas silvestres como el llantén, la espinaca silvestre, la ortiga, el ajo de osos, los tallos de grandes helechos (helecho águila; algunos helechos son tóxicos) y la acedera aportan diversidad a la cocina. Algunas semillas crujientes despertarán el paladar: las de adormidera, cáñamo, espinaca silvestre, eneldo.

El número de combinaciones es grande, pero no infinito, un cereal de dos con una leguminosa fresca o cruda de cinco, una hoja de seis...; luego, todo depende del arte de la cocinera, que tendrá que aderezar los platos, rectificar proporciones o añadir un trozo de carne de cuatro especies animales diferentes para hacer deliciosos guisos. El número de combinaciones es suficientemente grande como para cambiar de menú en todas las comidas durante un año.

Se recomienda asociar dos productos en proporciones diferentes, por ejemplo: un tercio de lentejas con dos tercios de cebada o a la inversa.

Las piezas de cerámica disponibles son limitadas en número y tamaño; de ahí a deducir que los abundantes cuencos redondos, de un litro, se utilizarían como cazuelitas individuales o para dos solo hay un paso de neolítico.

Interior doméstico

Previo a la digestibilidad

Una de las cosas más peculiares de la época neolítica es que las primeras plantas cultivadas o recolectadas no resultaban fáciles de digerir, fueran bellotas, cereales o leguminosas, sobre todo secas. La recolección proporcionaba productos comestibles frescos y fáciles, ¡gran progreso!; tales recursos podían ser deliciosos con alguna preparación, pero su transformación en harina resultaba un poco trabajosa si había que alimentar a una familia numerosa o a un grupo. El otro método consiste en triturar groseramente, aunque no es indispensable, o poner cereales y legumbres a remojo en agua caliente, caliente a punto de hervir, pero no a punto de quemar: seamos humanos en la medida de las temperaturas.

Con el transcurso del tiempo, fueron desarrollándose algunas tendencias, guiadas por la facilidad y la comodidad digestiva, con las legumbres y las preparaciones culinarias listas para comer, ¡hasta hamburguesas congeladas!

El procedimiento de sumergir en agua caliente elementos harinosos de los cereales o leguminosas permite transformar, en parte, las harinas (el almidón) en azúcar, procedimiento utilizado para sacarificar las maltas en la elaboración de cervezas. Temperatura de 62 a 75 °C, durante hora y media.

Sopas y gachas

Está demostrado el uso de la cuchara para sacar alimentos de ollas grandes o para comer y compartir una gran sopa, pero carecemos de pistas fiables para responder a las preguntas: ¿sopa o gachas?, ¿sopa espesa o gachas líquidas?

Gachas de trigo con carne ahumada

Machacar trigo y mantenerlo a remojo en agua caliente, en un cuenco, al calor de la lumbre. Picar un resto de carne ahumada de buey o de jabalí y añadirlo al trigo; el conjunto ha de quedar tibio y húmedo. Cocer a fuego lento, sin ningún otro ingrediente, manteniendo el nivel del agua que cubre la preparación. La cocción es larga y tiene que ser lenta. Al final de la misma, sin necesidad de revolver, el trigo se ha trasformado en gachas.

La cocina de la cerámica de bandas

Gachas de guisantes con ortigas

Romper los guisantes secos. Aclararlos en agua y eliminar las pieles que quedan flotando. Dejarlos a remojo en agua tibia. Cocerlos lentamente, cuidando que el agua cubra siempre los guisantes, no revolver. Cuando estén cocidos, añadir las hojas de ortiga y revolver entonces; salar o espolvorear con ceniza. Según la cocción y el volumen de agua, la mezcla será más o menos consistente.

Variante: sustituir las hojas de ortiga por hojas de espinaca silvestre o de acedera; en ambos casos, separar las hojas en dos partes: una, que se cocerá con los guisantes, y la otra, que se añadirá al final de la cocción. Los guisantes quedarán más verdes.

Malta de trigo con chícharos

Triturar trigo sin romper los gérmenes, remojarlo y dejarlo germinar al calor durante dos días —aparecerán puntitos blancos, que son los gérmenes—, secar: la malta está lista. Dejar en remojo, al calor, la malta y los chícharos durante una noche. Rectificar el nivel de agua, cocer lentamente y revolver para aplastar los chícharos cuando estén a punto.

Cebada y chícharos cultivados con tocino

Utilizar cebada de grano desnudo o cebada mondada. Precocer la cebada y escurrirla. Derretir tocino en un cuenco, añadir los chícharos cultivados frescos, la cebada y una taza de caldo. Cocer lentamente.

Los chícharos cultivados también se llaman *guijas* o *almortas*.

Rissoto *a la ortiga*

Escaldar un cuenco de cebada mondada, escurrir y secar. Fundir grasa de riñón en una olla, añadir la cebada y rehogar hasta que los granos queden transparentes; añadir caldo caliente, dejar reducir y añadir más caldo caliente. Al final de la cocción, incorporar brotes de ortiga, algo de requesón y mezclar. Dejar reposar antes de servir.

Sopa de chícharos con espinaca silvestre

Se pueden utilizar chícharos secos, cultivados o no. Dejarlos a remojo, en agua tibia, durante una noche. Cocer con hojas de espinaca silvestre. Si los chícharos son cultivados, añadir la mitad de espinaca silvestre que si no lo son; es decir, proporciones de tercio, dos tercios y a la inversa, ya que los cultivados son menos indigestos que los otros.

Sopa de guisantes frescos y sobras de ternero

Llenar cuencos con un resto de caldo, a ser posible de ternera, añadir cenizas de leña y un puñado de guisantes frescos por persona y completar con las sobras de ternera. Dejar al calor de la lumbre, retirar cuando hierva y enfriar.

Variante: añadir trocitos de pie de ternera, dejar enfriar para conseguir una deliciosa terrina, si se ha utilizado un caldo de ternera espeso y gelatinoso.

Guisos o ragús

Los guisos o ragús son mezclas de carnes y hortalizas cocinadas a fuego lento durante mucho tiempo. El número de hortalizas disponibles era pequeño y los animales de ganadería pocos, lo que quiere decir que las cocineras de la época tenían que buscar asociaciones sutiles para sorprender a su gente.

Un guiso o ragú con mucha agua es un aguachirle y, aunque todo se cuece con agua, también en el Neolítico intervienen más factores.

Esta definición es un poco simplista, ya que los guisos o ragús, por lo general, suelen ser sabrosos.

Guiso con ciruelas secas

Cortar un trozo de pecho de buey deshuesado y seco en tacos. Poner en recipientes individuales los tacos, ciruelas secas y agua, cocer muy lentamente, al principio, para que los ingredientes se vayan rehidratando. Luego, cocer lentamente y durante bastante tiempo para que los sabores se junten y se mezclen —ácido y suave, ahumado y dulce—. ¿Sabores perdidos?

Se pueden sustituir las ciruelas por manzanas secas o por manzanas ácidas frescas.

Guiso gustoso

La definición del guiso y sus connotaciones gustosas queda bien ilustrada con las mezclas de carnes ahumadas y frutos secos. Algunas combinaciones son especialmente gustosas: cordero ahumado y guisantes, buey y escaramujos. Cualquier fruto pequeño, o su zumo, en el caso de las majuelas, combina bien. Si se añade un cuenco de sidra avinagrada en el remojo, se reforzará el sabor de la mezcla.

Los guisos de cordero, cuando se convierten en «guisotes», suelen traer malos recuerdos de comedor escolar, por el poco cuidado con el que se seleccionaban y guisaban las carnes

Guiso de cordero con chícharos verdes y avellanas

En una cazuela, calentar grasa de riñón de cordero, añadir los trozos de cordero y dorarlos. Fuera del fuego, añadir agua caliente y volver a cocer. En otra cazuela, tostar avellanas en grasa de riñón, añadir los chícharos verdes

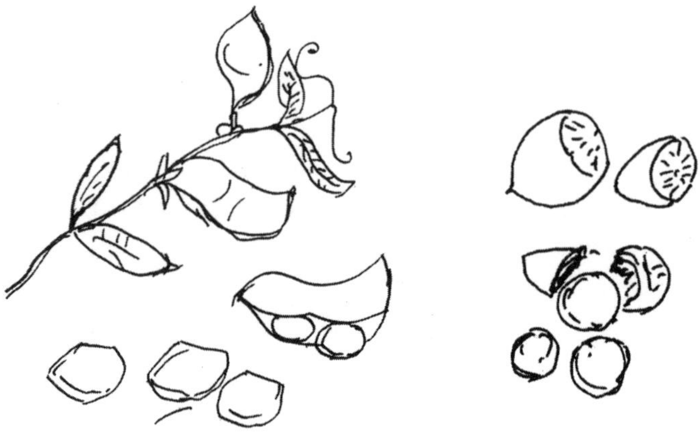

y remover ligeramente para que los chícharos se cubran de grasa y queden brillantes. Añadir al cordero los chícharos, las avellanas y un chorrito de miel. Bien está lo que bien acaba. Los chícharos verdes pueden sustituirse por otra leguminosa fresca, como guisantes frescos.

Guiso de cordero a la salvia

La salvia suele asociarse a las carnes de cordero o de chivo y asegura una fácil digestión de las leguminosas secas. Cocer los trozos de cordero con salvia en muy poco agua. Aparte, cocer las legumbres secas con salvia y cenizas (guisantes, almortas, vezo, lentejas o chícharos). Cuando las legumbres están casi cocidas, escurrirlas y añadirlas al cordero para terminar la cocción.

Guiso de cordero al ajo de osos

Esta receta es una variante de la anterior: sustituir las hojas de salvia por un gran manojo de ajo de osos.

El ajo de osos solo está disponible en primavera y debe recogerse, a ser posible, antes de la floración. Las hojas desaparecen muy deprisa, y en junio ya no queda ninguna. El ajo crece en lugares frescos y fértiles.

Cabrito con ciruelas y avellanas

Cortar el cabrito, los huesos son fáciles de romper a esa edad. En una olla alta, preparar un caldo con lo indispensable y añadir los trozos de cabrito con ciruelas y avellanas. Dejar cocer y reducir, de modo que, al final de la cocción, solo quede un poco de caldo.

Los resultados son muy diferentes según se utilicen ciruelas frescas o secas.

Guiso de guisantes con acedera

Dejar a remojo los guisantes secos, en agua templada y al calor de la lumbre, durante toda la noche. Añadir agua y, si es necesario, cambiar el recipiente. Cocer suavemente con un manojo de acedera, sin revolver. Comprobar el punto, el agua tiene que haberse absorbido y la preparación debe quedar simplemente húmeda. Servir en cuencos o acabar la cocción en recipientes redondos individuales. Cortar virutas finas, copos o lascas, de pierna de cordero ahumada y añadirlas a los cuencos.

Cazuela de cebada con vezo, ajo de osos y tocino

Triturar cebada, añadir agua caliente y dejar reposar. Dejar a remojo, en agua templada, vezo o lentejas. Escurrirlas. Cocer la cebada en su agua con trozos de pecho de cerdo seco. Cuando la cebada está blanda, añadir el vezo y continuar la cocción. Controlar que el guiso no se pegue. En el momento de servir, añadir ajo de osos picado, en primavera, o llantén u ortigas.

El tiempo de cocción del vezo o de las lentejas *bio* es mucho más largo que el de los productos comerciales.

Albóndigas

Con los recursos neolíticos, la degustación de las gachas y de las sopas no debía ser fácil. Sin embargo, hallaron una solución: espesar las gachas, dejarlas enfriar, hacer bolas en el hueco de la mano y dejarlas secar encima del fuego. Estas albóndigas se conservan bien en el entrelazado de ramas tradicional de encima de los hogares, donde, además, están protegidas de los predadores. Las albóndigas se comen templadas, ahumadas o pueden escalfarse o asarse sobre una piedra caliente, cualquier receta de gachas es adaptable a este procedimiento.

Vale la pena probarlo, a pesar de los prejuicios contra las albóndigas, debidos a los malos recuerdos de los comedores del siglo XX. Las albóndigas a base de harina son parecidas a las *quenelles* escaldadas, mucho más distinguidas, sobre todo si se tiene un huevo robado de un nido para mejorar su aspecto y para que se hinchen mejor en el agua hirviendo.

Albóndigas de trigo, gnocchi de copos de cebada y leche

Para hacer los copos de cebada solo hay que aplastar los granos con una piedra de moler sin romperlos —un poco de humedad ayuda—. Secarlos seguidamente. Moler trigo gruesamente para obtener granos rotos, sémola

La música amansa las fieras
Está comprobada la fabricación de flautas con un hueso hueco

y harina. Echar la harina en un cuenco, añadir agua caliente y mantener al calor. Añadir los copos de cebada y la leche, mantener caliente sin que llegue a ebullición. Mezclar hasta obtener una masa. Dejar enfriar; el exceso de líquido tiene que evaporase. Amasar bolitas o cilindros y dejar secar al sol. Cocer en agua hirviendo. Escurrir y añadir algún resto de caldo o de nata.

Los copos no son más que granos aplastados.

Albóndigas de cebada

Para que salgan bien estas albóndigas se necesita una mezcla de cebada y malta de cebada, trituradas, con sémola y harina de cebada. Solo cebada. El refinamiento estriba en el mayor o menor tostado de las mezclas. Remojarla y calentar a buena temperatura, que esté caliente, pero sin quemarse. La cebada se transformará, parcialmente, en azúcar. Dejar evaporar y, bajo ningún concepto, escurrir el líquido, que ya es un almíbar. Hacer las bolas, dejarlas secar al sol. Cocerlas en agua a pequeños borbotones. Escurrirlas. Esperar a que templen. La preparación también puede cocerse en piedras calientes.

Albóndigas de buey con harina de guisantes o de chícharos

Picar restos de buey, la mitad cocidos y la mitad crudos. Triturar guisantes secos o chícharos, dejarlos una noche a remojo, en agua caliente, y escurrir. Mezclar la carne con el puré obtenido, hacer bolitas y dejarlas secar, durante un día, al calor del hogar; las albóndigas ahumadas son todavía más ricas. Sumergir las albóndigas en agua hirviendo y dejarlas hasta que el agua borbotee de nuevo.

Albóndigas de tuétano

Romper y escalfar los huesos y sacarles el tuétano. Machacar trigo, separar los granos rotos de la harina y la sémola. Remojar los granos rotos en agua caliente y, después, cocer y escurrir. Picar el tuétano, añadir los granos cocidos, la harina y la sémola, amasar y añadir leche para obtener una masa ligera. Pasar las manos por harina para hacer bolitas, hacerlas y dejarlas secar antes de escalfarlas.

La mayoría de los huesos largos encontrados en los yacimientos han sido rotos, aparentemente para sacarles el tuétano. Algunos fueron tratados con mucho cuidado para hacer flautas con ellos. Las tibias eran las más apreciadas (etimología en latín, *tibia* = flauta), pero de ahí a pensar que las tibias de las jóvenes sonaban mejor...

Un viajero nos contó que esta particularidad de las tibias estaba demostrada. En un autobús, en Pekín, el guía disertaba sobre las versiones chinas y occidentales de la información: «Ustedes dicen que nosotros hemos invadido el Tíbet y nosotros decimos que hemos liberado el Tíbet de las garras de los sanguinarios y salvajes dictadores de los bonetes rojos (partidarios del dalái lama), porque los bonetes amarillos eran los buenos (panchen lama). Los monjes violaban a las jóvenes, las asesinaban y utilizaban sus cráneos para hacer cuencos y las tibias para hacer flautas, todo ello bajo la mirada de los novicios, que así perfeccionaban su educación». El guía no se lo había creído hasta que vio con sus ojos («con sus propios ojos»), en un museo, los famosos cuencos y flautas.

Albóndigas de ternera con avellanas

Picar trozos de ternera con el raspador-picador, muy eficaz. Utilizar una mezcla de ternera cocida y ternera cruda suele resultar mejor que utilizar un solo tipo de carne. Añadir hierbas de temporada y avellanas machacadas y picadas. Hacer las albóndigas y secarlas antes de escalfarlas en un buen caldo hirviendo de ternera.

Las hierbas tienen que ser abundantes en las albóndigas; seleccionar hierbas que no suelten mucha agua, como el llantén o las ortigas. Un puerro silvestre realzará el sabor.

Albóndigas de pescado, gefilte fisch

Sacar los filetes de pescado. Cocer los sobrantes y las espinas con una raíz y un puerro silvestre; filtrar y conservar el caldo. Hervir las cabezas y los filetes en el caldo —las cabezas tiene que cocer más tiempo—. Picar los filetes y el puerro, añadir un poco de harina para ligarlo y, si es necesario, un poco de caldo; dar forma a las albóndigas con la mano y dejarlas secar. Cocerlas en el caldo. Escurrir. Colocar las albóndigas y las cabezas en una placa y rociarlas con el caldo, que se habrá dejado enfriar. Al enfriarse del todo, formará una capa gelatinosa, que evitará la oxidación por el aire. La preparación puede hacerse de antemano.

Todos los pescados sirven, ya sean de agua dulce o de mar, según las condiciones de la pesca, las costumbres, las tradiciones…

Las albóndigas de pescado al estilo judío se conocen con el nombre yiddish *gefilte fisch*, que procede del alemán *gefüllte Fisch*, literalmente «pescado relleno»; relleno, y no en albóndigas…

Terrinas

Terrina de sesos

Escalfar una sesada de cordero. Picar una mezcla de guisantes frescos y guisantes secos cocidos, mezclar con los sesos troceados, seguir mezclando, añadiendo un huevo si es posible; amasar. Engrasar una terrina, llenarla hasta la mitad y cocer a fuego suave. Dejar enfriar.

Variedad de carnes

¿Es nuevo el arte de reutilizar las sobras? ¿Una manera de comer menos? ¿En aquella época se comía hasta saciar el hambre o hasta que se acabara el plato? Las sobras de carnes mezcladas con cereales cocidos y un caldo son la base para elaborar deliciosas terrinas. Comida completa que se conserva varios días.

La asociación de cereales y carnes picadas es muy agradable. El sabor se verá reforzado si se incorporan algunas bellotas cocidas. Producen sensación de saciedad y parece que se está comiendo carne aunque sean los cereales los que predominen .

Pescados

El pescado se conserva mal pasados unos días. Las terrinas de pescados en gelatina permiten almacenar el producto de una buena pesca.

Un pescado envuelto en ortigas o acedera se conserva más tiempo.

Sopa de pescado con cereales y lentejas

Limpiar un pescado muy fresco. Dejar a remojo los cereales rotos y las legumbres. Desechar el agua del remojo y cocer las legumbres, añadir el pescado al final de la cocción —los pescados necesitan menos tiempo de cocción que las legumbres, solo tienen que llegar a ebullición—. Dejar enfriar. Sacar el pescado y separar los filetes, echar las sobras de pescado a los perros y volver a introducir los filetes junto con las legumbres. Recalentar.

Variante: en el momento de servir y según temporada, añadir: hojas de acedera, puerro silvestre o espinaca silvestre.

Terrina y albóndigas de pescado con pan

Proceder como para la sopa de pescado anterior, sustituyendo los cereales por pan duro. Después de sacar los filetes, mezclarlo todo, picarlo gruesamente, hacer albóndigas y dejarlas secar. Para consumirlas, tostarlas sobre una piedra caliente, en cuyo caso conviene aplastarlas, y hervirlas en un caldo, o bien ponerlas en un recipiente, cubrirlas con caldo caliente y dejar que se forme una gelatina: en este caso sería una terrina.

Variante: añadir lascas de tocino o de carne ahumada.

Vapor de cerveza

Cortar unos buenos tacos de un pescado grande. Calentar la cerveza en una olla alta. Preparar un cesto, envolver los tacos en hojas de rábano picante, asegurar con un pincho, meterlos en un cesto, colocar este en el bocal de la olla y dejar que el vapor envuelva los papillotes. Servir con trigo o cebada. Si no se tiene rábano picante, hacer un lecho de ortiga, de col silvestre, de llantén o de acedera...

La adormidera

La adormidera *(Papaver somniferum)* se cultivaba, pero ¿con qué fin? Las semillas de adormidera pueden incorporarse, en gran cantidad, a las tortas, los panes, las gachas, los rellenos y las albóndigas. Sustituyen, por ejemplo, a las semillas de espinaca silvestre.

Caza

La ganadería es una manera de tener siempre carne disponible y una garantía de suministro regular de carne, lo que no excluye expediciones de caza de vez en cuando —periódicamente o cuando los hombres querían salir juntos a correr una aventura—. La utilización de refugios bajo roca puede ser un indicio de ello. Se incluye una ilustración en la última parte del libro, junto con recetas a base de animales identificados en la gruta de La Molle-Pierre.

Se cazaba todo tipo de animales: herbívoros, omnívoros y carnívoros.

Se utilizaban todas las prácticas de caza: acecho, arco, lanza, trampas, perros...

Las piezas identificadas son similares a las actuales: corzo, ciervo, jabalí, liebre, oso, lobo, tejón, gato montés...; probablemente haya que añadir a la lista a los antecesores de animales domésticos como el uro, el muflón...

Las aves también se cazaban con arcos y flechas para derribar al pájaro en vuelo (o en tierra).

Moisés pidió carne a Dios y del cielo cayeron codornices. Codornices del cielo.

La cocina de caza es objeto de múltiples libros, ya que sus especificidades son muchas: el tipo de piezas, el macerado, el manido, el escabechado... Es posible que una parte de la caza se ahumara antes de transportarla y que el resto se consumiera in situ, es decir, asando más o menos la presa en un fuego improvisado, cosa que no puede llamarse *cocina*. Se sugieren recetas a partir del cuadro de caza de la gruta de La Molle-Pierre.

Ave en lecho de heno

A veces, el azar de la caza proporciona sorpresas, tal como encontrar un ave poco salvaje herida o simulando que tiene un ala lesionada para hacerse la interesante y cuya mirada lánguida y actitud displicente indican una cierta disponibilidad. Aprovechar la tontería para atrapar al animal vivo, que lo está pidiendo a gritos. Cebarla, encerrada en un lugar oscuro y pequeño, dejándole el sitio justo para estirarse y picotear a su gusto. Un poco de cerveza, restos, buen grano y hierbas redondearán sus formas en dos o tres semanas. Una polla de agua, un pato o una oca blanca harían un buen papel. Sacrificar el animal en algún altar pagano, leer el futuro y el tiempo de cocción en las entrañas calientes. Escaldar a la víctima en un fondo de ternera o de ave. Preparar un lecho de heno, acostar al pajarito, salar ligeramente, untar la carne con un poco de grasa de ave o de ternera, rociar con un chorrito de miel y cerrar la cama con un edredón de heno. Envolverlo en hojas. Cocer a fuego muy lento, suavemente, mucho tiempo, sobre una base caliente y bajo piedras igualmente calientes. Durante la cocción, añadir paja y hierbas al fuego para que los vapores y las nubes aromáticas lleven su alma al cielo de las aves. Degustar. El cocinero o cocinera contará cómo la ha preparado mientras la trincha.

Huevos

Las gallinas no estaban domesticadas. Los huevos robados de los nidos suponían un recurso muy especial y eran muy valorados por su significado, entre «señal del destino» y «regalo caído de los cielos». Los huevos de pato son de gran calidad, pero la fecha de caducidad no figura en la cáscara: hay que cocerlos.

La cría de gallinas y la construcción de corrales no llegarán hasta mil años después, a finales de la Edad del Bronce, aproximadamente entre –1500 y –1000.

Huevos duros

Colocar varios huevos en una olla redonda, cubrir con un resto de caldo, añadir raíces escogidas para dar color (raíz de amor del hortelano, para el rojo) o flores (tilo) u hojas o endrinas, para conseguir un azul profundo. Hay que experimentar. Cubrir con un tapón de hierbas para evitar la evaporación y dejar al calor de la lumbre mucho tiempo, al menos medio día.

La práctica de esta cocción tan larga perduró bastante tiempo y existe todavía en las cocinas judía y china; históricamente, los huevos se dedicaban a ofrendas, ya que simbolizan la frontera con la vida.

Huevos en escabeche

La cerveza que se conserva en un recipiente acaba por avinagrarse, los posos sedimentan en el fondo y, un día, hay que rendirse a la evidencia: no sabe bien. Buena ocasión para preparar un vinagre de malta oreando los posos diluidos de un resto de cerveza. Cocer huevos duros y colocarlos en un recipiente, añadir vinagre de malta de posos. Los huevos se conservan bien en el vinagre y adquieren un color sorprendente. El vinagre ataca la cáscara del huevo y la ablanda; resulta muy fácil pelar estos huevos. Comer con un trozo de pan y una cerveza.

Se encuentran huevos duros en vinagre de malta en algunos *pubs* escoceses. También en China se conservan huevos en vinagre.

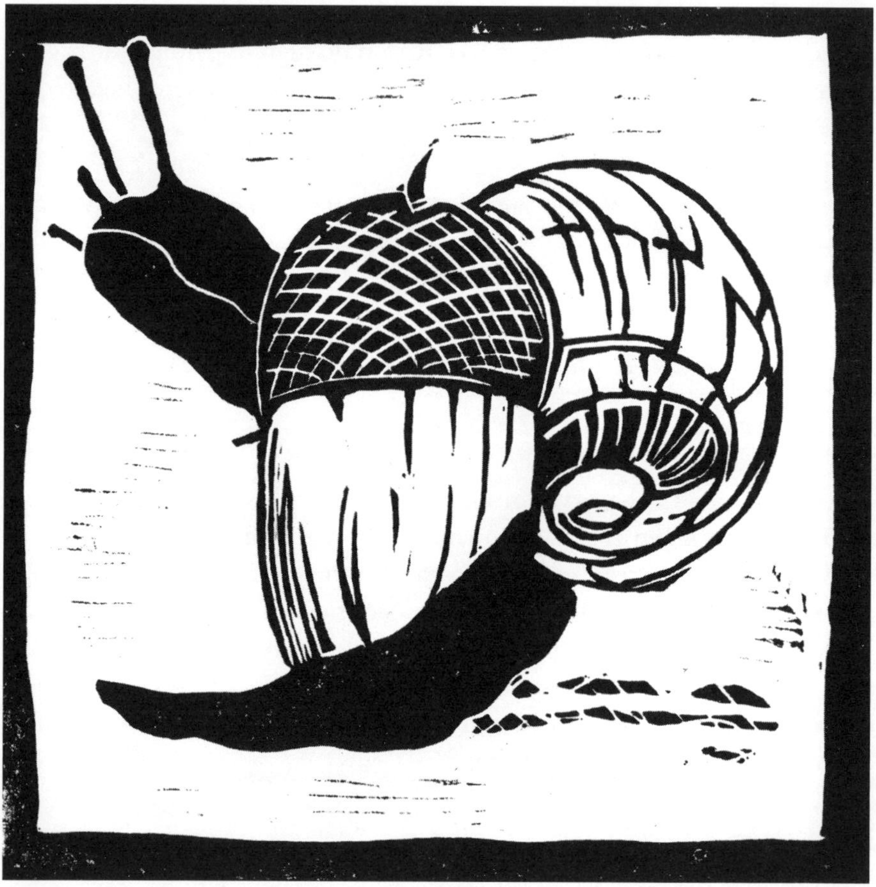

Neocaracoles

Caracoles

Puede resultar sorprendente que citemos hasta siete recetas de caracoles; el espacio dedicado a los moluscos gasterópodos parece excesivo. Pues no.

Se han encontrado muchas cáscaras vacías en los yacimientos neolíticos, aunque ningún análisis fino haya permitido definir la salsa que los acompañaba. En las publicaciones antiguas la imagen del hombre neolítico buen salvaje comiendo caracoles se repite bastante.

Los arqueólogos han podido evidenciar ciertas técnicas de elaboración de vasijas a partir del estudio de las cerámicas y los fragmentos. El tipo de barro dependía del lugar de extracción, de la calidad de las arcillas. Es decir, algunos barros tenían tendencia a desmoronarse en el modelado, a no sostenerse, se desplomaban y solo se conseguían platos planos, también llamados *platos de pan* o *de torta*. Fue toda una idea introducir elementos sólidos en el barro, una técnica ya experimentada en el adobe. Los elementos introducidos, comúnmente llamados *desengrasantes*, son paja, silicio, barro cocido, triturado o reducido a polvo (la chamota), o cáscaras de caracol machacadas. Sería impensable, en aquel tipo de economía, que utilizaran las cáscaras y no consumieran los bichos.

Para hacer una vasija de 5 kg, por ejemplo, se debe añadir entre el 5 % y el 25 % de desengrasante, es decir, unos 250 g como mínimo; una cáscara de un caracol grande pesa unos 2 g, o sea, que se necesitan unas diez docenas de caracoles.

Caracoles carbonizados

La quema controlada a veces depara sorpresas. Tras haber quemado matojos o un montón de ramas, pueden encontrarse caracoles que se habían escondido allí en periodo seco, culebras, lagartos y, en ocasiones, algún erizo sorprendido por las llamas. Hay que probar esos caracoles carbonizados. Algunos, no demasiado cocidos todavía, son viscosos; otros están totalmente carbonizados, pero siempre queda alguno con un sabor sorprendente y agradable. Solo deben degustarse tras un largo periodo de sequía que los haya obligado a ayunar y a opercularse.

Pies y caracoles

Preliminares: recoger dos docenas de caracoles y dejarlos en ayunas dos semanas bajo un recipiente: deberán estar operculados. Lavar rápidamente los caracoles bajo un chorro de agua fresca y sumergirlos en un recipiente lleno de agua de manantial. Calentar lentamente, muy lentamente, para que los caracoles se despierten con suavidad. Llevar a ebullición; los bichos ya han entregado su alma.

Vaciar, aclarar, lavar en varias aguas y sacar de las conchas; lavar, aclarar, añadir sal gorda y cenizas; frotar con las manos, aclarar. No tiene que quedar ninguna baba ni ningún resto amarillento.

Preparación: preparar un caldo corto, echar los caracoles desnudos y dejar que rompa a hervir, justo lo necesario para que una aguja de hueso pueda traspasar el pie con una ligera resistencia (contrariamente a ciertas prácticas que los cuecen casi medio día, los moluscos tienen que quedar

al dente). Desechar el líquido de la cocción. Durante ese tiempo, se han estado cociendo dos pies de cerdo a pequeños borbotones, durante medio día, en un caldo consistente. Deshuesar los pies y cortar someramente la carne. Mezclar los pies y los caracoles, añadir una cucharada de caldo y cocer mientras se friegan los cacharros. Escurrir.

Final: repartir los pies y los caracoles en cuatro cuencos, contando los gasterópodos para que nadie se enfade —siempre es mejor evitar las disputas familiares—. Echar un poco del caldo de cocción, cubrir con levadura malteada y cocer al calor de la lumbre hasta que hierva y se forme una costra gratinada. Servir muy caliente, degustar con pinchos y cucharas de madera.

Para cuatro personas: dos pies de cerdo, dos manojos de hierbas, dos docenas de caracoles de Borgoña de buen tamaño.

Brocheta

Preparar los caracoles como se indica en los preliminares de la receta anterior; mantenerlos en sal. Ensartarlos en palos y ahumarlos suavemente encima de las brasas de una hoguera de leña de roble. El humo, que va bien con la consistencia un poco coriácea de los moluscos hechos en su punto, no tiene que ser excesivo, para no estropear el sabor de los bichos. Degustar las brochetas. Ofrecer sal gorda y un puré de ajo de osos para acompañar. Existe un cierto parecido, si se han conservado los caracoles en sal gorda, con el pulpo seco ahumado a la brasa.

Osos y caracoles

Preparar los caracoles como anteriormente se ha indicado. Repartir los caracoles en recipientes —un recipiente por persona—, añadir un poco de caldo y dejar al calor de la lumbre. Dejar que borbotee ligeramente. Justo antes de degustar añadir ajo de osos picado y salado; pinchar los caracoles con una ramita para sacarlos del recipiente.

Variante: se puede añadir a la olla llantén someramente picado; el llantén soporta bien la cocción y da un toque agradable.

Caracoles con avellanas

Preparar los caracoles…, repartirlos en cuencos, añadir un poco de caldo, avellanas recién machacadas (es un valioso aporte de aceite, aunque se necesitan muchas avellanas), dejar reducir; cuando ya no queda casi líquido, añadir, al gusto, ajo de osos picado.

Caracoles a la cerveza

Preparar los moluscos *al dente*, como se ha indicado anteriormente. En una olla, hervir un caldo de ternera con cerveza negra más bien densa (a partes iguales) hasta que quede reducido a la mitad y resulte meloso. Añadir los caracoles y diluir con medio cuenco de cerveza. Llevar a ebullición. Cuando la salsa vuelva a estar melosa, servir con rebanadas de pan tostado.

Caracoles con bellotas, cerdo y ajo de osos

Uno de los estereotipos más frecuentes es el del pobre hombre neolítico comiendo caracoles y bellotas, mordisqueando un ramillete de ajo de osos y aderezando una chuleta de cerdo ahumada. Los estereotipos son así de persistentes. Esta receta, que se ha experimentado, demuestra que la gastronomía ya era posible entonces. Preparar los caracoles y las bellotas como se ha indicado anteriormente y cortar unas costillas de cerdo ahumado. Escaldar las costillas y las bellotas, para que los sabores ahumados no predominen. En cuencos redondos, uno por comensal, repartir los caracoles, los trozos de costilla y las bellotas, cubrir con un caldo ligero y cocer lentamente. Al final de la cocción, añadir ajo de osos picado.

En las casas de bien qué menos que las bellotas sean del bosque de Tronçais, los caracoles de las viñas de Hautes Côtes de Beaune, los cerdos de pata negra alimentados con bellota y el ajo de osos con certificado *bio*, sin pesticidas ni fosfatos.

Cocción en hoyo

La cocción en hoyo tiene buena reputación gastronómica, sobre todo entre los arqueólogos. Es adecuada para picnics, o durante una partida de caza o pesca, o para la cocina itinerante. Cavar un hoyo, hacer una gran hoguera e ir de pesca o de caza. A la vuelta, desollar las piezas, una liebre, por ejemplo, o un corzo, piezas del tamaño del hoyo. Echar piedras sobre las brasas, añadir algunas ramas pequeñas. Cubrir con hojas. Colocar el animal, cubrir de nuevo con hojas; si es necesario, añadir tierra o unas piedras para apretujar y esperar. Si sube vapor con el alma del difunto, todo va bien; caso contrario añadir un poco de agua para crear vapor que el alma pueda utilizar como ascensor. Es un incomparable sistema de cocción en su jugo. Esperar. Sacarlo tras media jornada y degustar.

Anguilas

Para algunas personas que son un poco malvadas y tienen miedo de serpientes y anguilas debe de ser una toda una tentación lanzar anguilas vivas en el hoyo, sobre las piedras ardientes —espíritus sensibles abstenerse—; las anguilas se retuercen, se enroscan antes de entregar su alma. Cubrir. Degustar tibio cuando todos tengan la certeza de que ya no se mueven. Es un poco bárbaro, pero muy verosímil; existen recetas que se relacionan más o menos con esta práctica.

Dafina

La dafina viene de una larga tradición, perpetuada durante mucho tiempo. Es un guiso cocido en una olla dentro en un hoyo lleno de brasas. La composición puede variar: jarrete de ternera, tripas rellenas, hortalizas; es una preparación tradicional para el *sabbath*. Una versión parecida perdura en las islas del Ponant: la cocción *à la motte*. El hoyo se rellena con un material entre hierba y una especie de mezcla parecida a la turba en formación, la cocción dura un día, más o menos.

Dafina quiere decir «enterrado», en árabe.

Liebre, corzo, perro

Todos esos animales, de tamaño razonable, pueden cocerse en hoyo.

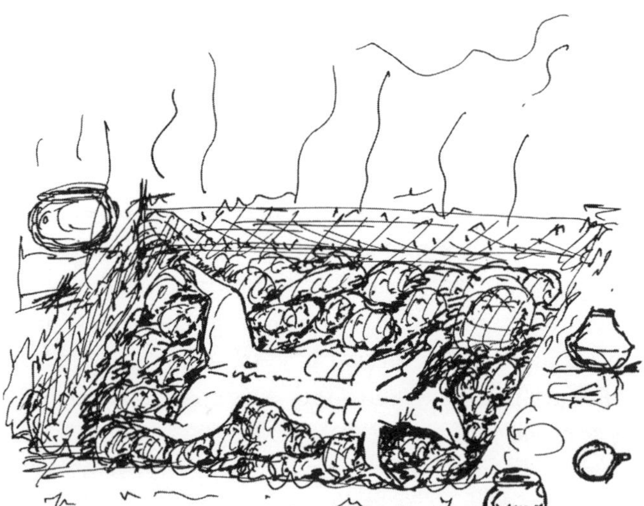

Pesca en agua dulce

La pesca en agua dulce está documentada por el hallazgo de instrumentos ya de cierta sofisticación, como redes y nasas. Los arpones con puntas dentadas se usaban desde mucho antes.

Los peces eran variados: alburno *(Alburnus alburnus)*, aspro *(Zingel asper)*, anguila *(Anguilla anguilla)*, sábalo *(Alosa alosa)*, leucisco *(Leuciscus souffia)*, barbo *(Barbus barbus)*, brema blanca *(Blicca bjoerkna)*, lucio *(Esox lucius)*, cavilat *(Cottus gobio)*, rutilo *(Rutilus rutilus)*, gobio *(Gobio gobio)*, esturión *(Acipenser sturio)*, platija *(Platichthys flesus)*, locha *(Cobitis taenia)*, lota *(Lota lota)*, trucha alpina *(Salvelinus alpinus)*, trucha de arroyo *(Salvelinus fontinalis)*, perca *(Perca fluviatilis)*, trucha común *(Salmo trutta)*, gardí *(Scardinius erythrophtalmus)*, salmón *(Salmo salar)*, siluro *(Silurus glanis)*, tenca *(Tinca tinca)*, piscardo *(Phoxinus phoxinus)*…, la lista no es exhaustiva.

No creemos que hubiera muchas recetas de pescado en la época; o bien se asaban o se ahumaban o se hacían albóndigas, terrinas…, una cocina sencilla y elemental.

Pescado probable

Limpiar los peces recién salidos del agua, muy frescos, vaciarlos, abrirlos completamente y aplanarlos. Preparar un fuego rodeado por cuatro palos ahorquillados. Trenzar un enramado y colocarlo un pie por encima del fuego. Encender ramitas; cuando se reduzcan a brasas, colocar los pescados sobre el enramado con la carne hacia el fuego.

Inimitable incluso con una BAO (Barbacoa Asistida por Ordenador).

Se seguía practicando en Bagdad (Irak), a orillas del Tigris, en los siglos XIX y XX.

La mar

Ciclo de pesca

En el arco atlántico, los métodos de pesca en la mar se ven potenciados por las mareas. Redes o «esclusas» pueden retener el pescado en las mareas bajas. Las especies pescadas son muy parecidas a las actuales: lubina *(Dicentrarchus labrax)*, mújol *(Mugil cephalus)*, dorada *(Sparus aurata)*, congrio *(Conger conger)*, solla (*Pleuronectes sp.*), raya *(Raja clavata)*, otras rayas y tiburones (*Chondrichthyes* sp.), merluza *(Merlangus vulgaris)*, arenques *(Clupea harengus)*, anguilas *(Anguilla anguilla)* y (¡qué tiempos aquellos!) esturiones *(Acipenser sturio)*.

También existían los moluscos, algunos se consumían, se utilizaban como adorno o para decorar cerámicas o para obtener perlas. Se consumen las lapas (*Patella* sp.) y sus hermanas mayores, las vieiras (*Pecten* sp.), los mejillones *(Mytilus edulis)*, la oreja de mar *(Haliotis tuberculata)*, actualmente escasa y protegida, la almeja fina *(Venerupis decussata)*, los bígaros *(Littorina littorea)*, las venus (*Venus* sp.), las ostras (*Ostrea* sp.), los corrucos (*Acanthocardia* sp.), los berberechos (*Cardium* sp.)..., de sobra para un buen plato de marisco. Nada sobre cangrejos, langostas, bogavantes. Y, para completar, hay que añadir la sepia (*Sepia* sp.). Aunque estos recursos fueran probablemente abundantes, su consumo solo era un apoyo, especialmente valioso por sus aportes minerales.

Las conchas, utilizadas para grabar decoraciones, marcaron la época hasta el punto de dar nombre a una civilización entera: la cardial, situada en torno al Mediterráneo. Fueron objeto de trueque, exportadas muy lejos, hasta Borgoña, estableciendo un vínculo entre las poblaciones del arco atlántico y las danubianas. La migración está comprobada, pero se desconoce el valor de cambio.

Inventario ampliamente documentado en «Un lieu de fabrication de parure au Néolithique final et son économie de subsistance», de Luc Laporte, Natalie Desse-Berset, Yves Gruet y Anne Tresset, en el XXI Coloquio Interregional sobre el Neolítico, Poitiers, 14-16 octubre de 1994; yacimientos de Donzières Ile d'Oléron.

Pescados crudos

Todos los pescados pueden comerse crudos cuando se sacan del mar; solo hay que recogerlos de la red y morder la carne yodada. Algunos pescados crudos son mejores que otros, por ejemplo la dorada. Una corta maceración en cerveza con agua de mar sustituye a una cocción corta, ideal para los pescado azules como la caballa, la sardina o el arenque. Los filetes envueltos en un alga y secados sobre un guijarro caliente son deliciosos; si el guijarro está muy caliente (piedra caliente), se acaba de inventar el papillote; se obtienen muy buenos resultados con el bacalao.

Congrio con chícharos frescos

El congrio puede pescarse a pie, en las grandes mareas. Se necesita valor, habilidad, suerte y un arpón. El congrio vive en oquedades y es difícil sacarlo. También puede quedar atrapado en nasas con cebo. El congrio está lleno de espinas, la única parte interesante, que no sea para sopa, está justo detrás de la cabeza de los ejemplares de gran tamaño. Colocar una vasija cerca del fuego, llenar a medias con agua dulce mezclada con agua de mar —queda mucho más rico—, algunas algas, trocitos de tocino, un gran trozo de congrio. El líquido ha de cubrir justo el congrio. Dejar hervir suavemente hasta que se evapore el líquido, añadir los chícharos frescos (o guisantes), cubrir con una tapa de hojas de acedera. Servir tal cual con pinzas y un cucharón.

También se pueden preparar cuencos individuales, cada uno con su raja de congrio.

Refrán neolítico: «el congrio cuanto mayor será, mejor sabrá y menos espinas tendrá».

Lubina a la plancha

Las mejores lubinas se pescan en los rompientes. El pescado se basta por sí mismo, asado sobre un fuego de ramitas, vivo y limpio, sin humo. Un poco de aulaga seca, una rama de hinojo... Rosado en torno a las espinas. Sencillo, como en Lostmarc'h.

Mújol a la brasa

El mújol es un pescado azul al que le gustan las aguas salobres. Puede tener sabor a légamo por culpa de sus malas compañías. Lo mejor del mújol son las huevas, frescas, en escabeche, ahumadas, picadas..., ricas de cualquier manera. Asar el mújol sobre un fuego vivo, teniendo cuidado, porque la carne blanca se desmenuza con facilidad. Bien asado, resulta aceptable.

Dorada

Dorada, simplemente, a la plancha. La preparación con costra de sal habría sido posible a condición de haber dedicado tiempo suficiente para conseguir cristales gruesos.

Mezcolanza

El tipo de pescado depende de la pesca. Cortar las cabezas y reservarlas. Sacar los filetes y echar lo sobrante en un recipiente, cocerlo al punto, tirar las espinas y conservar el caldo. Picar los filetes y mezclarlos con harina y sémola, hacer albóndigas. Cocer las cabezas en el caldo, añadir las albóndigas, que se cuecen rápidamente, y servir. La receta mejorará si se hacen raciones individuales, con una cabeza y algunas albóndigas por cuenco.

Las cabezas de pescado, como las de otros animales, siempre tuvieron connotaciones positivas y simbolizaron «ser la cabeza» (ser el primero).

Frente a frente

Escoger una gran cabeza de pescado o la cabeza de un gran pescado. La cabeza se considera un plato selecto que se come entre dos, en pareja; ir sacando la carne con los dedos, degustando lentamente, no hay prisa. Para su cocción, lo más sencillo es el caldo corto, pero también es posible cocerla entre piedras calientes.

Los enamorados siguen compartiendo las cabezas en algunos países.

Huevas de mújol, botarga

Sacar con precaución la deliciosa bolsa, enrollarla en una hoja de *nori*, dejar secar antes de pasar el rollo por el humo de un ahumadero. Dejar enfriar antes de degustar.

Esturión

Escaso actualmente, salvo de criadero. A la parrilla.

Arenques ahumados secos

Quitarles la tripa a los arenques..., o no: una cultura enterase lo discutió. Para su consumo, se pueden salar o secarlos enteros, o sin tripa y abiertos. En una hoguera recién apagada, colocar piedras planas, disponer los arenques muy juntos, como indica la expresión, colocar más piedras planas sobre ellos, cubrir con hierbas semisecas, prender fuego para ahumar y esperar. Colgarlos al viento.

Congrio seco

El congrio salado se seca al viento. Práctica habitual en las isla de Ponant. Resguardarlo en caso de lluvia, llovizna, salpicadura de olas y demás.

Moluscos

Los moluscos se comen crudos. También pueden cocerse en un poco de agua de mar y con un puerro silvestre, o prepararse guisados.

Si se añaden moluscos a cebada precocinada, se obtiene una comida completa. La cebada absorberá una parte del líquido de los mejillones o berberechos, que combinan muy bien.

Algas

El consumo de algas fluctúa, como las mareas; tan pronto están en todas las salsas como se abandonan y denigran, considerándolas válidas solo para la subsistencia (subsistencia y no alimento, ya que su aporte energético es casi nulo) de unos pobres diablos. Las algas pueden incorporarse a casi todo; los dietistas suelen encomiarlas: en la cerveza, para favorecer la decantación; en el pan, para que fermente mejor; con legumbres secas, para facilitar la digestión; en papillotes, para dar sabor; en *sushi*, por el toque oriental; como hortalizas, por su aporte de sales minerales… Hay que rendirse a la evidencia: sobre todo, tienen la ventaja de estar disponibles a la orilla del mar: oportunismo primero; luego, recientemente, cultura.

Todas las algas pueden secarse y conservarse, protegidas de la humedad.

Espagueti de mar *(Himanthalia elongata)* es la única que puede sustituir a una hortaliza. Simplemente, cocerla en agua de mar mezclada con agua dulce.

Algas

Kombu (Laminaria digitata), muy abundante, aromatiza los guisos y facilita la digestión de las legumbres secas; de cocción larga como los guisos y las legumbres secas.

Wakamé (Undaria pinnatifida), también llamada *helecho de mar* por su grueso nervio central, puede alcanzar los dos metros. Tiene un sabor agradable y puede acompañar cualquier tipo de platos: pescados, cereales, leguminosas. Queda tierna después de una cocción corta y entra en la composición de casi todas las preparaciones de *cocidos de mar*.

Lechuga de mar *(Ulva lactuca)*, insignificante para ensalada, divertida para los niños; se utiliza para ligar salsas.

Nori (*Porphyra* sp.) es el alga de los *sushis;* queda crujiente tras la cocción en seco y aromatiza las sopas.

Dulse (Rhodymenia palmata), alga roja; seca y reducida en copos mejora los panes. Tiene un sabor a mar muy acentuado.

Musgo de Irlanda *(Chondrus crispus)* es un excelente espesante. Abundante a media marea, parece un liquen. Recoger en verano, secar al sol y a la llovizna bretona a ser posible, lo que no es muy complicado. Un puñadito bastará para un gran cuenco de agua o de leche. Hay que hervirla unos instantes.

Agar-agar (*Gelidium* sp.) también es espesante y más eficaz que el musgo de Irlanda; un pellizco basta para un gran cuenco de agua.

Las laminarias (*Laminaria* sp.) pueden alcanzar tamaños impresionantes. Se recogen en las grandes mareas bajas. Todas las laminarias pueden utilizarse para hacer papillotes. Algunas son comestibles, ayudan a la digestión de las leguminosas secas y de los cereales. La más conocida es el *kombu (L. digitata)*. Su cocción es tan larga como la de las leguminosas secas.

Tartar de mar

Picar los filetes de un pescado recién salido del agua: dorada, salmón, lubina...; picar también lechuga de mar. Preparar pequeñas albóndigas del tamaño de un bocado, envolviendo la mezcla en una hoja de lechuga. Puro yodo.

Espaguetis de mar

Aclarar en agua dulce y comprobar que no huelan demasiado a légamo del puerto. Sumergirlas en agua hirviendo, comprobar la cocción. Las condiciones de la recogida, la edad y la temporada influyen, como es lógico, en el sabor y en los tiempos de cocción. Escurrir someramente y dejar al calor de la lumbre o, mejor aún, encajar la olla entre tres piedras y añadir moluscos (venus, pechinas, berberechos), que se abrirán liberando su jugo. Muy rico. Acompañar con una sólida torta de algas.

Cebada con algas

Cocer cebada mondada con una mezcla de algas en la que predomine el *kombu*.

Papillotes

Hay que distinguir entre los papillotes que se comen enteros y para los que es importante el tipo de envoltorio —*nori*, lechuga o *kombu*— de los papillotes que haya que desenvolver, para los que sirve cualquier laminaria. El relleno se hace con cereales cocidos, leguminosas frescas (guisantes, chícharo cultivado) o una mezcla a partir de filetes de pescado. Todo queda rico. La cocción es breve, sobre las piedras de un buen fuego. También es posible cocerlos en un caldo corto si los papillotes están muy bien cerrados.

Nori *crujiente*

Preparar un papillote con cebada cocida y filete de caballa, enrollar. Tostar sobre piedras calientes, el alga quedará crujiente. Si el pescado está crudo es un *sushi*, si está medio cocido un papillote. La maceración del filete de pescado en cerveza o vinagre de malta quita el sabor a pescado crudo, que no gusta a todo el mundo.

Pan y tortas de algas

Las algas se muelen y sustituyen a la sal, las masas fermentan bien con ellas; tienen un sabor agradable hasta el punto de que los otros panes resultan insípidos.

Sopa de algas

La sopa de cebada es un poco insípida, si se añaden algunas algas mejora mucho, como cualquier otra sopa a base de verdura, carnes, pescados o moluscos.

Flan de algas

El musgo de Irlanda y el *agar-agar* son espesantes y se llevan utilizando desde hace mucho tiempo. Hervir leche con miel y flores de saúco secas, añadir un puñado de algas secas, musgo de Irlanda o *agar-agar*, al gusto. Esperar a que esté templado y filtrar antes de que la leche se cuaje. Dejar reposar al fresco.

Lavar bien las algas, con agua dulce, antes de secarlas, para evitar que el flan sepa a mar.

Ostras en gelatina

Abrir las ostras y conservar su jugo. Cocer *agar-agar* en el jugo de las ostras mezclado con agua dulce. Filtrar. Escalfar las ostras en el caldo y reponerlas en su concha con un poco de jugo. Dejar al fresco y esperar que se forme la gelatina.

Chicharrones de ostras y otros moluscos

Preparar gelatina de *agar-agar*. Filtrar. Escalfar las ostras con un puerro cortado en láminas. Escurrir, picar las ostras y el puerro, añadir caldo de la cocción hasta obtener una masa y dejar en un recipiente al fresco.

Variante: sustituir las ostras por una mezcla de moluscos: almejas, vieiras, berberechos.

Las mezclas de algas secas son buenas para todo, un puñado en la cerveza que se usa para cocer, una pizca en la masa de pan, otra en la sopa de cebada. El alga se usa con mucha frecuencia como papillote: aísla el pescado del fuego vivo sobre la brasa, mantiene su forma, evita que se reseque y perfuma el ambiente.

Cormorán

El cormorán tiene mala fama en cocina porque suele oler a pescado, marea o légamo. En los libros se recomiendan dos métodos para que desaparezca, o se atenúe, ese sabor, aunque, sin ese sabor especial, ya no es cormorán. El primer método consiste en dejarlo, sin desplumar, a remojo un día entero en agua dulce, cambiando el agua varias veces; desplumarlo, trocearlo y marinarlo, durante varios días, en cerveza. Desechar el líquido del marinado y guisar. El segundo método es más caro: desplumar y vaciar el animal, trocearlo y colocar los trozos en un recipiente; cubrirlo con mantequilla fundida o grasa de riñón de ternera, dejar enfriar y esperar unos días. Calentar y desechar la grasa (receta auténtica, sacada de un manual de finales del siglo XIX); tostar y guisar. El paté de cormorán (mezcla de cerdo y cormorán) sigue elaborándose todavía.

Bibliografía

Arqueología

Première céramique premier métal du néolithique à l'âge de bronze dans le domaine circum-alpin, octubre 1985-marzo 1986, Museo Arqueológico de Lons-le-Saunier (Jura).

Néolithique-Chalain-Clairvaux, excavaciones antiguas, presentación de las colecciones del museo de Lons-le-Saunier (Jura), núm. 1, 1985.

Préhistoire et protohistoire au Luxemburg, Museo Nacional de Historia y de Arte (MNHA), 2005.

AMOUREUX, P., J.-H. CLIMENT y A. GUERNION,: *Notes arquéologiques sur le Penthièvre Littoral*, dosiers del Centro Regional de Arqueología de Alet, 2002.

BINDER, D. (dir.): *Une économie de chasse au Néolithique ancien, la grotte Lombard à Saint Vallier-de-Thiey (Alpes-Maritimes)*, monografía del CRA, núm. 5 (1991).

BRIAND, J.: *Poteries et civilisations*, vol. I: *Néolithique de la France*, París: Errance, 1989.

CAHEN, D. (dir.): *Les premiers agriculteurs en Belgique*, Treignes: Musée du Malgré-Tout- Centre d'Études et de Documentation Archéologiques (Cedarc), 1989.

COURTIN, J.: *Les premiers paysans du Midi de –6000 a –4500*, París: La Maison des Roches, 2000 (col. Histoire de la France Préhistorique,).

DUBY, G. (dir.): *La formation de la France rurale*, París: Éditions du Seuil, 1976.

ÉTIENNE J.-C., y L. LEPAGE: *Le Fort Bëvaux, nécropole mégalithique à Andelot (Haute Marne)*, Bulletins SAC, núm. 2 (1994).

FERDIÈRE A. (dir.): *La céramique, la poterie du Néolitique aux temps modernes*, París: Errance, 2003 (col. Archéologiques).

FRÈRE-SAUTOT, M.-Ch. (dir.): *Le feu domestique et ses structures au Néolithique et aux Âges des Métaux*, París: Monique Mergoil, 2003.

GUILAINE, J.: *La France d'avant la France, du Néolithique à l'Âge du Fer*, París: Hachette, 1980.

GUTHEZ, X., y R. JOUSSAUME (dirs.): *Le Néolithique du centre-ouest de la France*, actas del XXI Coloquio Interregional sobre el Neolítico, Poitiers, 1994. Asociación de Arqueólogos de Poitou-Charente, memoria XIV, 1998.

HÉNON, Ph: «Exemples de fosses à pierres chauffantes protohistoriques du Bas-Dauphiné (Rhône et Isère, France)», en M.-Ch. Frère-Sautot (dir.): *Le feu domestique et ses structures au Néolithique et aux Âges des Métaux*, París: Monique Mergoil, 2003.

LEPAGE, L.: «La Vergentière à Cohons, du Néolithique Moyen au Bronze Final», *Mémoire de la Société Archéologique Champenoise*, vol. 6 (1992).

MASSET, Cl.: *Les Dolmens, sociétés néolithiques, pratiques funéraires*, París: Errance, 1993.

MILLOTTE, J.-P., y A. THÉVENIN: *Les racines des européens, des origines aux celtes*, Lyon: Horvath, 1988.

OLIVE, M., e Y. TABORIN (dirs.): *Nature et fonction des foyers préhistoriques* (actas del Coloquio Internacional de Nemours, 1987), Nemours: APRAIF, 1989.

PÉTREQUIN, A.-M., y P. PÉTREQUIN: *Le Néolithique des lacs: prehistoire des lacs de Chalain et de Clairveaux*, París: Errance, 1988.

PÉTREQUIN, P., y C. JEUNEUSSE: *La hache de pierre*, París: Errance, 1995.

RAMSEYER, D.: «Les fosses à galets chauffés de Suisse occidentale», en FRÈRE-SAUTOT, M.-Ch. (dir.): *Le feu domestique et ses structures…*, o. cit.

SURMELY, F.: «Les fours polynésiens en Auvergne (France)», en M.-Ch. Frère-Sautot (dir.): *Le feu domestique et ses structures au Néolithique et aux Âges des Métaux*, París: Monique Mergoil, 2003.

VORUZ, J.-L.: *Le Néolithique suisse*, balance documental, documento del

Departamento de Antropología y Ecología de la Universidad de Ginebra, núm. 16 (1991).

Generalidades y prácticas rurales

RAMEAU, J.-C., D. MAUSSIN y G. DAMÉ,: *La flore forestière française*, París: Les Éditions de l'IDF, 1989.
SAGNIER, H.: *Omnium agricole*, París: Hachette 1920 (aprox.).
TOUSSAINT-SAMAT, M.: *Histoire naturelle et morale de la nourriture*, París: Éditions Bordas, 1987 (trad. esp.: *Historia natural y moral de los alimentos*, 9 vols., Madrid: Alianza, 1991-1992).

La gruta de La Molle-Pierre

Porche de la gruta de La Molle-Pierre. Dibujo de P. Croissant

Anne en La Molle-Pierre, exploración

Es imposible resistirse a las recetas de Jean-Paul. ¿Qué filtro habrá descubierto en las rocas bretonas, en las algas azules, para convencerme de que escribiera los resultados de las investigaciones que realicé hace más de veinte años? El caso es que me convenció y empecé a poner al día un diario de excavaciones sepultado, bien escondido, con todas aquellas notas tan ordenadas, aquellos resultados que esperaban ser escritos. La primera página estaba fechada un sábado memorable..., acababa de inscribirme en un grupo de espeleología y escalada de la MJC de Beaune.

El regreso al Neolítico

Después de haberme licenciado en geografía física y en geología, había decidido, para establecer un vínculo entre esas dos disciplinas, buscar un tema de tesis de paleoclimatología.[5] Ello implicaba profundizar en los diferentes calentamientos del planeta, seguidos de los inevitables enfriamientos glaciares, los incesantes caprichos de los climas que marcaron la historia de la humanidad, mucho antes de que la técnica contaminara el planeta y abusara de gases de efecto invernadero. Para hacerlo era indispensable explorar grutas y refugios en las rocas. En los depósitos de sedimentos se registran las variaciones de temperatura y de humedad atmosférica en for-

[5] *Étude des variations climatiques du Pleistocène Supérieur* en Europe occidental.* *Periodo de la era cuaternaria fechada entre –100.000 y –10.000 años.

ma de depósitos de placas calcáreas que se desprenden de la bóveda en los periodos de helada, capas arcillosas depositadas por las aguas de filtración de los periodos lluviosos, suelos de estalagmitas resultantes de la evaporación de esas aguas cargadas de carbonato de calcio durante las fases cálidas y húmedas... Por eso había decidido hacer espeleología. El programa de una de mis primeras salidas era la gruta de La Molle-Pierre, municipio de Mavilly-Mandelot (Côte d'Or). Los espeleólogos Yannick, Patrick, Michel y otros la habían descubierto unos años antes y explorado en parte.[6]

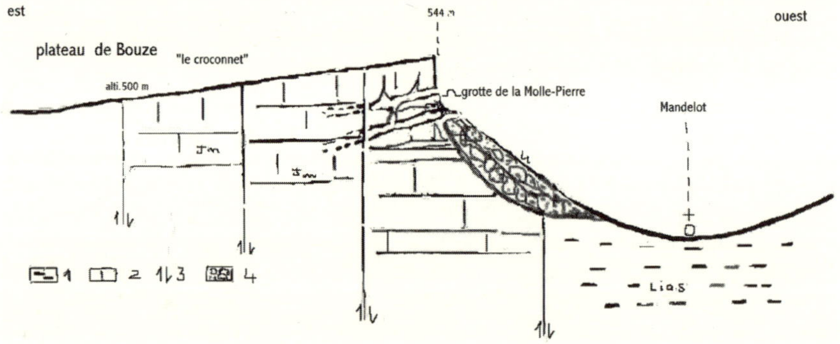

Corte geológico: 1. Marga del Lias. 2. Calcáreo del bathoniano (Jurásico medio). 3. Fallas. 4. Material de desprendimiento del pie de acantilado (Cuaternario)

Para acceder a la gruta hay que salir de Beaune por el oeste, cruzar la zona de los viñedos, reconocidos como de primera calidad, Sceaux, Teurons, la parcela de Mousse, Cras, Mignotte, Coucherias, Montée Rouge..., llegar al pedregal calizo de la meseta de Bouze-lès-Beaune y pararse

[6] H. Pariat: «La grotte de La Molle-Pierre en pays beaunois. Ses vestiges archéologiques», revista *La Physiophyle*, Sociedad de Estudios de Ciencias Naturales e Historia de Montceau-les-Mines, año 51, núm. 93 (1975), pp. 19-36: «Junio 1973: gracias a la información de cazadores, el grupo de espelólogos-escaladores descubre un refugio bajo roca situado en el límite de Mavilly-Mandelot y de Bouze-lès-Beaune, en el lugar llamado La Molle-Pierre; el refugio protege una entrada de cavidad obstruida por voluminosos sedimentos. Noviembre 1973: la desobstrucción deja entrever posibilidades de desarrollo de una red subterránea; la cavidad queda bautizada con el nombre de *gruta de La Molle-Pierre*. 1974: se descubren y recogen restos arqueológicos. En 1977, P. Croissant realiza la excavación de rescate núm. 77-01AP.

al borde del acantilado. El escarpe mide casi veinte metros y, en la base, un largo talud boscoso oblicuo, más tranquilizador, baja todavía unos ciento diez metros hasta el río Vandeune, afluente del Avant-Dheune, afluente a su vez del Dheune. Este talud es producto del desprendimiento milenario del acantilado y oculta varias decenas de metros de roca vertical, ya que el acantilado no es más que la parte emergente de ese iceberg kárstico. Era fácil imaginar la inmensa red de galerías escalonadas para explorar.

Sin duda, para retrasar la bajada y conjurar mis miedos, miraba más allá de la depresión en la que se esconde Mandelot, el último escalón del interior de los viñedos borgoñones, dominado por la meseta de Chaumes d'Auvenay y sus praderas calizas, donde pastan los corderos.

El paso para bajar es estrecho, muy estrecho; la hiedra se aferra, yo también. Para llegar a la entrada de la gruta hay que bordear la base del acantilado. El calcáreo parece replegarse hacia el interior de su masa dibujando pequeños refugios bajo la roca, obstruidos por cascotes y tierra. Siguiendo aquel reborde, llegué a un porche que protegía una entrada oscura, ojival, de más de dos metros de altura; aquella abertura sobre la noche subterránea era como una invitación para que entrara.

Todos íbamos equipados: mono, casco, lámpara (en 1982 todavía eran de carburo); empieza mi primera exploración.

En el haz de mi «frontal» descubro una red estrecha de galerías paralelas al plano del acantilado, unidas entre ellas por pasillos perpendiculares que forman como una cuadrícula más o menos regular; sin duda, hay muchos más metros de galería más abajo. Aquella red, cuyo plano haremos más tarde, está en bayoneta; siguen las diaclasas de la formación calcárea, disuelta lenta, pero continuamente, por las filtraciones de las aguas en periodos fríos y húmedos; a medida que se hacen más profundas, por la disolución, las cavidades superiores en las que me encuentro, se fueron rellenado de un caos de piedras desprendidas, enterradas en sedimentos arcillosos, húmedos, fríos, pegajosos, sucios.

Tras unos veinte metros de progresión ascendente, llego por fin a un lugar más ancho que parece grande a pesar de sus modestas dimensiones: seis por cuatro metros más o menos; posteriormente, lo llamaremos *la Sala*.

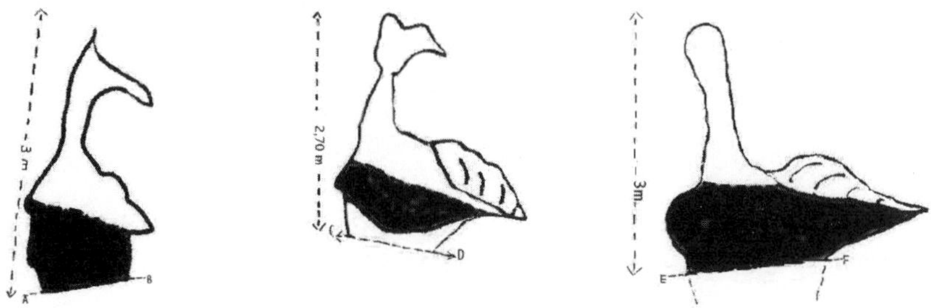

a 5 m *a 8 m* *a 15 m de la entrada*

Perfiles de la gruta

Un caos de enormes piedras desprendidas, encajadas entre las paredes, apenas permite mantenerse de rodillas. El origen de aquel derrumbe era una especie de embudo que, sin duda, obstruía un pozo vertical conducente a la red inmediatamente inferior, al que podía conducir la larga galería que empieza a la izquierda; está unida a la sala por un inclinado glacis de sedimentos atraídos por el vacío de este profundo desgarrón al que, unos cuatro o cinco metros más abajo, fueron a parar las piedras desprendidas del techo; esta galería es fácil de explorar hasta unos diez metros, al cabo de los cuales los materiales de desprendimiento impiden cualquier avance.

Sin embargo, habría que saber adónde llega, su dirección parece acercarnos al plano del acantilado, ¿llevará a otra entrada de la gruta? Volvamos a la sala. Al fondo, cuando el techo baja, una cortina de calcita obstruye en parte la entrada de una pequeña gatera, me escurro por ella (era más delgada en aquella época) y llego a una nueva sala, más pequeña, tapizada de calcita blanca, ¡qué bonito! Una vez vivido ese momento de emoción propio de la espeleología, hay que salir… Al volverme, contra la pared de la sala, en la sección de la zanja que los espeleólogos habían cavado para avanzar unos años antes, aparece una colada estalagmítica, prueba de un clima caliente y húmedo; su posición estratigráfica bajo las arcillas frías y húmedas permite situarla en un periodo cronológico antiguo. En la base de esa colada llama la atención una capa negra. ¡Carbones, restos carbonizados, ceniza! La gruta fue habitada, ocupada. Los hombres hicieron fuego, trajeron luz.

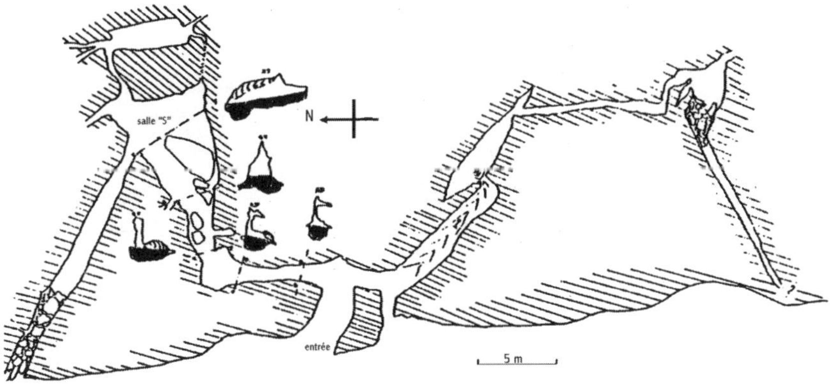

Plano general de la red de La Molle-Pierre

Me entusiasmo: es un yacimiento arqueológico, probablemente prehistórico, el último óptimo climático data del Neolítico, ¿estaremos en un yacimiento «neo»?

Al salir de la húmeda noche de la gruta, cuando nos calentábamos al sol poniente que se reflejaba en la caliza (la gruta está orientado al oeste), los espeleólogos cuentan la primera desobstrucción. Me informan del hallazgo de vestigios, algunos fragmentos galorromanos, una fíbula, algunas osamentas, algunos sílex tallados y una vasija totalmente intacta que se encontraba en un nicho en un recodo del pasillo, «atribuida al Neolítico medio».

El contexto arqueológico prehistórico[7] de la gruta confirma el interés multisecular de los hombres por este lugar; la meseta, en el lugar llamado Croconnet, encima de la red kárstica de la gruta, fue utilizado en el Neolítico como emplazamiento de una necrópolis de cofres megalíticos bajo túmulos de piedras; unos centenares de metros más allá, en el extremo sur de la meseta, el promontorio de Châtelet de Bouze fue cerrado con un muro de piedras asentadas a hueso en los periodos protohistóricos.

[7] Cf. R. Bouillerot: «L'Âge du Bronze en Bourgogne et quelques autres pays voisins», *Revue Préhistorique de l'Est de la France*, 1912; J.-P. Thevenot: Mavilly-Mandelot: *Gallia préhistoire*, 21, t. 2, 1978, p. 577.

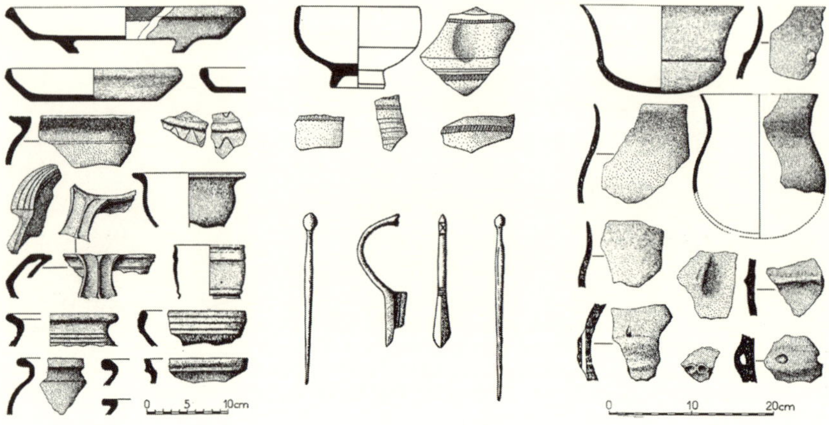

Mobiliario encontrado en la desobstrucción: 1) cerámicas merovingias, 2) cerámicas, alfileres y fíbula galorromanas, 3) cerámicas neolíticas (según H. Pariat, Revue de Physiophile, *fig. 7-7bis-7ter)*

En aquel contexto, era evidente que no se podía continuar la exploración y la desobstrucción de la gruta sin destruir una información arqueológica que prometía ser importante:

—Anne, ¿entonces pides tú una autorización para excavar?

Mis estudios universitarios, naturalistas y científicos, mis investigaciones sobre paleoclimatología me sirvieron de «ábrete Sésamo»[8] con el Servicio Regional de Arqueología, que por aquel entonces se llamaba Dirección de Antigüedades Prehistóricas.

Así que, unos meses después, me convertía en arqueóloga, concretamente del Neolítico (un periodo muy reciente con respecto a mis preocupaciones climáticas, que se habían centrado en el Pleistoceno Superior,

[8] La autorización de excavación de rescate se emite en 1982. Se renovará en 1983 y los años siguientes, de 1984 a 1986. Las excavaciones se integraron en el programa P16 del Consejo Superior de Investigación Arqueológica y se continuaron en 1987 y 1991. Fueron financiadas por la Subdirección de Arqueología, la Diputación Provincial de Côte d'Or (Codrac) y la ciudad de Beaune (OCB). Las primeras ayudas financieras permitieron adquirir el equipamiento de base indispensable para cualquier excavación arqueológica y un grupo electrógeno.

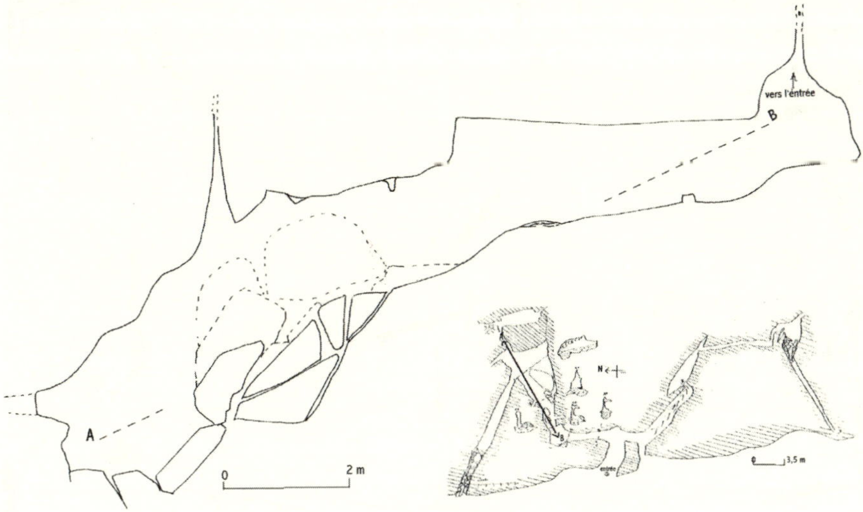

Hacia la entrada. Perfil (corte AB) de la sala

perdón, en el Paleolítico Superior; a partir de ahora, tendría que utilizar la terminología de los arqueólogos y no la de los geólogos).

Tras las variaciones climáticas del Cuaternario, caracterizadas por grandes glaciaciones y periodos interglaciares cálidos, iba a apasionarme por un periodo templado (incluso se dice que fue el óptimo climático de aquellos diez mil últimos años). El clima suave había permitido el desarrollo de la agricultura y la ganadería.

Iba a investigar sobre los hombres que habían hecho fuego en aquella gruta, acción indispensable para llegar a más de veinte metros de la entrada y a ocho metros de profundidad con respecto al nivel del umbral.

¿Qué iban a hacer a aquel agujero? ¿Enterrar muertos, hacer sacrificios, practicar rituales, refugiarse, encerrar prisioneros, esconder algún tesoro..., o más prosaicamente abrigarse, trabajar, almacenar, poner al fresco, vivir, comer y, por qué no, cocinar?

Anne, febrero del 2007

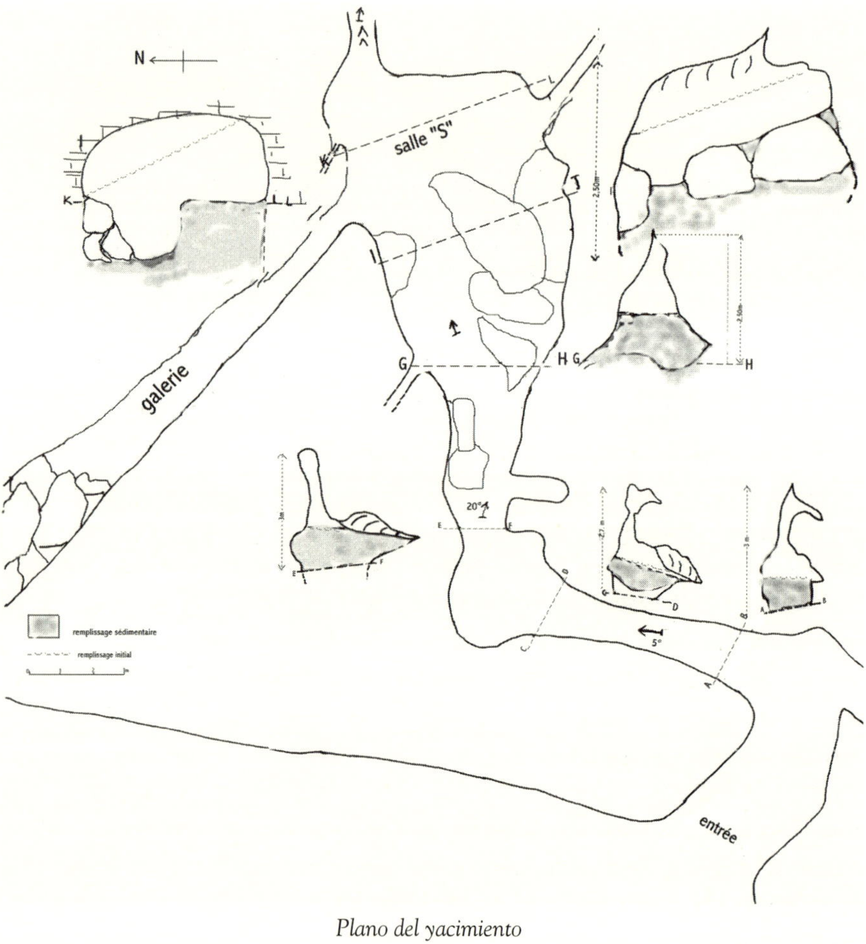

Plano del yacimiento

El yacimiento, las excavaciones

Teniendo en cuenta lo caótico de las condiciones para transitar en aquella exigua zona que habíamos decidido excavar —la sala y la galería— y la dificultad para evacuar los escombros, los ingeniosos del equipo instalaron pasarelas, escaleras, raíles, poleas, cabrestantes, cuadriculación para ir registrando en función de las necesidades, todo ello bañado por una luz a veces vacilante, pero siempre tranquilizadora.

En la sala, la atmósfera tiene un 90 % de humedad y una temperatura de 8 °C, temperatura constante de la gruta, al margen de la temperatura del exterior. Los primeros días de excavación se dedicaron a liberar los sedimentos que, más o menos, taponaban un caos de rocas desprendidas del techo y que ocupan un tramo de más de cinco metros cuadrados en la entrada de la sala; aquellos bloques de roca de varias toneladas y distintas dimensiones fueron bloqueados, en su caída, por la bóveda. Delante de este material de desprendimiento que se hunde hacia el centro de la sala, tres metros más abajo, una zona, aparentemente sin bloques de roca, está llena de grava clástica mezclada con tierra arcillosa de descalcificación y sedimentos aportados por todos los que frecuentaron la cueva a lo largo de miles de años: seres humanos, murciélagos, pasando por zorros, liebres, tejones e incluso osos…

La excavación de estos sedimentos más superficiales empieza sobre doce metros cuadrados. En un espesor de 70 cm no hay visible ninguna sucesión de estratos; los sedimentos están mezclados y revueltos por los escarbadores, especialmente tejones; aparecen algunos huesos de fauna salvaje (liebre, zorro, tejón) y doméstica (cabra), así como restos humanos dis-

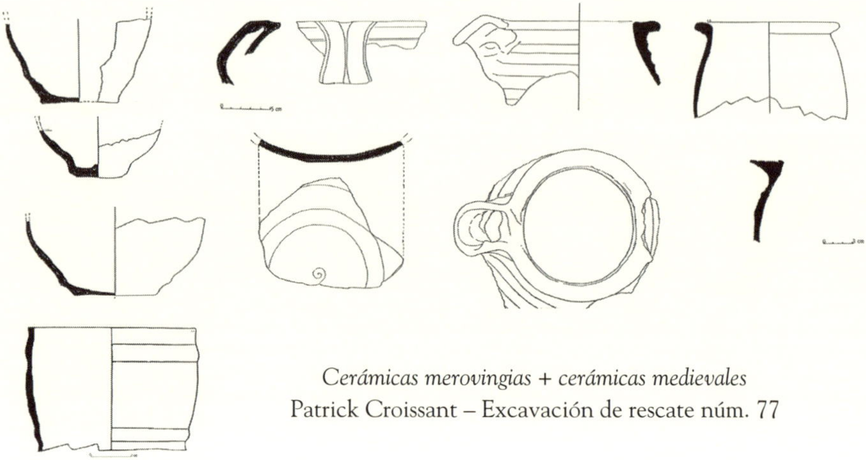

Cerámicas merovingias + cerámicas medievales
Patrick Croissant – Excavación de rescate núm. 77

persos (entre ellos una tibia roída por un carnívoro). Los huesos humanos pertenecen a tres individuos, uno de ellos niño. Pensamos que podrían relacionarse con las sepulturas descubiertas en la desobstrucción espeleológica cerca de la gatera. Estos huesos están mezclados con un mobiliario cronológicamente incoherente: es imposible precisar a qué periodo corresponden esos esqueletos.

Los niveles están mezclados. Por sus formas, los diferentes vestigios son atribuibles a la Edad Media (época merovingia), a la época galorromana y al Neolítico.

Identificamos, de la época merovingia, el cuello de un cubilete y el cuello de un cántaro. Estos pocos indicios no permiten establecer una hipótesis sobre el motivo de utilización de la gruta en aquel periodo. Confirman, no obstante, la ocupación del país de Mandelot, ya demostrada en la Alta Edad Media por las tumbas descubiertas al pie del talud externo, en 1977, bajo la dirección de Patrick Croissant.

Hay vestigios atribuidos a la época galorromana: fragmentos de cerámica común: olla trípode, cántaro, plato, escurridor, cuenco, un bol completo de *sigillata* (Drag 40), fragmentos de tres cubiletes con depresión, de recubrimiento metalescente y decoración grabada, ocho monedas de bronce datadas en el siglo II y III d. de C. —hay monedas de Adriano, Antonino,

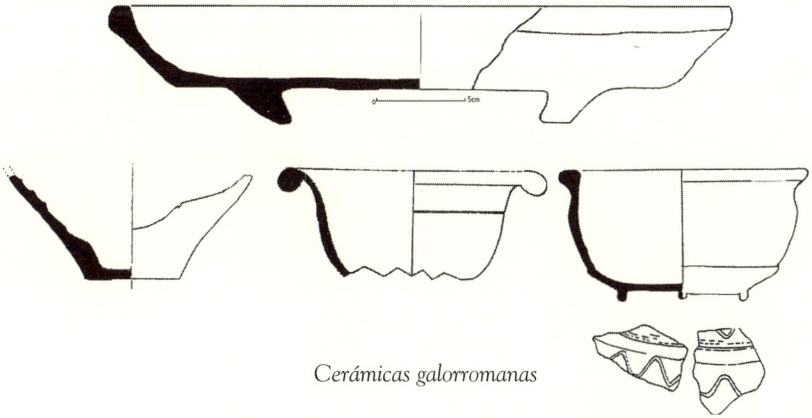

Cerámicas galorromanas

Faustino—, una campanilla de bronce, clavos, un anillo y un gancho de hierro, tres horquillas de pelo en hueso torneado, dos trozos de un peine de hueso con rebordes de bronce. Estos vestigios completan la serie descubierta en la desobstrucción (entre ellos una fíbula de charnela); este conjunto mobiliario podría asociarse con una sepultura.

Mezclados con los objetos anteriores, con cuatro o cinco mil años más, algunos sílex, algunos fragmentos de cerámica sin decoración, con mamelones y orificios perforados, típicos del Neolítico medio borgoñón. Estos vestigios neolíticos se interrelacionan con los testigos de épocas históricas.

Después de haber excavado los sedimentos superficiales mezclados, se consigue liberar el morro del bloque que sustentaba el caos; parece en equilibrio inestable, a punto de deslizarse hacia el fondo de la sala; es preocupante, incluso amenazador, para los excavadores. No se encuentra ningún vestigio arqueológico en los 30 cm siguientes, formados por una capa de arcilla marrón rojizo, compacta y grasa, típica de las arcillas de descalcificación formadas por la disolución del calcáreo debido a las aguas de infiltración y de arroyada. Sin embargo, los vestigios neolíticos ya descubiertos permiten suponer una ocupación prehistórica. No hay que dejarse llevar por el pesimismo. Parcialmente, aparece por fin un suelo estalagmítico disgregado… No olvidamos los carbones atisbados bajo el

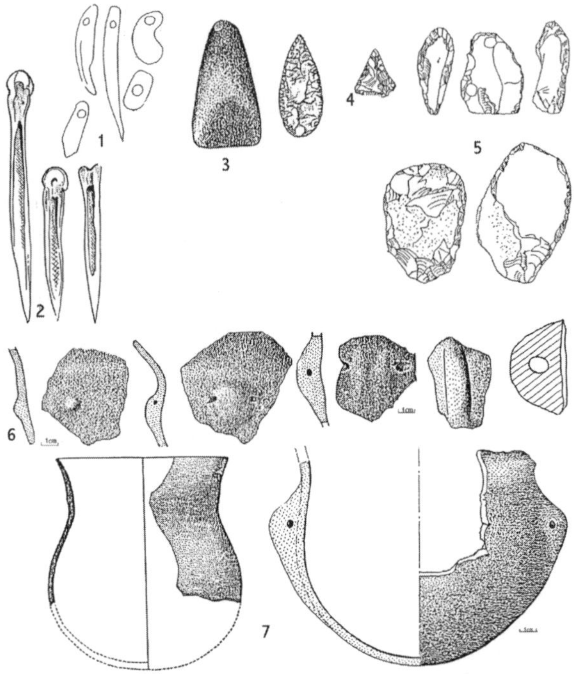

Mobiliario neolítico: 1) colgantes, 2) punzones de hueso, 3) hacha pulida, 4) puntas de flecha de sílex, 5) raederass y raspadores de sílex, 6) orificios de suspensión de cerámica, 7) jarrones

suelo de calcita, cerca de la pared, al fondo de la sala, que estuvieron en el origen de esta aventura.

En el centro de la sala, las arcillas se vuelven más lodosas y más grises, con pequeños fragmentos de carbón de leña y gránulos de barro cocido; hay que seguir esta capa, presenta una acusada inclinación hacia el fondo de la sala: pronto, esta capa cenicienta y carbonosa cubre toda la superficie excavada de un extremo a otro de la sala, aparecen piedras rubificadas... Estamos in situ en niveles de ocupación. La excavación se hace más meticulosamente, mediante pases mecánicos de cinco centímetros.

Poco a poco, se va distinguiendo la organización de este estrato, que no es homogénea, el reparto de los carbones y del mobiliario desvelan, lentamente, estructuras individualizadas y diferenciadas unas de otras.

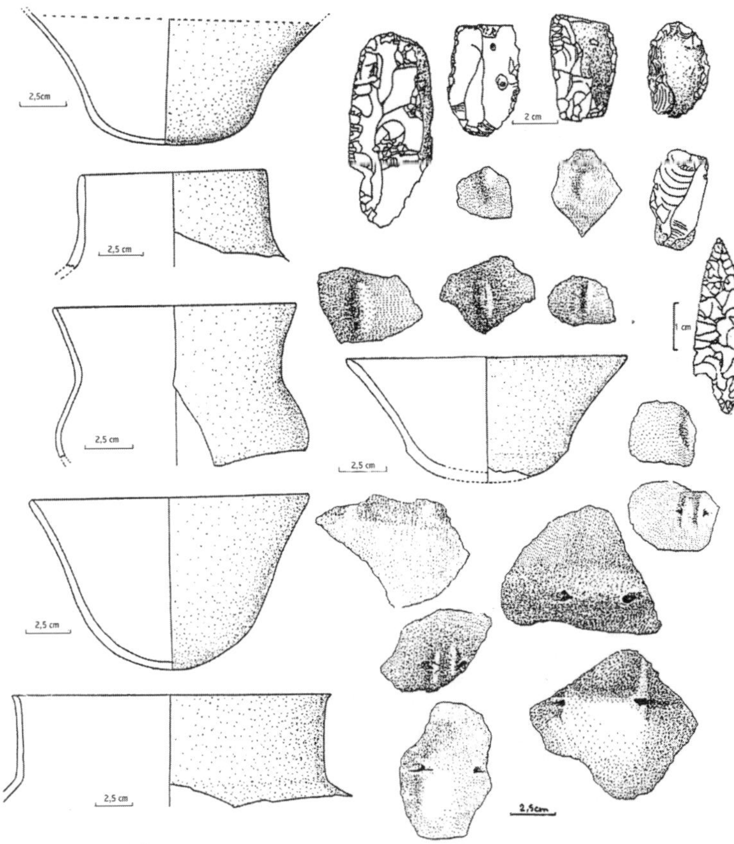

Mobiliario neolítico: cerámicas e industria lítica

Descubrimiento de los hogares

A una profundidad de –3,45/–3,55 m (con respecto al nivel cero que establecemos arbitrariamente y que materializamos con un codo metálico colgado del techo), en el centro de la sala, ante el morro del gran bloque, se identifica progresivamente un hogar, como indican los tres planos sucesivos.

Hogar 1: nivel -3,45

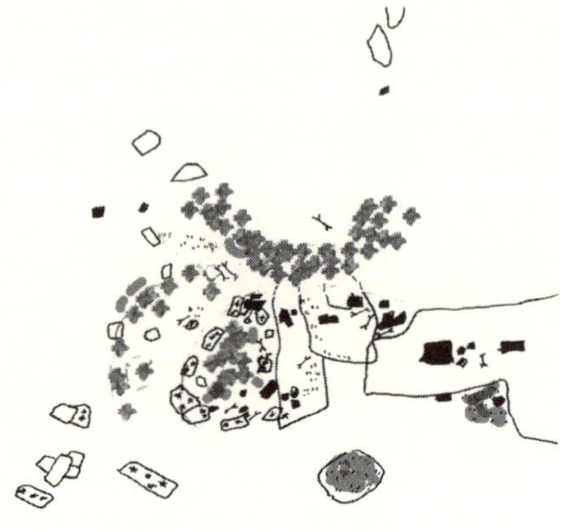

Hogar 1: nivel -3,50

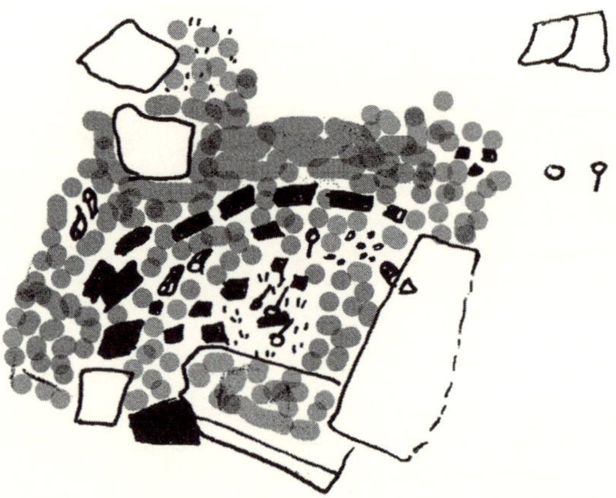

Hogar 1: nivel -3,55

El *hogar 1* es casi circular, con un diámetro de casi un metro; está rodeado de piedras calentadas y, en sus proximidades, se encuentran piedras planas (20 cm × 30 cm). Las cenizas contenían ochenta y ocho fragmentos de cerámicas, entre ellos trece bordes, tres orejetas; es decir, unos veinte recipientes de cerámica diferentes, clasificados en ocho formas: un cubilete, dos escudillas carenadas tulipiformes, cinco tipos de ollas.

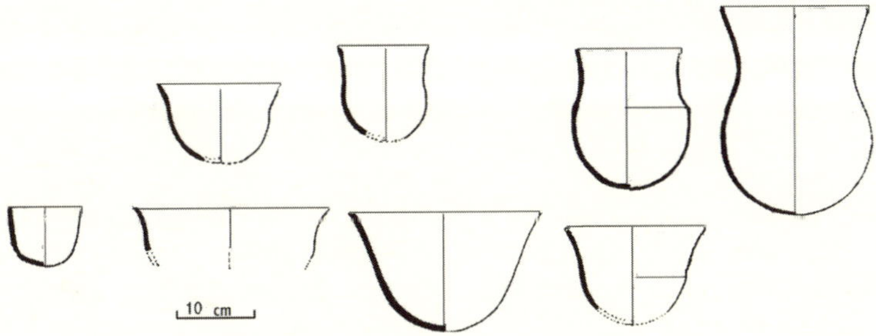

Mobiliario del hogar 1 (pm20)

Con la cerámica aparecen huesos calcinados (siete metápodas de ciervo), un punzón y tres fragmentos de punzones de hueso tallados en metápodas de chivo y de cordero; tres puntas largas, una funda de hacha de asta de ciervo, tres dientes perforados; ocho raederas de sílex, tres guijarros para pulir o lustrar las cerámicas o, más posiblemente, el cuero.

Para evitar confusiones, se utilizará *metápoda* para designar los metacarpos y metatarsos.

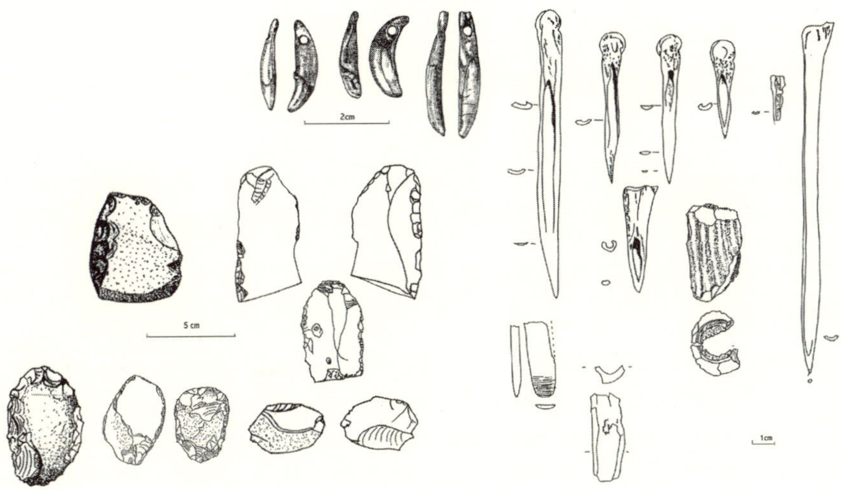

Mobiliario del hogar 1

En torno a ese hogar se comió, se cocinó, se practicaron actividades que requerían punzones o pasadores, raederas y pulidores: peletería o espartería.

A menos de dos metros del hogar anterior, al lado de la galería, apoyándose contra la pared, se aíslan tres zonas de cenizas que parecen poder relacionarse con una única y misma estructura, llamada *hogar 2;* se asocian con esta estructura algunos huesos de fauna, la punta de un cuerno de ciervo quemado, quince fragmentos de dos escudillas, una de ellas carenada, y un cuenco.

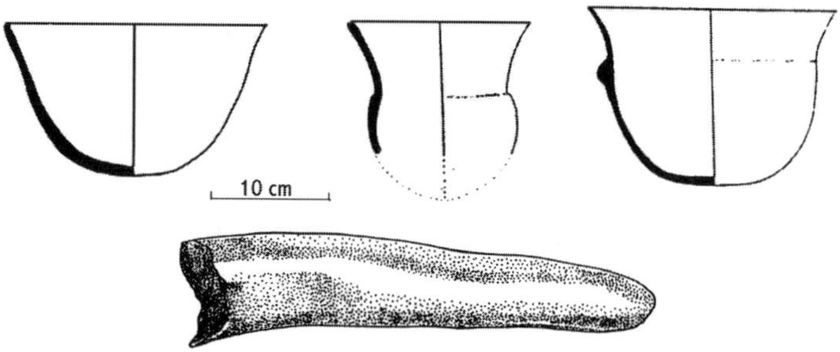

Mobiliario del hogar 2

Se dataron carbones del hogar 2 con la referencia Ly 5406: 4760±59 BP; siendo las fechas más probables: 3626, 3586 y 3538 a. de C.

Ejemplo de datación: Ly 5406: 4760+59 BP = fecha expresada según la medida de edad BP (before present: calculado a partir de 1950); a partir de esa fecha BP, el laboratorio propone varios picos de probabilidad máxima de fechas calibradas y expresadas en años reales.

Siguiendo la excavación, bajo el hogar 1, un poco separado hacia el este, aparece un nuevo hogar, denominado *hogar 3:* una corona de piedras que parece haber sido utilizada para encajar cerámicas más que para limitar el fuego. El desmontaje muestra que está instalado sobre un lecho de piedras planas. Entre los carbones y las cenizas aparece variedad de mobiliario: raederas y rascadores de sílex, varios fragmentos neolíticos (un

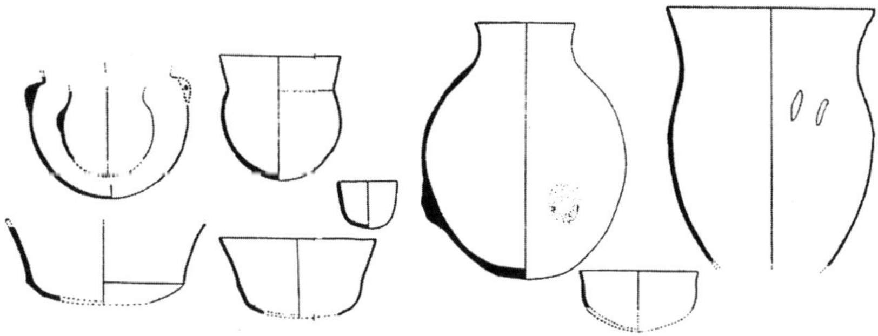

Cerámicas del hogar 4

fondo, un cuenco carenado); punzones, metápodas a medio trabajar, dientes perforados rotos (¿mellados antes o después de haber sido arrojados al fuego? Los huesos y los dientes arden con llamas claras, son una fuente de iluminación).

El *hogar 4*, bajo el hogar 3, se individualiza por una capa espesa de cenizas de casi 10 cm. Este hogar reposa sobre piedras planas y uno de los lados está cerrado por piedras ensambladas.

En este hogar se descubre un abundante mobiliario: 57 fragmentos de cerámica (cuencos, vasija, botella, ollas —algunas esféricas con orificios de perforación horizontal—).

Los objetos de hueso (o de materia animal dura: cuernas o astas de ciervo) son numerosos: metápodas de chivo, a medio serrar, para elaborar punzones, punzones nuevos o gastados con longitudes de 7, 8, 9 y 21 cm, tijera de asta de ciervo, pulidores, elementos de adorno (dientes perforados y otros colgantes) arrojados al fuego..., permiten pensar en actividades especializadas: ¿espartería?

El análisis micromorfológico de las cenizas, realizado por Dominique Sordoillet, evidenció que fue encendido y vuelto a encender tres veces con hierbas para que ardiera la leña en un intervalo de tiempo corto.

Datado en los picos de probabilidad máxima en 3624, 3596 y 3536 a. de C. (Ly 4823: 4750±201 BP).

Es contemporáneo del hogar 2.

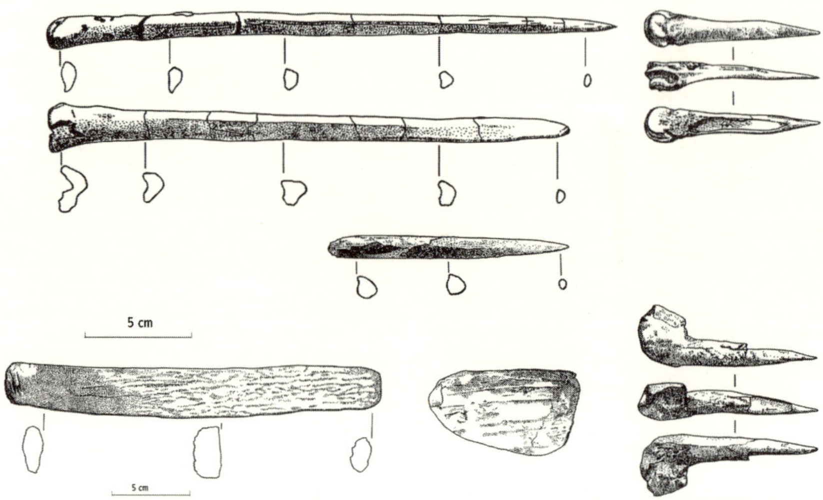

Hogar 4: Industria ósea

La apasionante excavación de este estrato de ocupación permite individualizar otros fuegos.

Frente al hogar 4, cerca de la pared, un pequeño hogar, poco denso, contiene fragmentos de ollas muy recocidas, un cubilete con orejeta, una vasija de pared muy fina, algunos objetos de hueso (un conato de punzón en metatarso de caprino, un punzón, un diente perforado) y una punta de flecha foliácea de sílex.

En una sexta estructura, el *hogar* 6, instalada sobre piedras planas, hicimos un descubrimiento conmovedor: bellotas y manzanas cortadas en dos y olvidadas bajo las cenizas (el grito de rabia proferido hace más de seis mil años todavía se oye; está datado en 4074, 4051, 4037, 4016 o 3993 a. de C. —5235±156 BP—, según el carbón de leña). También hay fragmentos de cerámica, herramientas de sílex, una raedera con muesca, un rascador, un pasador y objetos de hueso: tijeras, punzón, diente perforado.

Las difíciles condiciones de excavación quedan compensadas por estos hallazgos. Podemos seguir la excavación del relleno de la sala. El interés es renovado y creciente, aunque las estructuras parecen repetitivas…

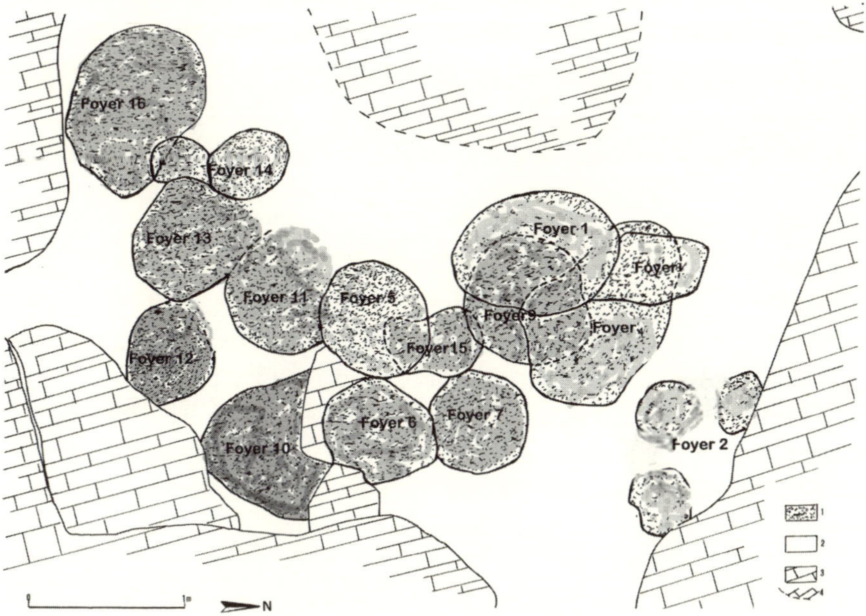

Plano de los hogares

A pesar de los límites difusos e imprecisos, las concentraciones de cenizas y carbones permiten individualizar otros hogares, numerados de 8 a 16, que completan la serie de ocupaciones. Como los anteriores, no presentan una distribución especial, pero pueden individualizarse claramente. Tienen un diámetro entre 0,30 y 1 m; están directamente sobre el sedimento, excepto los hogares 3 y 6 que está sobre piedras. Un único fuego, el *hogar 8*, estuvo ardiendo el tiempo suficiente, o con la intensidad suficiente, para rubificar el sedimento y formar una especie de base de arcilla cocida.

La organización de todos esos fuegos se va precisando. Están repartidos por toda la superficie de la sala, es decir ocho metros cuadrados. Cuatro hogares están situados cerca de una pared, los otros fueron instalados hacia el centro de la sala, sin que se pueda saber a qué obedece esta instalación. De modo que los hogares coinciden, se superponen; poco a poco, fueron formando una capa de cenizas y carbón más o menos continua.

Parecen haber sido olvidados de una ocupación a otra —lo que no excluye encendidos sucesivos y próximos en el tiempo de un mismo fuego, como demostraron los análisis microestratográficos del hogar 4—. Hay que tener en cuenta que, cuando se llega a la gruta, a la luz de una antorcha, es difícil distinguir las trazas de un hogar abandonado por ocupantes anteriores, así que es lógico que se deje la gavilla en medio de las sala o cerca de una pared y se encienda el fuego.

Aunque los carbones de leña encontrados en los hogares sean de pequeño tamaño, se han podido determinar las especies de las ramas y astillas utilizadas para hacer fuego: principalmente, son restos de roble (presente en todos los hogares, salvo en dos casos: hogares 13 y 11). El roble, excelente combustible, aparece junto al avellano, al fresno, a la haya. En dos casos (hogares 1 y 3) se utilizó olmo. El tilo, excelente para iluminar, se quemó esencialmente en el hogar 6.

Todas esas especies podían recogerse o cortarse (el hacha pulida es la herramienta revolucionaria del leñador neolítico) en el entorno de la gruta. Son características de una vegetación de clima suave y húmedo, muy templado, que marca el periodo climático llamado *Atlántico*.

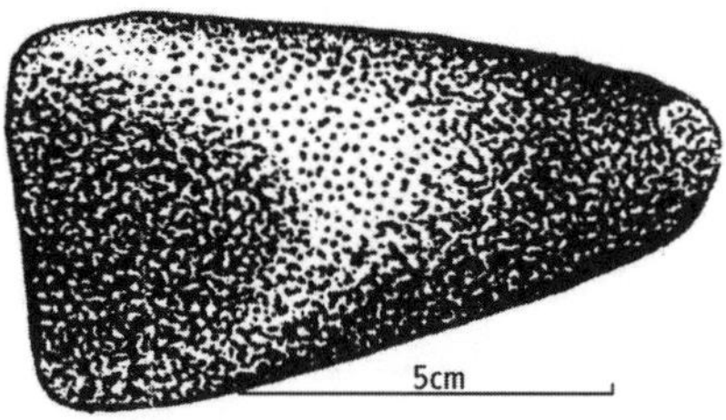

Hacha pulida

Las hachas pulidas de La Molle-Pierre, típicas del Neolítico, fueron fabricadas en rocas de orígenes diferentes: un hacha en roca verde es de anfibolita alpina, mientras que el hacha en roca negra es de afanita, extraída de la cantera de Plancher-les-Mines, en los Vosgos; testigos de intercambios a langa distancia.

Hogares con diversas funciones

Todos los fuegos tienen una función de iluminación, indispensable para circular por aquella red en bayoneta de estrechas galerías y acceder a esos espacios a los que no llega ningún atisbo de luz natural. Algunos fuegos tenían poco mobiliario (hogares 2, 5 y 10), lo que se puede interpretar como que eran de iluminación; hipótesis reforzada por su ubicación contra la pared de caliza blanca, reflectante.

Todos los hogares tienen una función de calefacción Quien haya permanecido varias horas con una actividad física moderada en la gruta, cuya temperatura, actualmente, en verano, no supera los 8 °C y cuyo nivel de humedad es superior al 90 %, sabe de sobra lo necesario que es un fuego para calentarse. Los hogares templaban aquel lugar de trabajo en cualquier estación.

El trabajo artesanal se organizó en torno al fuego, que aportaba calor y luz. Seis hogares (1, 3, 4, 9, 15 y 13) destacan por la presencia de herramientas de hueso o de materia animal dura, unos treinta dientes perforados y colgantes y una panoplia de 150 herramientas de hueso o de materia animal dura: punzones, puntas, tijeras, varillas, pulidores, percutores, fundas y mangos.

Los punzones fueron fabricados in situ, sobre todo en medias metápodas de ciervo, corzo y cabra, excepcionalmente de buey; los estiletes y tijeras, de asta de ciervo; las fundas y los pulidores, en luchaderas de ciervo. En el hogar 3 se encontraron metápodas en todas las fases de fabricación, lo que permitió reconstruir la cadena operatoria desde la metápoda sin trabajar, la metápoda con principio de «serrado» en el surco natural, la metápoda cortada en dos longitudinalmente, el punzón nuevo, punzones de todas las longitudes entre 4 y 17 cm, como si hubieran sido tallados de nuevo después de perder la punta. Estos punzones fueron utilizados para actividades artesanales (¿peletería, espartería?) y arrojados al fuego después de haber sido utilizados. La gran cantidad de polen de tilo, en el hogar 4, parece sugerir el trabajo con corteza de tilo como fibra para hacer ropa, redes de pesca, trenzado de cuerdas (muy utilizadas, ya que la mayoría de los recipientes estaban colgados por cuerdas de macramé) y otros objetos

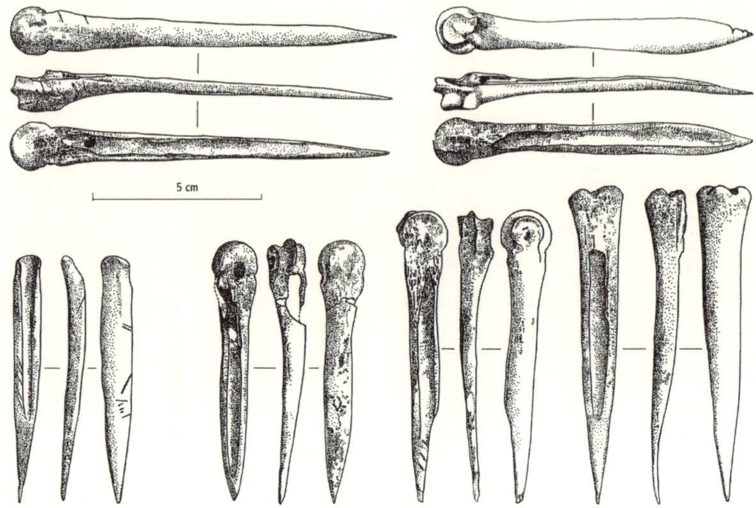

Punzones

de espartería. Los punzones y estiletes podían también utilizarse como pasadores, herramienta indispensable de los cordeleros para juntar los extremos de la cuerda entrelazando los cabos.

Junto a los punzones, aparecieron varios elementos de collares, dientes perforados y placas óseas pulidas, perforadas con un único orificio (caninos de cánidos, de tejón, de ciervo...). Algunos colgantes encontrados fuera de los hogares están en perfecto estado, mientras que los dientes perforados encontrados en el interior del hogar tienen el esmalte saltado y están mellados: ¿lo estaban antes de ser arrojados al fuego y esa fue la causa de su abandono o se deterioraron por la acción del calor? Creemos más plausible la primera hipótesis, pero solo la experimentación permitiría optar por una u otra de ambas situaciones.

No obstante, los colgantes no pudieron haber sido perforados in situ con punzones de hueso y no se encontró ningún otro utensilio perforador de sílex, de modo que tuvieron que ser traídos a la gruta, quizás como elementos decorativos o de adorno, para fijarlos sobre la ropa o sobre otros objetos de fibra, madera o cuero.

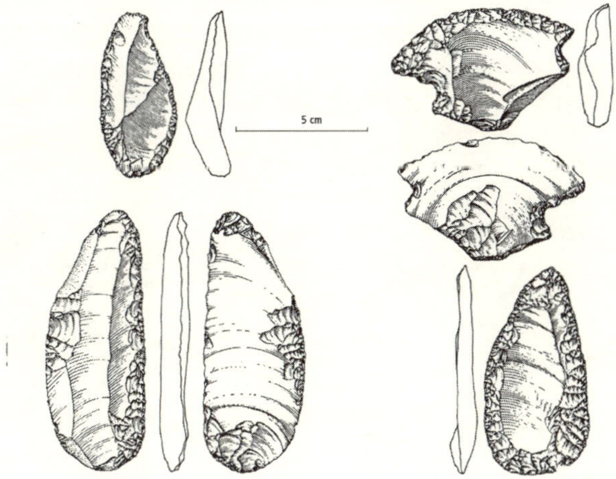

Sílex tallados

Los caninos de ciervo se solían utilizar para confeccionar joyas. La tradición se mantiene, ya que los cazadores siguen, actualmente, haciendo con ellos alfileres de corbata, según A. Leroi-Gourhan.

Aunque los perforadores de sílex no están presentes, en cambio sí aparecieron raederas de sílex en los hogares 1, 3, 4, 13 y 14. Estas herramientas de piedra tallada remiten, como las herramientas de hueso, al trabajo de preparación de fibras o pieles. Algunas raederas son con muesca (hogar 6), donde se puede fijar una cuerda, pueden estar envueltas en fibras, tejidos o cuero y se agarran bien con la mano. La raedera es una herramienta que puede servir tanto para raspar las cortezas y las pieles, como para preparar los alimentos (descarnar huesos, raspar y cortar vegetales, picar carne…).

En los hogares 4 y 7 aparecen guijarros pulidos de roca dura metamórfica, completamente ajenos a los guijarros calcáreos de la gruta y que podrían interpretarse como piedras de pulir o bruñir. Pueden servir para aplastar las fibras, el pelo, aplanar una costura… Seguramente, formaban parte de la panoplia de herramientas del artesano peletero o tejedor de fibras.

Los cientos de fragmentos de ollas, vasijas, escudillas que se encontraron en los hogares permiten pensar, sin temor a equivocarse, que los fuegos también servían para cocinar las comidas de los ocupantes.

Silextipo
Según la raedera superior derecha del dibujo anterior

Cada hogar presenta una serie de recipientes que difieren en número, volumen y forma.

¿Y la música? Alain Argant interpretó como instrumentos de música de viento un radio de cordero con la diáfisis cortada cerca de la extremidad, así como el metacarpo de un cordero joven con las dos extremidades abiertas en plano inclinado. Posiblemente, la música de esos caramillos neolíticos acompañaba las comidas y el trabajo

La galería profunda

En el fondo de la sala se abre una profunda galería. En esta galería de difícil acceso, los bloques agrietados, desprendidos del techo, se encuentra a más de tres metros hacia abajo, taponando esa profunda diaclasa y el acceso al nivel inferior.

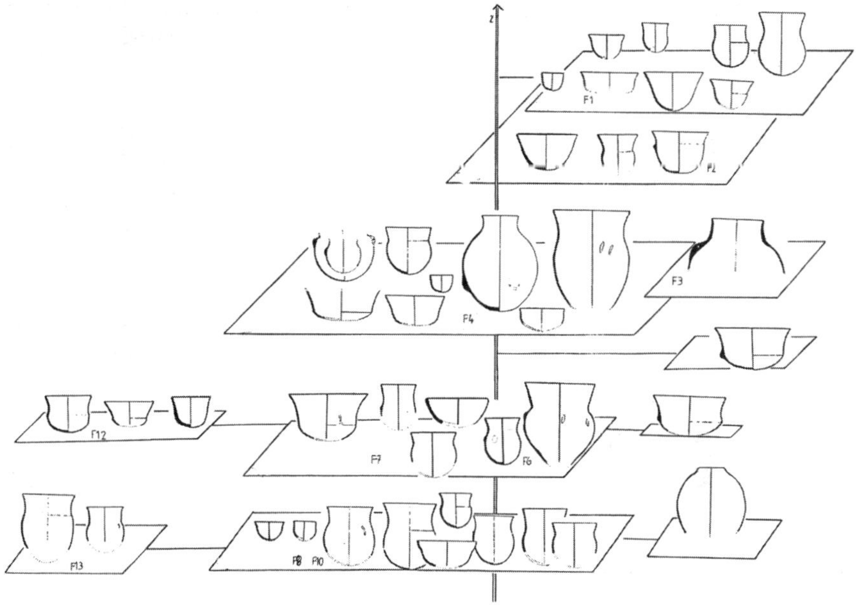

Esquema estratigráfico por hogar de los recipientes

Los estratos arqueológicos siguen un glacis de sedimentos arcillosos que «se escurren», desde la sala, tres o cuatro metros hacia el fondo de la galería. Como prueba de que los vestigios resbalaron sobre ese glacis, algunos fragmentos de cerámicas concuerdan con los de los hogares de la sala: esa estrecha galería, sin duda, se utilizó como vertedero desde la sala. Una datación por radiocarbono (referencia: Ly5408: 5238±120 BP) indica las fechas más probables en años reales: 4074, 4050, 4038, 4014, 3995 a. de C., es decir, es sincrónica con la del hogar 6 de la sala, lo que refuerza la hipótesis del funcionamiento simultáneo de las dos partes de la gruta.

Se tiraron allí centenares de huesos de animales domésticos y salvajes. Esos huesos no son, como en los hogares, los exclusivamente dedicados a la industria ósea (metápodas), sino que están representadas todas las partes del esqueleto en lo que parece ser un vertedero.

En un nicho natural de la pared de la galería, pudieron sacarse, con mucho cuidado, varios huesos de un niño de menos de dos años de una ganga de calcita, junto con fragmentos de cerámica neolítica. A pesar de la proximidad de los vestigios arrojados al vertedero, parece que el lugar fue elegido y el cuerpo depositado en un recodo de la roca, lo que permite pensar en una sepultura.

Más allá del vertedero, la galería está obstruida por un caos de rocas. Se encontraron, en este material de derrumbe anterior a la ocupación, algunas vasijas de almacenaje. Anecdóticamente, se rompió un collar en un paso sobre esos bloques y algunos colgantes se deslizaron entre dos bloques, siendo imposibles de recuperar por su propietario, con la consiguiente satisfacción para los arqueólogos.

Balance, síntesis

Además de los vestigios de fauna o de flora, aparecieron abundantes objetos repartidos por los hogares o abandonados en el vertedero: unas treinta hachas talladas de sílex, siete hachas o fragmentos de herramientas de piedra pulida, unos cien utensilios de hueso y varios centenares de fragmentos de cerámica, todo un mobiliario tipológicamente atribuido a la cultura del Neolítico medio borgoñón, una cultura que abarca varios siglos.

Las dataciones realizadas por el laboratorio de radiocarbono de Lyon con cinco muestras de carbón de leña —cuatro extraídas en hogares diferentes y una en el vertedero— proporcionan una horquilla cronológica de, al menos, 400 años. Las ocupaciones de la gruta se extienden desde el cambio del quinto al cuarto milenio a. de C., hacia 4000 a. de C. (hogar 6 y vertedero), hasta mediados del cuarto milenio, aproximadamente 3600 a. de C. (hogares 4 y 2); una ocupación fue datada hacia 3800 a. de C. (hogar 10).

El hecho de que esta gruta haya estado ocupada varias veces durante un largo periodo de cuatro siglos, durante el Neolítico medio, presentaba el interés de poder investigar, a través de los elementos de mobiliario recogidos, especialmente la cerámica, si se había producido una transformación cultural o, por el contrario, había habido una estabilidad en los modos de vida.

El conjunto de los doscientos recipientes de cerámica de la gruta de La Molle-Pierre fue fabricado por varias generaciones de alfareros (unas cincuenta manos son claramente identificables), pero presenta una gran homogeneidad tecnológica y estilística. Es una cerámica fabricada en arcillas muy enriquecidas con desengrasante carbonatado, de granulometría variable, pero siempre bien calibrada; el grosor de las paredes varía entre 4 y

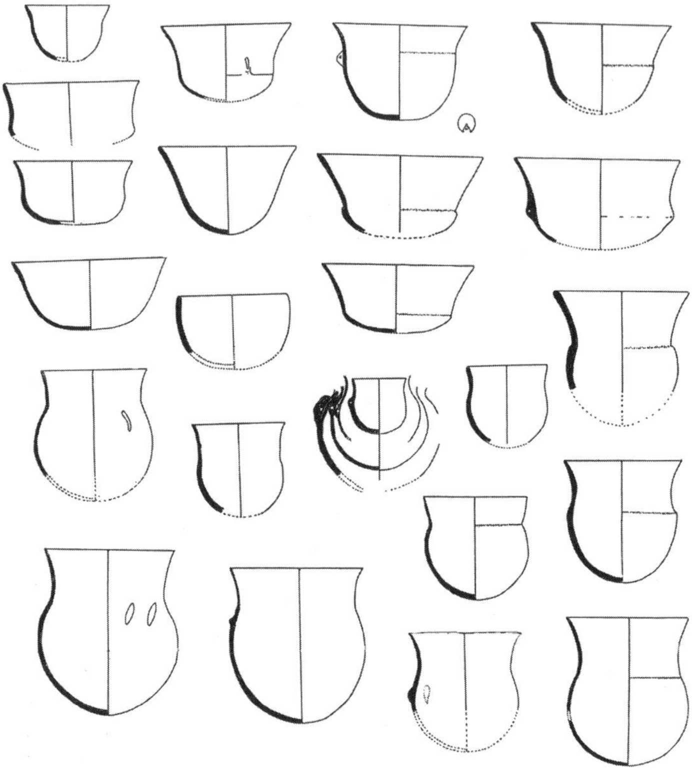

7 mm; el tratamiento de la superficie, alisado o lustrado, es cuidado; ningún recipiente está decorado, pero algunos tienen pares de mamelones o de barritas alargadas aplicadas sobre el estrechamiento o la carena; los elementos de prensión o de suspensión son orificios alargados de perforación horizontal; los fondos son redondeados; las cocciones se realizaron a temperaturas inferiores a 600 °C, como demuestra la observación de la calcita del desengrasante que, por encima de esa temperatura, se habría degradado; la gama de colores antes del uso varía del gris oscuro al beige rosado o amarillo.

Todas las cerámicas corresponden a los criterios estilísticos que definen el conjunto cultural del Neolítico medio borgoñón.

Este conjunto de unos doscientos recipientes corresponde, casi enteramente, a vajilla destinada a cocer o consumir: ollas, cuencos, boles y cubiletes, a los que se añaden algunos recipientes de almacenaje, ya que algunos, que no presentan ninguna traza de contacto con el fuego y tienen orificios de suspensión que permiten colgarlos mediante cordeles de fibra de macramé, se interpretan como vasijas destinadas al almacenamiento de agua, grano y como recipientes de conserva: nueve recipientes botella de panza ovoidal, cuello recto y bocal para un volumen de más de 15 litros, una vasija silo de una capacidad de casi 20 litros; una tinaja de 30 cm de alto y 25 cm de diámetro y cuatro tinajas de 3,5 litros sin medio de suspensión.

Los demás recipientes, los más numerosos, presentan todos trazas de carbón y de corrosión, debidas a las repetidas utilizaciones, trazas de desbordamiento de líquidos, más o menos grasos, o de caramelos de cocción pegados al fondo. Estos recipientes, utilizados sobre el fuego, pudieron servir para preparar y cocer alimentos.

Inventario

— Quince ollas de panza esférica, fondo redondo y cuello bien individualizado, marcado por un estrechamiento, de una capacidad de uno a cuatro litros;

— catorce cuencos tulipiformes de medio a cinco litros, de boca ancha;

— nueve cuencos de perfil en S de cuello individualizado marcado por un estrechamiento, fondo redondeado, con capacidades de dos a siete litros (ejemplares de dos a cuatro litros y cinco de siete litros);

— el resto de la vajilla está formado por siete boles hemisféricos de una capacidad de 0,35 a 0,75 litros y seis cubiletes de paredes rectas de 0,25 a 0,5 litros.

La vajilla del Neolítico medio borgoñón no está completa: faltan los platos, las escudillas, las vasijas para sacar líquido y las cucharas, formas conocidas en otros yacimientos de la misma época. Los usuarios de la gruta hicieron una selección en la panoplia de utensilios de los que podían disponer, selección que prioriza el almacenamiento de cantidades medias de alimentos y prescinde de los utensilios de consumo individual. Esto podría

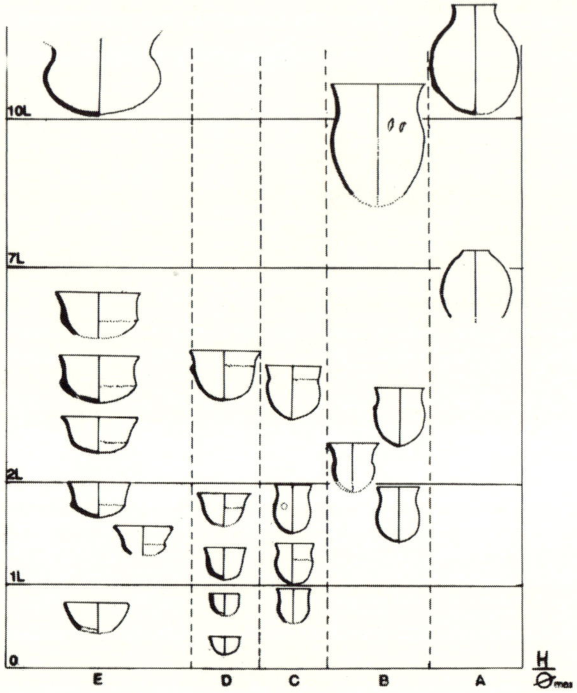

sugerir que la vida en la gruta era bastante rudimentaria para las pocas personas que podían instalarse en el exiguo espacio.

No obstante, pudieron preparar, cocinar y comer, en la gruta, alimentos variados.

Alimentos variados

Carnes, verduras y frutas

La mayor parte de los huesos de fauna doméstica o silvestre no presenta ninguna característica que permita interpretarlos como destinados a convertirse en utensilios utilitarios y se interpretan como residuos de comidas cárnicas; la mayoría fue descubierta en la galería, cuyos primeros metros son un auténtico vertedero, cercano a de la sala y a los hogares donde se cocinaron las carnes.

El conjunto de los 2.434 huesos de la sala y de la galería encontradas en las estructuras neolíticas fue determinado, estudiado e interpretado por Alain Argant; seguidamente, presentamos un resumen de su trabajo.

Todas las carnes fueron consumidas; la frecuencia de consumo, por orden de importancia es la siguiente: carneros, cerdos, bueyes y cabras; el perro (*Canis familiaris*), animal ya presente junto a los ganaderos, que vive con su amo en la gruta y come los huesos de los trozos ya consumidos, pudo ser consumido a su vez (la tradición de comer perro se mantiene todavía en la época gala).

Animales domésticos

Carnero: se identificaron 24 individuos, todas las piezas del esqueleto están representadas. Se determinaron las edades de sacrificio de 19 individuos: tres lechales (de menos de dos meses), dos moruecos (dos a tres meses), dos corderos (tres a cuatro meses), un cordero de seis meses, tres individuos de uno a dos años, tres de más de dos años, uno de 36 meses y cuatro de cinco o más años. La continuidad de edad de los animales jóvenes sacrificados sugiere que los habitantes de la gruta la ocuparon de manera continuada durante, al menos, seis meses.

En varios huesos se observaron trazas de combustión y trazas de cocción a temperatura moderada.

Cerdo: se identificaron 18 individuos: siete cochinillos (menos de un mes), dos lechones de tres a cuatro meses, otros dos de cuatro a cinco meses, dos cerdos jóvenes (de cinco a diez meses), un cerdo de diez a doce meses, tres cerdos de más de doce meses, un cerdo de dos años; ocupación continuada del lugar, todas las partes están representadas; un lechón está asado, los huesos largos aparecen rotos para recuperar el tuétano, un cráneo está roto para sacar los sesos, que pudieron haber sido utilizados para curtir pieles o para ser comidos.

Buey (*Bos taurus*): se identificaron cuatro individuos y están representadas todas las partes del esqueleto, cosa que permite pensar que los neolíticos de La Molle-Pierre consumieron los bueyes enteros, lo que supone, una vez más, una ocupación asidua de la gruta, que no tiene nada que ver con los eventuales picnics de pastores sorprendidos por el mal tiempo —en un periodo de 400 años y con 16 hogares suponen unas 20 visitas—. Tres terneros: uno muy joven de 1 año, otro de 15 a 20 meses y el último de 42 meses.

Al igual que con los cerdos, se sacaron los sesos del cráneo y los huesos largos se rompieron para extraer el tuétano.

Cabra (*Capra hircus*): se identificaron tres o cuatro individuos.

Animales salvajes cazados

Un lobo (*Canis lupus*), al menos, fue atrapado; sus tibias están rotas, bien por la trampa para capturarlo o para extraer el tuétano.

Cuatro zorros (*Vulpes vulpes*) fueron cazados (se observaron dos marcas dejadas por una punta de flecha y que la punta de sílex permaneció en el hueso durante la cocción del zorro).

Tejones (*Meles meles*): algunas piezas presentan trazas de combustión, por lo que pudieron ser consumidos, y un cráneo roto indica la extracción de los sesos.

Un gato montés (*Felis sylvestris*): huesos quemados indican que pudo haber sido comido.

Liebres (*Lepus europaeus*): muy abundantes en la gruta. Fueron capturados 35 individuos adultos de buen tamaño o lebratos; trazas de cocción indican que fueron cocidos, los cráneos aparecen cortados para sacar los sesos y los huesos largos rotos para sacar el tuétano.

Un castor (*Castor fiber*) fue llevado a la gruta.

Dos jabalíes (*Sus scrofa*) fueron despiezados o consumidos.

Cuatro corzos (*Capreolus capreolus*) fueron cazados, uno muy joven; tibia y húmero aparecen rotos para extraer el tuétano.

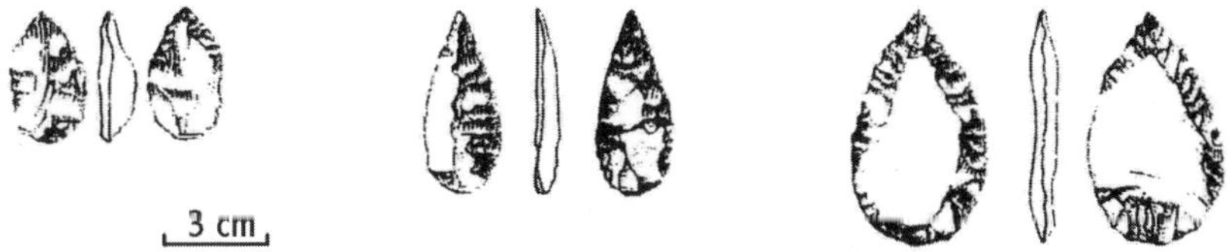

Puntas de flechas

Dos ciervos (*Cervus elpahus)* fueron sacrificados para quitarles las astas, los huesos y la carne; un omóplato y un metacarpo tienen trazas de combustión o de cocción.

Restos de un uro figuran entre los vestigios de fauna salvaje valorada por los neolíticos.

Restos de dos osos pardos (*Ursus arctos)* se identificaron en la gruta: la posición de los huesos no era compatible con la de un animal que viviera en la gruta y hubiera muerto allí; eran valorados por la piel, la grasa y la carne.

Excepto un espolón de urogallo (*Tetrao urogallus)*, no se encontró ningún hueso de ave. Sin embargo, un objeto que parece una gran perla alargada de asta de ciervo y con un orificio troncocónico no es un elemento de adorno o decoración, sino, muy posiblemente, una cabeza de flecha para cazar pájaros que se enastaba en un palo, lo cual hace pensar que se practicaba la caza de aves.

Las plantas comestibles identificadas a partir de los macrorrestos y los pólenes

Se conservaron frutos (manzanas y bellotas) por carbonización en los hogares 5 y 6; pudieron identificarse pólenes de plantas comestibles en las muestras tomadas de los sedimentos de los hogares.

Trescientos cotiledones de bellotas (*Quercus* sp.), 43 trozos de manzanas y tres manzanas enteras (*Malus malus)* son las dos variedades de frutas que se encontraron carbonizadas en la gruta. Las manzanas habían sido cortadas en dos antes de ponerlas bajo la ceniza y..., olvidarlas; se carbonizaron y, por ello, quedaron perfectamente conservadas; son de tamaño pequeño, comparado con las variedades actuales (carbonizadas, su diámetro es de unos 2 cm, altura de 1,75 cm, grosor de 1 cm; es decir, manzanas frescas de unos 4 cm de diámetro).

En las cenizas, Jacqueline Argant identificó pólenes de algunas plantas que resistieron el calor: campánulas *(Campanulacea)*, quenopodios *(Chenopodiaceae)*, umbelíferas *(Umbelliferae)*, llantén (*Plantago* sp.), centidonias *(Polygonaceae)*, acedera (*Rumex* sp.), ranunculáceas *(Ranunculaceae)*, ortigas *(Urticaceae)*, avellanos *(Corylus avellana)*, esporas de setas.

Los pólenes fueron llevados por los animales en su pelo o por las personas que circularon por la gruta: pueden proceder de plantas en flor llevadas a la gruta antes de ser utilizadas para artesanía, alimento o combustible. Si solo se llevaron hojas, raíces y brotes y si fueron consumidos, apenas quedan posibilidades de encontrar trazas arqueológicas de su presencia. También puede suponerse que las plantas autóctonas del entorno de la gruta —la meseta calcárea, el bosque y sus lindes, las orillas del arroyo y los bordes de los caminos— pudieron ser cocinadas en el exterior y llevadas a la gruta, como «platos cocinados».

Las plantas alimentarias silvestres del entorno de la gruta y que aún se encuentran actualmente, consideradas por los botánicos como autóctonas, son las siguientes: bardana (*Arctium* sp.), sérpol *(Thymus serpyllum)*, bolsa de pastor *(Capsella bursi-pastoris)*, salsifí común *(Tragopogon pratensis)*, diente de león *(Taraxacum officinale)*, amapola *(Papaver rhoeas)*, pimpinela escarlata *(Anagallis arvensis)*, cardo leche del campo *(Sonchus arvensis)*, ortiga blanca *(Lamium album)*, canónigo *(Valerianella officinale)*, berro *(Nasturtium officinale)*, malva común *(Malva sylvestris)*, frambueso *(Rubus idaeus)*, zarzamora *(Rubus frutiosus)*, espino albar (*Crataegus* sp.), fruto de serbal blanco *(Sorbus aria)*, enebro *(Juniperus communis)*, endrino *(Prunus spinosa)*.

Estas listas de animales, vegetales y cerámicas podrían haberse quedado en una simple relación de datos arqueológicos y dejarnos con las ganas, si nuestra curiosidad por explorar las posibilidades de la cocina neolítica no nos hubiera permitido atrevernos con recetas de la gruta y más allá.

Bibliografía

Bouillerot, R.: «L'Âge du Bronze en Bourgogne et quelques autres pays voisins», *Revue Phéhistorique de l'Est de France*, 1912.

Dufay-Galan, A.: «La vaisselle du Néolitique moyen de la grotte de La Molle-Pierre à Mavilly-Mandelot (Côte d'Or)», actas de las Segundas Jornadas de Encuentros de aria, Auxerre (Bourgogne), 7-8 marzo 1992, *Cahiers Archéologiques de Bourgogne* (Dijon: Ministerio de Cultura y Francofonía/Dirección Regional de Asuntos Culturales), núm. 5 (1994).

Dufay-Galan, A.: «La chronologie du nmb de la grotte de La Molle-Pierre à Mavilly-Mandelot (Côte d'Or)», en *Chronologies néolitiques de 6000 à 2000 avant notre ère dans le Bassin rhodanien*, actas del Coloquio de Ambérieu-en Bugey, 19-20 septiembre 1992, 1995.

Flouest, A.: «Les foyers du néolitique moyen bourguignon (nmb) de la grotte de La Molle-Pierre à Mavilly-Mandelot (Côte d'Or)», en M.-C. Frère-Sautot (dir): *Le feu domestique et ses structures au Néolithique et aux âges des métaux*, Actes du Collque de Bourg-en-Bresse et Beaune, 7-8 octobre 2000, Montagnac: Éditions Monique Mergoil, 2003.

Galan. A.: «Le Néolitique moyen de la grotte de La Molle-Pierre à Mavilly-Mandelot (Côte d'Or), un ensemble nmb», en *La Bourgogne entre les bassins rhénan, rhodanien et parisien*, XVIII Coloquio Interregional sobre el Neolítico, Dijon, 25-27 de octubre 1991, resumen de comunicaciones. Dijon: Servicio Regional de Arqueología/Ministerio de Cultura/ Dirección Regional de Asuntos Culturales, bajo la dirección de Marie-Chantal Frère-Sautot. Edit. Monique Mergoil.

— «La grotte de La Molle-Pierre. Commune de Mavilly-Mandelot (Côte d'Or)», en *Vingt ans d'archéologie en pays beaunois*, Beaune: Centro Beaunois de Estudios Históricos, 1990.

— «La céramique du Néolithique moyen de la grotte de La Molle-Pierre, Commune de Mavilly-Mandelot (Côte d'Or)», en Actas del V Coloquio Nacional de Ceramología, París, 1-2 diciembre, 1990, París: Ed. Varia.

— «La grotte de La Molle-Pierre, Commune de Mavilly-Mandelot (Côte d'Or)», en *Gallia préhistoire, les premiers paysans du pays beaunois: l'habitat-refuge de La Molle-Pierre*, catálogo de exposición, Museo de Beaune, 1993.

— y J.-P. Nicolardot: «Les premiers paysans», en *Il était une fois la Côte d'Or, 20 ans de recherches archéologiques*, París: Museo Arqueológico de Dijon/Errance, 1990.

Pariat, H.: «La grotte de La Molle-Pierre en pays beaunois. Ses vestiges archéologiques», revista *La Physiophyle* (Montceau-les-Mines: Sociedad de Estudios de Ciencias Naturales e Historia), año 51, núm. 83 (1975), pp. 19-36.

Thevenot, J.-P.: «Mavilly-Mandelot», *Gallia préhistoire*, 21, t. 2 (1978), p. 577.

— «Mavilly-Mandelot la grotte de La Molle-Pierre», *Gallia Informations Préhistoire et Histoire 1987-1988*, t. 2 (1988), pp. 14-15.

Anne firmó sus artículos, sucesivamente, como A. Galan, A. Dufay-Galan y, finalmente, como A. Flouest.

Agradecimientos

Ante todo, quiero expresar mi agradecimiento a los voluntarios de la Asociación de Investigaciones Arqueológicas del País Beaunois (ARAPB); a Patrick Croissant y Yannick Bonvalot, quienes, tras sus primeras exploraciones, me arrastraron a esta aventura, y a todos aquellos —y son muchos— que, con paciencia y entusiasmo, acondicionaron la gruta, participaron en las excavaciones y en las muchas tareas, a veces ingratas, del proceso arqueológico. Mi agradecimiento a Michel Perrin, por el largo trabajo de reconstrucción de las cerámicas. Y quiero hacer una emocionada mención a la memoria de Pierre Gruillot, cuyo cariño, erudición, pasión y amistad consolidaron la unidad del grupo que realizó este proyecto.

Gracias a Jacqueline y a Alain Argant, que estudiaron, respectivamente, los pólenes y la fauna de La Mole-Pierre y que me autorizaron a utilizar sus resultados inéditos.

Gracias a Anne Augereau, que estudió el material lítico y me autorizó a publicar sus dibujos.

Las excavaciones fueron auspiciadas por la Dirección Regional de Asuntos Culturales, el Comité Departamental de Investigación Arqueológica de Côte d'Or y la ciudad de Beaune.

Anne

Los dibujos del mobiliario han sido realizados por
Alain Argant (industria ósea)
Anne Augereau (industria lítica)
Patrick Croissant y M. Perrin (cerámicas)
Y miembros de la ARAPB.

La cocina probable

La llegada de la cocinera
Los tópicos tienen más vidas que un gato, en el siglo XIX era habitual representar al hombre arrastrando a la mujer por los pelos

Recetas que utilizan los utensilios, hogares, vegetales y animales de la gruta

De entrada, la lista de los restos de los ocupantes de la gruta parece muy completa. Están representados la mayoría de los animales, una auténtica arca de Noé; los vegetales son variados. En lo que respecta a los animales, la producción de la ganadería y los productos de caza también están ampliamente representados, pero es curioso que no haya ningún producto de la agricultura. ¿Qué pasó en esta gruta? Cierto es que era un hábitat provisional frecuentado, episódicamente, en un intervalo de tiempo de seiscientos años. Las herramientas indican una actividad artesanal, al menos, de tratamiento de pieles, trabajo con fibras vegetales, cordelería, espartería, hilado, cosido... Sería imaginable el taller de un curtidor-costurero aislado, o esclavos recluidos en la oscuridad, pero no una vida cotidiana, doméstica; y, sin embargo, hay sepulturas, huesos de animales de todo tipo, cerámicas, vegetales.

Los hogares y los recipientes indican actividades culinarias, hombres y mujeres vivieron allí; se amaron, sin duda, en la recóndita oscuridad.

Hemos imaginado las recetas únicamente a partir de los elementos encontrados, ni cereales ni leguminosas (la ausencia de cereales está reforzada por la ausencia de la piedra de moler, indispensable para la molienda). La carne de carnicería es variada: buey, ternero, carnero, cordero, cerdo, cochinillo, cabra, cabrito. La cuantificación no permite evaluar el número de comensales que comparten las comidas. Algunos animales se sacrifican muy jóvenes, mucho antes de la madurez habitual. Cordero lechal, cabritilla y cochinillo de pocas semanas: ¿necesidad o ritual?, ¿glotonería o sacrificio? No tenemos la respuesta, pero los hechos están ahí, las pruebas son contundentes.

Y si..., ¿y si hubiera sido un refugio de ladrones, marginales, tunantes... que vivieran de la rapiña, de la caza, reacios al trabajo agrícola? Esta hipótesis permitiría responder a un cierto número de preguntas; por ejemplo, explicaría:

— la ausencia de plantas cultivadas;
— el consumo de animales inmaduros: se «coge» lo que se puede de los rebaños del entorno;
— el tamaño relativamente pequeño de los recipientes; cuanto más pequeños más fáciles de recoger y de transportar rápidamente;
— el hábitat temporal de un grupo pequeño; en aquella época los grupos reúnen poblaciones de treinta personas como mínimo y, por lo general, de unos setenta adultos.
— las interrupciones o rupturas en el tiempo; este tipo de escondite ha sido explotado, con regularidad y hasta épocas bien recientes, por «resistentes»;
— la discreción del lugar y su difícil acceso;
— los hábitos alimentarios con mucha carne.

Podía ser divertido intentar comprobar que se podía vivir y cocinar ateniéndose estrictamente a los recursos inventariados en las excavaciones. Y hemos ganado la apuesta, como veremos.

La cocina de la caza

Ciervo

El ciervo fue cazado desde tiempos inmemoriales, es una fuente de recursos muy apreciada en el Neolítico; proporciona carne, una piel de buen tamaño, huesos largos para confeccionar herramientas, tales como punzones o pasadores, y las astas, muy útiles para hacer mangos de hachas pulidas.

Cuerno de ciervo, borraja, acedera

Serrar y rallar un asta de ciervo. Poner a hervir agua de manantial, añadir el serrín de asta de ciervo, la borraja y hojas de acedera. Dejar reposar. Decantar una vez frío y filtrar. La poción es, supuestamente, afrodisíaca.

Pernil al enebro picado

Pinchar un pernil con una punta de sílex, introducir en cada punzada una baya de enebro, tapar con un trocito de tocino salado y seco. Ahumar ligeramente hasta que el pernil se seque y adquiera un bonito color cuero. Cocer, en una olla alta, con hierbas.

Corzo

El corzo es una presa fácil, el animal es vivaracho, pero frágil.

Pernil ahumado

La carne de corzo es agradable, el pernil salado, seco y ahumado se conserva bien; comer tal cual o cortar para cocerlo en agua con frutos rojos o manzanas.

Corzo en verde

Extender hojas de llantén en el fondo de una olla alta, colocar los trozos de corzo, poner encima avellanas y setas. Añadir unas ramitas de sérpol. Cubrir con llantén y completar con agua. Dejar la olla al calor de la lumbre para que se haga lentamente toda la noche. La mezcla de llantén, que ya tiene sabor a avellana, con las avellanas y las setas, junto con la caza, sorprenderá a los gourmés más exigentes.

Zorro, gato montés

Estos carnívoros tienen hermosas pieles que justifican su caza y, además, la economía doméstica neolítica se basa en no tirar nada.

Zorro con bellotas

Dejar a remojo el zorro y las bellotas en un arroyo, durante unos días. Desollar el zorro y pelar las bellotas, marinarlo todo unos días en cerveza rubia o negra. Guisar.

Esta preparación perdura, actualmente, en las regiones antaño ocupadas por los pueblos del periodo llamado *cardial.*

Sesos fritos con huevo de avefría

Sorprender a un zorro cuando intenta atacar un nido (de avefría o codorniz, o de cualquiera otra ave que anide en tierra), matarlo y sangrarlo inmediatamente. Aprovechar para apoderarse de los codiciados huevos. Desollar al animal. Sacar los sesos, lavarlos y pasarlos por un huevo. Rebozar los sesos en avellanas picadas. Calentar grasa de riñón de ternera, saltear los sesos y degustar. La piel, una vez curtida, podrá servir para hacer un gorro elegante y distinguido. La asociación de los sesos del zorro —astuto— y del huevo —símbolo de vida— proporcionará prestigio al cazador merecedor. Se puede sustituir el zorro por otro animal carnívoro, lobo o gato montés, u omnívoro, como el tejón.

Estofado de cachorro de zorro congelado

Atrapar un cachorro de zorro. Dejar que se hiele durante una fría noche de invierno. Cortar en trozos y estofar en un caldo de carne. Servir sin cabeza ni rabo.

Una de las bromas típicas de cazadores es servir zorro por liebre (no es fácil ver la diferencia, ya que los huesos largos de estos dos animales son anatómicamente muy similares). El zorro ha de estar una noche en el congelador o congelarse en una noche de invierno.

Ídem con el gato montés.

Jabalí

El jabalí se cazaba, era un complemento a la cría de cerdo, más pequeño en la época neolítica. Los jabalíes también se cruzaban con los cerdos domésticos. Su carne es delicada si el animal es joven. Los dientes de jabalí se utilizaban como joyas o agujas de coser.

Pecho ahumado

Quitar los perniles y las paletillas, partir el pecho en dos. Dejarlo una noche en una salmuera. Colgar los trozos al fresco durante un día. Ahumar los trozos en frío —no hay que sentir ninguna sensación de quemadura cuando se pasa la mano por los trozos—. Dar vueltas varias veces. Colgar en un sitio fresco y seco hasta que vaya a consumirse. Consumir tal cual o cortar en trozos y cocer en un caldo.

Pernil, paletilla

El pernil puede asarse en espetón o ahumarse como una pierna de cordero o un jamón. Al contrario que el cerdo, no hay que cocerlo demasiado, una gota de sangre en el centro del pernil no es desagradable.

Liebre

Se comieron treinta y cinco liebres, el cráneo se rompió para extraer los sesos.

Sesos de liebre

Sacar los sesos, picar y mezclar con un huevo y unas semillas de espinaca silvestre; pasar por el fuego para que cuaje la mezcla. Placer egoísta para llegar a ser tan ágil como la liebre.

Liebre al vapor de sérpol

La cocción en hoyo es muy adecuada para los animales enteros de un tamaño razonable. Cavar un hoyo, hacer fuego. Llenar de piedras, a medias. Cuando haya bastantes brasas, añadir algunas ramas para que las piedras se calienten bien. Recoger un buen puñado de sérpol verde, repartir las ramitas sobre las piedras. Depositar la liebre partida en dos y bien aplastada. Cubrirla con hojas. Dejar que se haga al punto —los olores mezclados de liebre, grasa tostada y sérpol suben en olorosas volutas—, añadir un poco de agua, esperar y sacar la liebre.

El sérpol crece en la meseta calcárea que está sobre la gruta, al igual que el enebro. Esta receta es parecida a la de conejo al vapor de hisopo.

Liebre à la royale

En aquellos tiempos…, no se había inventado la liebre *à la royale*, razón de más para ponerse imaginar qué era lo que se podía cocinar. Existen muchas recetas, con o sin fuagrás, deshuesada, cruda o cocida, o entera, o en compota, pero todas tienen en común una cocción muy larga en un recipiente de barro con vino de Burdeos, o de Oporto o... de lo que hubiera en la época, o casi; lo demás: atrapar una liebre viva —no es fácil, pero sí indispensable—, sangrarla y reservar la sangre. La sangre de un par de pichones puede ser un paliativo.

Tapizar una olla con cortezas de tocino, colocar la liebre boca arriba, cortarla si no cabe en la olla (sacrilegio) —actualmente, se fabrican cazuelas con la forma de la liebre—. Añadir sérpol, recogido en la meseta, y bayas de enebro; cubrir con más cortezas de tocino, sin escatimar, y rociar con una buena cerveza, una cerveza de bellotas, preferiblemente que haya producido posos (la crema de bellotas es muy útil). Cocer muy lentamente, al menos, medio día. Durante ese tiempo, ir a buscar un puerro silvestre, que sustituirá, a la vez, al ajo, el chalote y la cebolla. En temporada, se puede utilizar también un puñado de ajo de osos. Dejar que el recipiente se enfríe un poco, sacar delicadamente la liebre, filtrar, reservar el jugo y las cortezas de tocino. Picar finamente los sesos crudos, el hígado, los riñones, el corazón, el puerro y un poco de magro de cerdo, mezclar con una cucharada de crema de bellotas (lo siento, nada de trufas). Quitar los huesos innecesarios de la liebre, manteniendo los músculos enteros en la medida de lo posible. Engrasar un recipiente, colocar la liebre en trozos, añadir el picadillo, rociar con el caldo desengrasado, cubrir con hojas de ajo de osos, en temporada, o, en su defecto, hojas de acedera, y cocer suavemente. Mientras tanto, picar bien las cortezas y la grasa solidificada del jugo de cocción y llenar un cuenco con esa especie de chicharrones de cortezas de tocino, especialmente sabrosas por su tufo a liebre; pueden ir comiéndose mientras se acaba la preparación. Echar el caldo de la cocción en el bol que tenía la sangre y revolver, la sangre se coagula en contacto con el líquido y bajo la acción del calor; repartir las carnes y la mezcla en boles, procurando que el jugo penetre hasta el fondo del bol, y calentar. Servir muy caliente. Se come con cuchara; de todas formas no había tenedores ni cuchillos.

Para cazar liebres hay diversas técnicas, varias de las cuales utilizan perros. Los habitantes de la gruta fabricaban silbatos con huesos, sobre todo falanges de osos, de ciervos o de corderos. Esos silbatos de sonido estridente podían servir para comunicarse de lejos; también podían servir para levantar la liebre. La liebre se yergue y se inmoviliza muy tiesa sobre su trasero cuando oye un silbido («silbido: la liebre se para en seco y se queda sentada. Estaba frente a los furtivos con las patas de delante levantadas», *Raboliot,* de Maurice Genevoix); es el momento de agarrarla o disparar (la misma técnica puede utilizarse con los osos, pero presenta mayor peligro, caso de fallar).

A la liebre se la considera astuta. Alexandre Dumas describe muy bien sus argucias y cuenta que una liebre perseguida empieza a describir grandes círculos, obligando a los perros que la persiguen a formar un tiovivo sin fin, hasta que se dan cuenta de la inutilidad de su carrera circular cuando la liebre hace un quiebro para saltar fuera del círculo sin dejar rastro.

Oso *à la royale:* proceder como con la liebre, adaptando las proporciones; en este plato es indispensable el ajo de osos.

Tejón

El tejón es un animal omnívoro de buen tamaño. Hoy en día, todavía se consume en algunas regiones. Sin duda, su piel era muy apreciada y resulta fácil imaginar un sombrero de piel de tejón.

Guiso de tejón

Todas las investigaciones indican que el tejón se guisaba.

Otras piezas de caza

Los demás animales no figuran en nuestras tablas ni en los bosques de alrededor: oso, lobo, uro. El castor es muy escaso. El perro ya no se considera caza.

Huevos

Los pájaros y otras aves forman parte de comidas deliciosas, tan sabrosas que no suele quedar nada de ellas. ¿Quién se comió los huesos? Los hombres, por lo general, o los perros, probablemente. Los huesos de las aves se conservan mal y no hay ninguna traza de ellos en la gruta. En algunas regiones, los cazadores del Neolítico disponían de flechas especialmente adaptadas para cazar aves noqueándolas. Más frecuente debía de ser el pillaje de nidos, al alcance de los hombres.

Pastel esponjoso

Engrasar generosamente un cuenco con grasa de riñón de ternera, incorporar semillas (espinaca silvestre, acedera, centinodia —*Polygonum aviculare*—, por ejemplo), añadir sesos cortados en lonchas; cocer revolviendo y añadir uno o dos huevos, según el éxito de la expedición de la tarde. Los huevos solo tienen que cuajar.

Huevos ligados

Los huevos son escasos, probablemente se sorbían in situ, como símbolo de buena suerte neolítica, o se utilizaban para completar una preparación a base de sesos y semillas.

El interior de la gruta

La cocina de las carnes de ganadería

La ganadería produjo animales de carnicería, ¿dónde se criaban los animales? ¿En las praderas de más abajo de la gruta —clima favorable para bueyes— o en la meseta, más adaptada a los carneros y a las cabras? La gruta, de difícil acceso, no servía para una estabulación de invierno. Los animales, posiblemente, llegaran allí vivos (conducidos a la fuerza), para ser consumidos, o ya muertos, incluso troceados, en el caso de bueyes grandes.

Buey

El buey es la carne principal (en cantidad absoluta) de la alimentación de los habitantes de la gruta de La Molle-Pierre. El número de personas no se conoce, pero el espacio es limitado. Matar un buey serviría para alimentar a aquella gente durante un tiempo; era indispensable conservar una parte. Todo se comía: desde las patas a los sesos, los huesos largos se rompían para sacar el tuétano. Solo hay un buey adulto, de 42 meses. A modo de comparación, la edad óptima para el consumo es, en la actualidad, de 36 meses; antiguamente, en las ferias de animales, la tradición era servir un buey de cuatro años.

Ahumado

El ahumado se puede utilizar con cualquier parte del animal, siempre y cuando no sea demasiado gruesa. Poner el trozo en salmuera uno o dos días, en función de su tamaño; colgarlo al fresco para que escurra. Ahumar la pieza lentamente, evitando calor excesivo y el humo demasiado denso. Colgar las piezas al fresco. El costillar es muy adecuado. Consumir directamente, fileteado. Con el tiempo, la carne seca se pone un poco correosa; en tal caso, cocerla para rehidratarla o, simplemente, pasarla por vapor.

Ahumado con espinaca silvestre

Cortar trozos de buey ahumado, engrasar un cuenco ancho, mezclar las lonchas y dos o tres puñados de hojas de espinaca silvestre, añadir un poco de agua, tapar y cocer rápidamente. Dejar reposar para que los aromas se mezclen bien.

A la Molle-Pierre (buey a la borgoñona)

Cortar trozos del entrecot de buey. Recoger una buena cantidad de frambuesas muy maduras. Mezclar las frambuesas con los trozos de buey. Si las frambuesas están bien maduras, fermentarán rápidamente. La marinada se va haciendo a la vez que la carne madura. Añadir trozos de raíces, sérpol. Al cabo de tres o cuatro días, escurrir la carne. Calentar una olla engrasada con la carne, revolver, añadir el zumo de frambuesa (en realidad, el vino de frambuesa) y cocer suavemente. Incomparable. Buey a la borgoñona en versión original

No hay ciruelas en La Molle-Pierre y es una lástima, porque esta preparación también es exquisita con ciruelas. Si la fermentación se prolonga, el zumo se avinagra y mejora los resultados de la maceración: el ácido ablanda las carnes más duras.

Hervidos

El gran debate culinario de aquella época giraba en torno a si había que cocer las piezas de buey enteras o cortadas en trozos; ninguna de ambas hipótesis ha podido ser comprobada, aunque el volumen de las ollas permite pensar que resulta más realista la segunda opción (el corte con sílex es bien con una esquirla recién saltada —las esquirlas se desafilan rápidamente). Las raíces locales forman parte del plato, como el llantén, que soporta largas cocciones. En la olla más grande disponible, encajada cerca de la hoguera, llenar a medias de agua y dejar hervir. El buey hervido se conserva varios días y su caldo es excelente, mejor caliente que frío.

Ternera

La edad de las terneras está entre los doce y los dieciocho meses, lo que corresponde a un óptimo a partir del cual la ternera medra muy lentamente. Es un becerro.

Mechado con tocino y setas

El mejor trozo es el músculo del muslo. Cortar un músculo, la babilla por ejemplo. Mechar con trocitos de tocino seco, cuanto más tocino mejor.

Asar en espetón suavemente, hasta que vaya cogiendo color y la pieza se encoja, el jugo quedará encerrado en el interior. Engrasar una olla, colocar los trozos, cubrir con caldo la pieza, añadir raíces y setas. Cubrir con un buen edredón de hojas de acedera y cocer lentamente. Al final de la cocción, no queda casi nada de jugo.

Si se corta la babilla en trozos y se mezclan con las hojas de acedera, resulta, más o menos y poniéndole mucha imaginación, una versión primitiva —arqueología experimental obliga— de los *grenadins à l'oseille* (medallones a la acedera).

Pastel de chicharrones

Cortar la grasa de un riñón de ternera y echar los trozos en un cuenco. Dejar que la grasa se funda lentamente, hasta que los pequeños trozos suban a la superficie; hay que controlar el calor, porque la grasa no tiene que calentarse demasiado; el olor es característico: suave y agradable cuando todo va bien, fuerte y repugnante si está demasiado caliente. Sacar la grasa a otro cuenco, dejar dorar los chicharrones y, tras la cocción, dejar enfriar. Los chicharrones se pegan unos a otros y forman un bonito pastel de... chicharrones; comer templado o frío.

Kebab, ¿por qué no?

Fabricar una especie de gran peonza: partir un trozo de roble con un hacha pulida para obtener una plancha; agujerearla en el centro con un perforador de sílex y pasar por el orificio una joven rama de fresno descortezada, que formará una estaca: el mecanismo está listo. Reservar las lonchas finas cuando se corte el ternero, ensartarlas en la estaca, apretando las capas. Hacer un fuego con brasas, depositar la peonza de lado y asar, girándola de vez en cuando. Ir cortando la parte exterior asada con una raedera. Degustar...

¿Por qué no?

¿Y por qué no utilizar una base de mimbre trenzado?

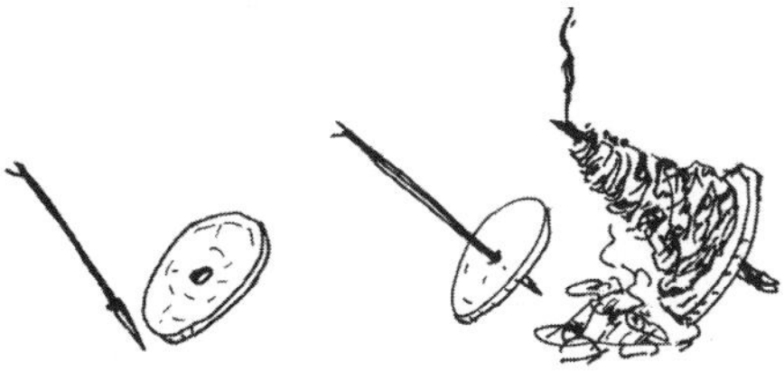

Carnero, cordero

Los carneros de la gruta son jóvenes, algunos muy jóvenes. Cabe preguntarse por qué matarían a animales tan jóvenes. ¿Sacrificio u obligación impuesta por la concurrencia de un gemelo, por ejemplo? Hay una secuencia, todas las edades están representadas. A menos que, sencillamente, los animales lleguen jóvenes o la oveja preñada, y que se consuman según las necesidades locales, lo que supondría un aislamiento provisional con el resto del grupo. ¿Aislamiento voluntario o no? Puede que fueran excluidos, resistentes, ladrones, rateros, malandrines, bandoleros.

Cordero lechal

Algunos corderos son tan jóvenes que ni merece la pena hacer un guiso, es preferible asarlos, el *mechui*, o, lo que es lo mismo, una cocción lenta en espetón de madera sobre un fuego. La cocción ha de permitir que las costillas se suelten tirando con los dedos. Si se carece de espetón, asar el cordero sobre piedras calientes. Si se incorporan ramas de enebro al fuego, producirán un humo muy agradable y darán más sabor a esta carne un tanto insípida. También se pueden separar las piernas y asarlas por separado; en caso de corderos muy jóvenes, contar una pierna por persona.

Sangre de cordero

Degollar un cordero y recoger la sangre. Poner el recipiente cerca del fuego y añadir semillas, revolviendo hasta obtener una preparación casi sólida, sin que se queme. Las semillas de espinaca silvestre o de acedera maridan exquisitamente. Un trozo de pan duro mejora la consistencia del plato.

Guiso de pescuezo y criadillas de carnero

Deshuesar un pescuezo de cordero (o carnero). Cortar las criadillas en lonchas. Calentar un caldo, añadir el pescuezo, raíces, algunas bellotas dulces, que realzan el sabor, y las criadillas y cocer lentamente. La criadillas sueltan jugo, dejar reducir. El jugo ha de quedar espeso, sin quemarse. Servir muy caliente. Reconstituyente.

Cordero salado seco

Cortar el cordero, que no sea demasiado joven, de entre seis meses y un año. Separar las piernas, las paletillas y el resto. Tener una noche en una salmuera aromatizada con salvia. Escurrir. Ahumar las piezas sobre brasas, habiendo elegido bien el tipo de madera porque no puede desprender demasiado humo; el roble o el fresno son los más indicados. Dejar reposar y secar en un sitio seco y ventilado. Estas carnes pueden comerse tal cual o usarse en una preparación.

Fuerza viva

Rehidratar una pieza de cordero salado seco en agua hirviendo. Cortar en trozos, quitando la grasa. Engrasar un cuenco con grasa de riñón de cordero o de ternera, añadir los trozos y dejar al calor de la lumbre, revolviendo de vez en cuando; la carne tiene que chisporrotear sin pegarse. Cuando la carne está hecha, añadir uno o dos huevos y revolver rápidamente. Servir.

El cordero salado seco se sigue preparando en el norte de África con el nombre de *khlii*.

Cabrito

En la actualidad, los cabritos suelen considerarse como un subproducto de la cría de cabras de leche. El sacrificio de cabritos, tradicionalmente degollados, tiene un carácter simbólico y suple el sacrificio de un niño. Hecha al punto, con un toque de miel y sérpol, esta carne es deliciosa.

Cabrito joven asado

Hacer un buen fuego y, cuando haya suficientes brasas, arrojar piedras para formar una base; añadir una gavilla de enebro y dejar que arda. Partir en dos el cabrito joven y aplastarlo; echarlo sobre las piedras calientes. Darle la vuelta una vez. Retirar el cabrito, dejar que la carne repose un poco y comer.

Cabrito al horno

Esta receta se diferencia de la del cabrito asado en que el fuego se prepara en un hoyo. No introducir el cabrito hasta que las brasas estén en rescoldo. Cubrir con ramas y hojas. Si, por casualidad, el montaje ardiera, echar agua: se formará un vapor que potenciará los intercambios de calor en el fondo del hoyo.

El hoyo hay que cavarlo fuera de la gruta, donde no se detectó ninguno.

Callos de cabrito

Lavar los callos y dejarlos en una corriente de agua durante una noche. Cortarlos en trozos, calentar un caldo denso con unas raíces, sumergir los callos y cocer a fuego lento.

Callos a la parrilla

Preparar los callos sin cortarlos y limitando la cocción a un hervor. Extenderlos sobre un fuego, asar y, al final de la cocción, añadir al fuego una gavilla de enebro. Degustar: los callos están ligeramente crujientes y perfumados con el humo del enebro.

Cabra

La cabra, cuando es añosa, tiene un fuerte sabor a carne vieja. Solo es un animal de sustitución y no parece que los habitantes de la gruta hayan hecho salchichas con ellas. Para evitar los sabores demasiado fuertes, aunque incluso así…, hay que dejar manir la carne en un riachuelo durante unos días.

Si a los habitantes de la gruta les hubieran gustado los sabores fuertes, habría habido más animales añosos; la proporción de animales maduros coincide, más o menos, con los progenitores.

Guiso de cabra

Preparar un caldo ligero, cortar la cabra, introducir los trozos en el caldo hirviendo y dejar cocer lentamente. A media cocción, añadir manzanas cortadas en cuartos. Las pequeñas manzanas ácidas aligerarán la preparación. Tirar el caldo, que es demasiado fuerte, y degustar.

Cerdo

El cerdo está bien representado en número de individuos, pero ¿qué hacer con los lechones de menos de un mes?

Lechón asado

Abrir el lechón, enrollarlo en sérpol, bien apretado. Asar sobre un fuego no demasiado intenso, al final de la cocción incorporar al fuego unas ramas de enebro. El lechón tiene que estar al punto o incluso un poco más hecho, para que las articulaciones cedan al tirar del hueso.

Chuletero de cerdo asado

Asar el chuletero en plano sobre las piedras calientes de un hogar, evitando que la grasa se queme. El chuletero tiene que asarse lentamente para que quede al punto y las chuletas de desprendan con facilidad.

Jamón ahumado al enebro

Cubrir el jamón con sal y frotarlo varias veces. Dejar reposar al fresco. Colgarlo encima de un hogar en brasas y dejarlo secar una noche. Avivar el fuego, por la mañana, con ramas de enebro secas. Colgar el jamón en una corriente de aire. El tiempo de secado estará en función de su tamaño.

Costillas secas

Pasar el costillar por sal y dejarlo secar en una corriente de aire fresco y seco. Se consume crudo, separando las costillas, o en un hervido.

Lomo con endrinas

Cortar trozos de lomo y ponerlos en un cuenco, añadir las endrinas recogidas tras las heladas. Cocer lentamente. Desechar el jugo, que es demasiado amargo, y dejar reposar.

Guiso con bellotas y ortigas

Utilizar restos del despiece; llevar a ebullición un caldo y echar los trozos y las bellotas dulces. Cubrir con ortigas. Las ortigas realzan el plato, que, de lo contrario, sería demasiado insípido.

Sangre, la sal de la vida

La sal era muy escasa, pero, como la sangre es salada y contiene sales minerales, sin duda, los nutricionistas de la época recomendaban su consumo: ¿será esta la razón por la que algunas religiones obligan a sacrificar los animales degollándolos?

Harina de bellotas, moras y sangre

Mezclar moras con sangre en un bol, revolver. Añadir harina de bellotas y cocer a fuego lento.

Morcicordero (morcillas de cordero)

Mezclar sangre de cordero con moras, miga de pan duro machacada, manteca de cerdo y sobras de cordero picado. Calentar, revolviendo, hasta que, cuando cuaje la sangre, se consiga una pasta. Se obtiene, así, una pasta de morcilla de cordero, que se puede acompañar con un puré de guisantes.

Variante: rellenar tripas limpias con la mezcla, estofar y servir.

Variante: secar y ahumar las morcillas; después del ahumado, colgarlas al calor. Las tripas se secarán. Cortarlas en rodajas. Frías o cocidas, son una sorpresa gastronómica.

Acedera, manteca de cerdo, sangre y harina de bellota

Derretir la manteca de cerdo en un cuenco, añadir hojas de acedera picadas y dejarlo hasta que las hojas formen una pasta. Añadir un bol de sangre fresca y revolver. Añadir harina de bellotas y cocer lentamente, revolviendo.

Mijo

El mijo (en realidad, semillas de espinaca silvestre, acedera o correhuela —*Convolvulus althaeoides*—), mezclado con sangre tibia, forma una pasta untuosa y granulada; calentar y revolver hasta que cuaje la sangre. La preparación puede cocerse más tiempo y se obtendrá una especie de morcilla.

La recolección

El Neolítico es la edad de la agricultura y de la ganadería; paradójicamente, no hay ninguna traza de cultivos en la gruta, mientras que los animales domésticos están bien representados. A sus habitantes, transeúntes o sedentarios, solo les quedaba la recolección para cubrir sus necesidades de productos vegetales, a no ser que tuvieran un abastecimiento de platos cocinados.

Las bellotas

Las bellotas son, de por sí, demasiado amargas y astringentes como para consumirlas sin preparación. Meter las bellotas en una cesta e introducirla en un arroyo para que se vayan lavando durante unos días. Hervir las bellotas, cambiando el agua al menos una vez. Pelarlas y secarlas encima del fuego, sin que se quemen. Las bellotas ya son dulces y pueden consumirse sin más. El consumo de bellotas debió de ser importante en algunos emplazamientos, pudiendo llegar al 75 % de la alimentación, siempre y cuando se prepararan bien; las bellotas al natural son tóxicas por su gran contenido en taninos.

Bellotas con frambuesas

Llevar a ebullición un poco de agua o un resto de caldo, echar las bellotas en el cuenco con las frambuesas, mezclar y cocer bastante tiempo.

Juvenil a la bellota

La carne de los animales jóvenes es insípida, las bellotas son tánicas y realzan el sabor de las carnes (por eso hay que evitar mezclar carne de caza con bellotas). Los restos del despiece de los animales jóvenes pueden cocerse con bellotas. Comer caliente o frío, en cuyo caso el resultado es una deliciosa terrina. Se puede añadir sérpol.

«Mijo»: espinaca silvestre, bistorta, acedera

No hay cereales en la gruta y consumir únicamente bellotas debía de resultar cansino. Las semillas de algunas plantas son comestibles y, en algunos casos, deliciosas; se preparan como el mijo (también ausente). Semillas comprobadas: espinaca silvestre, bistorta *Polygonum bistorta*), acedera. Las semillas verdes son mejores y no necesitan cocción; las semillas secas se conservan bien, lo mejor es cocerlas en un caldo.

Mijo con avellanas

Llevar agua a ebullición en un cuenco; añadir el mijo (semillas de espinaca silvestre, bistorta, acedera, según temporada y suerte en la recolección). Dejar que se esponje; añadir una nuez de grasa de riñón de ternera y avellanas machacadas; mezclar, añadir miel y dejar enfriar.

E. T. E., espinaca silvestre, tocino, enebro

Llenar un cuenco con hojas y semillas verdes de espinaca silvestre, añadir unas semillas de enebro trituradas y cortar el tocino seco muy fino; mezclar, cubrir con agua y cocer lentamente. Revolver para que la preparación no se pegue. Una delicia de la naturaleza.

Harinas de majuela, serbal blanco, bellotas

¿Sin cereales no hay harina? Algunas semillas y algunos frutos secos pueden machacarse y, como resultado, se obtiene una especie de harina gruesa. Los frutos utilizables son: las majuelas (sin pepita), los frutos del serbal blanco, las bellotas preparadas y secas y las bayas de enebro. Algunas semillas son tan pequeñas que se pueden incorporar sin más: amapola, espinaca silvestre, acedera y correhuela.

Torta

Preparar una levadura; lo más sencillo es llenar de agua un bol con frutos secos pequeños y dejarlo unos días al calor; la mezcla empezará a fermentar, formando burbujas. Mezclar la levadura con un surtido de frutas y semillas, pudiendo utilizar la mitad o tres cuartos de harina de bellotas. Añadir una pizca de miel o algún fruto fresco y jugoso, como las moras en temporada. Amasar, dejar al calor para que fermente. Aplastar. Cocer sobre una piedra plana calentada.

Raíces de umbelíferas: zanahorias, chirivía, salsifí

Se encontraron pólenes de umbelíferas: zanahorias silvestres, chirivías (*Pastinaca sativa*) y salsifí. ¿Qué conclusión sacar? El consumo de raíces no requiere, a priori, recoger las flores; y los pólenes no indican el tamaño de las raíces. De ahí a hacer un plato de zanahorias a la crema, solo hay un paso. Las raíces pudieron ser recolectadas y utilizadas para acompañar carnes hervidas, gachas o sopas. Se han mencionado en las recetas.

Frutas

Los frutales suelen colonizar las lindes de los bosques. Pero hay pocas frutas en La Molle-Pierre, exceptuando las manzanas, moras y frambuesas. Las manzanas se conservan fácilmente, pueden secarse y, ocasionalmente, quemarse, lo que ofrece valiosas pistas para los arqueólogos.

Compota de manzanas y moras

Las manzanas de la época son pequeñas y ácidas, bastante parecidas a las de los manzanos silvestres actuales. Pueden consumirse cuando están totalmente maduras o en compota con otras frutas más dulces, como las moras.

Moras y frambuesas

En temporada, los frutos rojos pueden consumirse en grandes cantidades, para someterse a una auténtica cura de fruta. Acompañan a cualquier preparación y maridan bien con las bellotas.

Sopa de berros

Engrasar una olla alta con grasa de riñón y calentar un caldo. Picar los berros *(Nasturtium officinale)* e incorporarlos, basta con darles un hervor para obtener una sopa ácida: una cocción más larga neutralizará los ácidos.

Diente de león con tuétano

Engrasar una olla, rehogar el diente de león para que suelte el agua, añadir un caldo y dejar que reduzca. Escalfar los tuétanos, cortarlos en lonchas y depositarlos sobre el diente de león; sencillamente divino, pero ¿ya existía Dios?

Ortigas con setas

Derretir manteca de cerdo con trozos de tocino seco en el fondo de una olla. Añadir las setas y rehogar para que suelten el agua; añadir las hojas de ortiga al final de la cocción.

Milamores con avellanas

Un gran clásico, desde el punto de vista de la constancia de los gustos y hábitos alimentarios. Recoger milamores (*Centranthus ruber*), lavarlos y aclararlos abundantemente para eliminar toda la tierra. Moler avellanas y mezclarlo todo. Las avellanas molidas sueltan un aceite muy agradable.

Plantas aromáticas

Hoy en día, todavía se puede encontrar enebro y sérpol en la meseta. El sérpol combina muy bien con todo. El enebro produce bayas, al menos, en los tallos hembra. Las ramas secas sirven para ahumar carnes; las frescas producen un humo bastante fuerte cuando arden. La malva tiene una raíz que puede servir para aromatizar sopas (sabor a malvavisco).

Posfacio

Por fin la arqueología llega a buen puerto. Por fin el investigador y el poeta se aúnan.

Por fin se obtienen, de los análisis paleobotánicos y de las observaciones sobre las cerámicas y los hogares, resultados que no son únicamente una secuencia cronológica, como el NMB o el SOM (Neolítico medio borgoñón, –3000 a –2000; Seine, Oise-Marne, –2500 a –1500).

El saber del químico no solo sirve para informarnos sobre la composición de la pasta o el desengrasante de una cerámica, sino también para explicarnos cómo el humano neolítico hacía digerible el almidón de una planta, cómo fabricaba azúcar sin la intervención de la abeja o de las empresas azucareras.

Bien es verdad que no podemos afirmar que los habitantes de La Molle-Pierre tuvieran tanta imaginación como Jean-Paul Romac y Anne Flouest, pero qué grato resulta imaginarnos a nuestros antepasados asomándose a aquellas grandes ollas que borboteaban en la hoguera desprendiendo su fragancia para sazonar su caldo de tejón con hierbas aromáticas.

Mi más sincero agradecimiento, como conservador, arqueólogo y experimentador, a estos autores que me hicieron comprender por qué nunca se encontraban tapaderas asociadas a las cerámicas culinarias: se utilizaban tapones de llantén o de acedera o una cubierta de masa. Cuando restauro cerámicas no soy consciente de la importancia que tuvieron la leche y la corteza de tocino para la conservación de las vasijas…

Gracias por aportar sangre nueva a la interpretación del hecho arqueológico y por hacerlo con ese toque de humor.

François Moser
Conservador del patrimonio, conservador del Museo Labenche de Arte e Historia de Brive-la-Gaillarde
Marzo del 2007

Índice de ilustraciones

Índice de recetas

¡Se acabó! ¡Adiós!

Sello posNeo

Memoria gráfica del paladar
Belén Laguía

Relieves de las mesas, acerca de las delicias de la comida y los diferentes platos
Ibn Razīn al-Tuğībī

La comida como cultura
Massimo Montanari

A la sombra ejemplar de los parrales. Cultura del vino en Galicia y otros espacios peninsulares
Xavier Castro

Cenas reales y presuntas. La casuística de las comidas romanas
Thomas de Quincey

Naranjas. El arte de prepararlas y comerlas
Gregorio Marañón & Post-Thebussem

La cerveza... poesía líquida. Un manual para cervesiáfilos
Steve Huxley

El cielo de la boca. Antología del paladar español
Juan Luis Suárez Granda

La ciencia en los fogones. Historia, técnicas y recetas de la cocina molecular italiana
Davide Cassi y Ettore Bocchia

Tinelaria
Bartolomé de Torres Naharro

Vigilia reservada. Minutas y recetas
Manuel María Puga y Parga, *Picadillo*

Sabores colombianos
Alberto Gómez Font

La cocina hispano-magrebí durante la época almohade
Anónimo del siglo XIII

La cocina impúdica
Anónimo

Historia de la alimentación
Bajo la dirección de Jean-Louis Flandrin y Massimo Montanari

Psicoanálisis de la gula
Gisèle Harrus-Révidi · Prólogo de Jorge Alemán

36 maneras de guisar el bacalao
Manuel María Puga y Parga, *Picadillo*
Ilustrado por Eugenio de la Iglesia

Del arte de cocinar. Obra del maestro Bartolomeo Scappi, cocinero privado del papa Pío V (1570)

Las cucharas de la tribu
Juan Luis Suárez Granda

Bibliografía de la gastronomía y la alimentación en España
María del Carmen Simón Palmer

Breviario de la fabada
Paco Ignacio Taibo I

El que no sepa sonreír que no abra tienda. Marruecos: de zocos, medinas y mercados
Isabel González Turmo, Fatima El Ouardani, Abdeslam El Aallali

El queso con las peras. Historia de un proverbio
Massimo Montanari

La piel asada del bacalao
Fernando Riquelme

Mesas y cocinas en la España del siglo XVIII
María de los Ángeles Pérez Samper

DE PRÓXIMA PUBLICACIÓN

***Un recetario navarro de cocina y repostería del siglo* XIX**

María Iciar Zabalza, Francisco Javier Caspistegui, Fernando Serrano

Cuando iba a cuarto de básica, mi madre me puso en la cesta de Pascua, junto al conejo de golosina, un ejemplar del diario de santa Teresa de Lisieux, *Historia de un alma*. ¿En qué estaría pensando? Devoré las palabras de esa joven ferviente, neurótica y extática que veía lo divino en la forma en que una gallina cuida de sus polluelos, y enseguida me puse a estudiar a otros místicos de la naturaleza que de manera innata comprendieron la interconexión llena de gracia divina de la vida: Juliana de Norwich, Hildegarda de Bingen o San Francisco de Asís. Estos místicos se despojaron de sus zapatos, siguieron huellas de osos, declararon hermana a la luna, hablaron con gorriones, molieron ortigas del bosque para bálsamos curativos, se inclinaron ante los árboles, cocieron pan en hornos de barro y a todo lo llamaron sagrado. De ellos aprendí que los seres humanos podemos relacionarnos con la tierra y lo sagrado de maneras extrañas, imaginativas y salvajes. *De la forma en que queramos.*

Esto no es un libro sobre religión, así que, tanto si eres una persona religiosa como si no, no te preocupes. Sin embargo, mi relación de adulta con la naturaleza hunde sus raíces en mis experiencias de niña. Sé que estoy en minoría cuando digo que a mí me encantó que me educaran como católica. Se habla, por una buena razón, de «personas en rehabilitación del catolicismo» y de la «culpa católica». Aun así, de joven yo no sabía nada de política religiosa ni del sacerdocio exclusivamente masculino (pensaba que el sacerdote que nos había tocado era hombre, y basta), tampoco estaba al corriente de los escándalos de abusos sexuales que todavía no se habían desvelado, ni de la libertad reproductiva ni de la igualdad matrimonial. En mi iglesia o en mi casa no se hacía ningún énfasis en la culpa. Solo notaba que mi mente, por entonces en pleno desarrollo, respondía a las imágenes místicas e indómitas de la religión.

Otros amigos míos de la infancia no eran católicos y, cuando nos poníamos a hablar de los domingos en familia, yo me limitaba a guardar silencio mientras me preguntaba: «¿Dónde están sus ángeles, sus velas, su agua mágica de la enorme pila que estaba permitido llevarse a casa en botes de comida de bebés para luego rociarla sobre sus cabezas, a fin de mantenerlos a salvo durante el sueño? ¿Dónde están sus santos corriendo por el desierto o en la selva, comulgando con lobos en cuevas escondidas en las montañas? ¿Dónde está su joven beata Cristina la Admirable, a quien dieron por muerta, pero que en su funeral se levantó del ataúd, porque no podía soportar el hedor de los sacerdotes y levitó primero hasta las vigas y luego hasta un árbol, donde vivió entre pájaros, pues se negó a bajar para siempre? ¿Dónde está su sangre?». Al lado de estos esplendores salvajes, todas las demás iglesias (o cualquier cosa) parecían insignificantes.

Ni siquiera me molestaba que una vez al mes tuviéramos que confesarnos, si bien a mi hermana pequeña y a mis amigos les daba miedo. En realidad, me resultaba un poco angustioso entrar en una habitación oscura a solas, ponerme frente al sacerdote detrás de la rejilla tallada en madera y tener que enumerar mis supuestos pecados. Por mucho que el catecismo lo enseñara, nunca creí que hiciera falta un hombre para que intercediera conmigo en nombre de Dios, cualquiera que fuera. No obstante, creía en el poder del sacramento de forma muy parecida a como lo hago hoy: no como católica, sino como una persona abierta a la verdad de que algo puede llegar a convertirse en sagrado según la atención que le prestemos.

Y así, un día de quinto curso, cuando me llegó el turno, entré en el estrecho confesionario y me arrodillé. En la habitación flotaba un ligero olor a orines; se rumoreaba que un mes antes, mientras se confesaba, Mikey Roberts se había asustado tanto que se había meado en sus pantalones de pana nuevos. Lo ignoré y me preparé para mi inminente purificación.

—Bendígame, Padre, porque he pecado —susurré mientras me persignaba.

Desde el lado de la rejilla donde yo estaba veía la gran nariz del padre Sandergeld, enrojecida debido a sus paseos diarios en moto antes de que se normalizara el uso de protección solar, pero también, como suponíamos todos, por la bebida que le hacía compañía la mayoría de las noches. Apoyó la cabeza en su mano, fingiendo como de costumbre que no veía a quién estaba allí detrás, pero la pantalla era insuficiente para celar lo que había al otro lado.

—¿Sí, hija mía?

—Me enfado con mi madre a menudo.

El padre suspiró. ¿Qué pecados iba a tener una niña que va a quinto? Debía de haber oído un millón de veces algo por el estilo.

—Ten paciencia con tu madre, que te quiere mucho.

—Me porto mal con mi hermana.

—Pero si ella es más pequeña que tú.

Sabía que él me veía... Si no, ¿cómo iba a saber que yo era la mayor de las hermanas Haupt?

—Te corresponde a ti dar buen ejemplo. Como penitencia, rezarás diez Avemarías.

Todo salía tal como yo deseaba. Me *fascinaba* el Ave María. Para mí, María era una diosa-madre que se les aparecía a niños huérfanos en países pobres: bajo la apariencia de Señora de Guadalupe, ataviada con un manto de estrellas, arrojó rosas tropicales sobre el raído abrigo de Juan Diego, aunque fuera pleno invierno. María protegía toda la naturaleza. Deseaba que se me apareciera y solía llorar porque no lo hacía. Para mí, rezarle era algo de lo más natural.

—¡Rezaré veinte! —anuncié con entusiasmo, lo que hizo que el padre volviera a suspirar.

—Con diez bastará.

—Hay algo más.

Tenía un secreto, y además me gustaba tenerlo, pero me moría de ganas de contárselo a *alguien* y, además del padre, no conocía a nadie que no fuera a entrometerse en cuanto se enterara. De todos modos, estaba un poco asustada. Tal vez lo que iba a contarle era un pecado de verdad. Después de todo, el Credo proclamaba que la Iglesia católica era *Una*. Quizás el padre Sandergeld se enfadaría o se lo diría a mi madre, o me exigiría que lo dejara.

Me armé de valor.

—Tengo otra iglesia.

Siguió una larga pausa y noté que estaba adentrando al sacerdote en *terra incognita*. Parecía no saber qué decir. Pero al final levantó la cabeza.

—Lyanda —preguntó, renunciando ya al anonimato—, ¿qué iglesia es?

Le conté todo de un tirón, sin respirar, y luego pregunté, jadeante:

—¿He de contárselo a mi madre? ¿O a alguien?

El sacerdote volvió a apoyar la cabeza en la mano, no sé si por costumbre o de la exasperación.

—Dios ve todo lo que haces.

Como eso ya lo había aprendido en la clase de catecismo, me limité a asentir en la oscuridad.

—Supongo que ya es suficiente —musitó—. Pero será mejor que a tu penitencia le añadas un Padre Nuestro.

Salí alegre, radiante como un ángel, sintiendo plenamente el sacramento. No miré de reojo a mis sufridos compañeros de quinto, que temían su turno en el confesionario. Cuando llegué a casa, me fui directamente a mi otra iglesia.

Detrás de la casa donde crecí había un terreno baldío cubierto de altos hierbajos marrones, y más allá había un cañón boscoso con senderos estrechos entre abetos de Douglas, cedros rojos occidentales, arces de hoja grande y toda clase de helechos y musgos, que descendían hasta un arroyo llamado Mill Creek, como muchos arroyos con una historia olvidada en este país. Influenciada en exceso por *Ana de las Tejas Verdes*, no llamaba al arroyo por su nombre en el mapa, su topónimo, sino por lo que yo creía, en mi romántico y joven corazón, que era su nombre del alma. Y fue allí, en las tranquilas orillas del Arroyo de las Piedras Brillantes, donde descubrí la Iglesia de las Ranas.

Era una iglesia pequeña y secreta con pocos requisitos para su única feligresa humana, y ninguno de ellos era difícil para una niña introvertida armada solo con una manzana y un cuaderno de dibujo que hacía las veces de diario. Reglas: nada de calzado; silencio siempre; estaba permitido dibujar y escribir si no se molestaba, ya que las visitas de los animales salvajes eran el tesoro más sagrado.

Cuanto más tiempo me quedara y más quieta estuviera, más criaturas veía pasear por allí: ardillas, petirrojos y carboneros, entre otras. Una vez un colibrí se posó en mi cabeza. Otra vez, una serpiente de jarretera se deslizó y me rozó el talón con su piel suave. En otra ocasión, una mofeta rayada desfiló delante de mí seguida de sus cuatro crías perfectas. Ninguna de ellas se dignó a mirarme.

Pero las ranas eran especiales. Echando ahora la vista atrás, supongo que es porque eran los únicos animales, aparte de los insectos, que yo podía atrapar sin dificultad. Pero también había algo en su extraña fluidez, como si vagaran entre mundos diferentes: huevo, renacuajo, ranita, rana. De la cabeza a los pies. Del agua a la tierra, y viceversa, una y otra vez.

Las reglas en el arroyo cambiaban por completo cuando me acercaba allí con mis amigos, sobre todo los chicos del barrio y mi hermana. En esos momentos la meta era primero espiar, y luego capturar todas las ranas a nuestro alcance. No se parecía en absoluto a la Iglesia de las Ranas. Chapoteábamos, gritábamos y nos ensuciábamos tanto de barro que era imposible saber quién era quién.

Siempre me hacía ilusión escabullirme para visitar sola a las ranas. Aprendí que si te acercas en silencio y no proyectas una sombra sobre ellas, las ranas no se alejan de las piedras donde están posadas ni de la tranquila orilla del arroyo donde descansan con los ojos asomando por encima de la línea clara del agua, mientras sus cuerpos siguen sumergidos. Y descubrí además que, si eres sigilosa y avanzas despacio, no es necesario «atrapar» a las ranas. Basta con deslizar la mano por debajo de su vientre y levantarlas, y eso sin provocarles el más mínimo temor o afán por huir. Aprendí, pues, que, actuando así, la rana, tranquila, se posaba en la palma de tu mano, y, una vez allí, se mostraba dispuesta a quedarse, y eso me colmaba de serenidad y de alegría, y de una sensación de potente interconexión con la naturaleza.

Aprendí que era difícil sostener a más de una rana, y a la vez mantener la calma, pero que, si me tumbaba de espaldas junto al arroyo y me pasaba las ranas de las manos a mi vientre desnudo, se quedaban allí con sus dedos suaves y fríos, y su extraña respiración circular. De ese modo yo alcanzaba el arroyo con el brazo y recogía más ranas para mi congregación. Cuando reunía una cantidad suficiente (tres o cuatro ranas), ellas y yo, todas juntas (o eso creía) tarareábamos y rezábamos, vientre con vientre, acompañadas del canto de los pájaros, el susurro de las copas de los árboles y dulces y sencillos pensamientos, escasos, felices.

Al final oía a mi madre: «¡Lyndaaaaa!». Era la hora de la cena y me llamaba para que regresara a casa. Mi campamento, que estaba en la base del cañón, quedaba lejos de la puerta trasera de nuestra casa; era verosímil, por tanto, que no oyera a mi madre, así que me aprovechaba de eso cuando me convenía. Pero de repente me di cuenta de que tenía mucha hambre. «Marchaos en paz», les susurré a las ranas mientras le daba un golpecito a una por detrás para despertarla. Este movimiento también desperezó a las demás, y de pronto se fueron todas las del arroyo. Por ese día había terminado la Iglesia de las Ranas.

Durante miles de años hemos lidiado con la condición humana bajo la premisa de que, cualesquiera que fueran sus defectos, tendría continuidad. *Ahora y por siempre*, reza el Credo de mi religión infantil, *ahora y por siempre*. Sin embargo, ahora, por primera vez en la historia de la humanidad, vivimos en una coyuntura en la que son tan profundas las realidades gemelas de la crisis climática y la destrucción del hábitat que la red elemental de conexiones biológicas imprescindibles para sostener la vida en la Tierra se está quebrando a gran velocidad. Con razón, se apoderan de nosotros una ansiedad y una desesperación sin precedentes al contemplar nuestro lugar en el planeta y lo que se requiere de nosotros.

A pesar de lo peligrosos y difíciles que son estos tiempos, hay una herramienta excepcional de tres componentes que nos brinda una manera de avanzar en contacto con nuestras raíces: la unión de la naturaleza, el espíritu y una ciencia singularmente moderna. A medida que la investigación académica se pronuncia a favor de las verdades que siempre han proclamado poetas, escritores, místicos, artistas, naturalistas o las religiones basadas en la tierra y las culturas indígenas, la conexión innata entre seres humanos y el mundo natural está pasando a primer plano de una manera nueva. Abundan los estudios en las más respetadas revistas como *Science, Nature* y *The Journal of the National Academy of Sciences* en que se detallan pruebas de que los árboles se comunican entre sí, tanto a través de los movimientos de sus ramas, propagando mensajes químicos por encima de la tierra, como a través de una red de raíces entrelazadas y micelios de hongos por debajo de la tierra; que todos los animales tienen consciencias e inteligencias complejas y distintas, y lenguajes que van mucho más allá de lo que se ha reconocido desde la ciencia; que los seres humanos son más creativos, están físicamente más sanos y menos deprimidos después de pasear por el bosque; que andar descalzos por la tierra mejora la salud podológica y aumenta la inteligencia física de todo nuestro ser. Nuestros cuerpos, mentes y espíritus están en antigua comunión con la tierra.

En el género de la literatura filosófica sobre la naturaleza, la ciencia académica resulta a veces sospechosa. El filósofo y guía de naturaleza Jack Turner escribe que «la ciencia desvincula el contexto individual, las personas, la flora y la fauna». El difunto teólogo, historiador ecocultural y geólogo vocacional Thomas Berry se hace eco de este sentimiento:

> Aunque hoy tenemos más conocimiento científico del universo que en cualquier otro momento de la historia, no es un tipo de conocimiento que nos ayude a una presencia íntima dentro de un universo significativo... La dificultad estriba en que, con el

auge de las ciencias modernas, empezamos a pensar en el universo como en un conjunto de objetos y no como en una comunión de sujetos.

Muchos amigos dicen que no necesitan el lenguaje mecanicista ni las pruebas cuantificables de un artículo científico para saber que los animales son inteligentes o que cualquiera se siente mejor tanto física como mentalmente después de un paseo por el bosque. Y es verdad. Cuando andamos con atención por un entorno natural —en sintonía con el canto de los pájaros, con el despliegue y el letargo de la vida vegetal que se alternan a lo largo de las estaciones, con las huellas de los coyotes que vagan desde las zonas verdes hasta nuestro jardín urbano— se nos revela *de manera directa* una gran parte de verdad sobre la interrelación entre los seres humanos, las plantas, los animales y la tierra. Esta sintonía es la forma más genuina e innata que tenemos de aprender y conocer.

Sin embargo, muchos amigos también me dicen que la ciencia actual les ha hecho sentirse más cómodos al hablar —o incluso pensar— sobre estas cuestiones. La cultura moderna y las costumbres urbanas se las ingenian de un sinfín de maneras para separarnos de nuestra inteligencia terrenal interior. En su libro *The Nature Fix*, la periodista Florence Williams indica que los estadounidenses pasan más del 93 por ciento de sus horas de vigilia en interiores o en coches (y el otro 7 por ciento lo pasan caminando entre edificios y automóviles). Y aunque hay una extraordinaria exuberancia y diversidad de vida natural y animal salvajes a nuestro alrededor, el entorno urbano sigue siendo inhóspito para la mayoría de las especies del planeta con las que convivimos. En nuestras vidas modernas hemos perdido en gran medida el contacto regular —o de cualquier tipo— con la naturaleza. Sin esa experiencia merman nuestras brillantes inteligencias mentales y físicas. Escribe Williams:

> Mediante la confluencia de la demografía y la tecnología, nos hemos alejado de la naturaleza más que cualquier generación anterior. Al mismo tiempo, cada vez sufrimos más enfermedades crónicas que empeoran por el tiempo que pasamos dentro de casa, desde la miopía y la deficiencia de vitamina D hasta la obesidad, la depresión, la soledad y la ansiedad.

Hildegarda de Bingen fue una mística, música, compositora, profeta, herbolaria, farmacéutica y curandera renana (en ciertas épocas la habrían llamado bruja, a pesar de su vestimenta monástica benedictina, y hoy en ciertos círculos se la considera como tal, pues se reivindica esta palabra). A Hildegarda no le habrían sorprendido los efectos que nuestra separación de la naturaleza nos provoca: en la década de 1100 calificó de «encogidas y marchitas» a las personas privadas del contacto con el «exuberante verdor» del paisaje.

Mediante las certezas de la investigación científica se puede guiar a una nueva manera de ver a aquellos que dudan de la gran vitalidad de la tierra salvaje; esto es, personas que cuestionan su conocimiento interior, o que simplemente no han experimentado una conexión personal más que con el mundo humano. Son muchas las personas que han sentido dentro de su corazón una conexión espiritual con la naturaleza, pero en nuestra hipercultura saturada de datos carecían del lenguaje necesario para profundizar en ello; la nueva ciencia les brinda este lenguaje, además del valor imprescindible para confiar en la intuición que siempre tuvieron. ¿Y qué pasa con aquellos que niegan que la Tierra está viva, que además es lo que sostiene la vida, y que ha alcanzado un peligroso punto de inflexión antropogénico? Pues bien, la ciencia no les da margen para esconderse.

Pero, si la ciencia moderna de la naturaleza es relevante, es por muchas más razones, aparte de establecer prioridades y acciones de conservación, como es obvio. Para mí, la más importante es que es hermosa. Las maravillosas coincidencias matemáticas, lo concreto de los análisis químicos y la complejidad de la física superan los conocimientos prácticos e intuitivos de la mayoría de los naturalistas (o místicos) legos, por muy versados que sean. La buena ciencia, cuando se mezcla con lo salvaje del mundo natural y la creatividad de la mente humana, revela su centro, su historia, su más profunda enseñanza. La ciencia tiene una fuerza poética propia.

Sin embargo, por muy trascendental que sea la investigación, creo que el espíritu —la respuesta de nuestros corazones e imaginaciones a la vida en su conjunto, a menudo fuera de la racionalidad tradicional— es necesario para dotar de pleno vigor a la nueva ciencia. Los resultados pormenorizados del trabajo científico, así como el riguroso lenguaje lexicográfico con el que se comunican, despiertan y cantan a través del brillo de nuestras historias con alma, que se despliegan en sintonía con la naturaleza. La poesía de la vida terrenal no puede alcanzar su plenitud en una pantalla de ordenador, ni siquiera en las sinapsis de nuestro magnífico intelecto. Nuestros corazones están formados de arcilla en bruto.

En el instituto me reclutó Young Life, una organización que quiso enseñarme que mi preocupación por la tierra no me conduciría al cielo, que mi amor por María era idolatría y que la religión de mi infancia al completo me enviaría de cabeza al infierno. La pareja que dirigía el grupo era tan linda como un pastel, y hasta tocaban la guitarra. Cantaba en sus reuniones, y volvía a casa confundida, a veces llorando. Dejé el grupo. Tener novio, llegar a ser animadora y ahorrar mi paga para comprarme los vaqueros ideales pasó a ser más importante que las búsquedas espirituales o biológicas. Seguía disfrutando de las caminatas por el bosque, y me apasionaba ir de mochilera a lugares vírgenes, aunque para entonces mi ciudad había «mejorado» el sendero del Arroyo de las Piedras Brillantes; esto es, ahora estaba sepultado bajo un camino de asfalto y contaba con un carril pavimentado para corredores. Imposible encontrar una rana cerca de mi casa por mucho que lo intentara. También, al parecer, mis santos enmudecieron.

Pero como estudiante de filosofía en la universidad, además de los antiguos griegos y los existencialistas modernos, estudié las religiones del mundo y la sabiduría, en especial el pensamiento budista. Una noche, mientras hojeaba un libro de arte japonés, me quedé embelesada ante una desgastada estatua de madera de alcanfor, una deidad de ojos serenos que apoyaba la cabeza sobre las yemas de los dedos, con el aspecto más sosegado que cualquier otra cosa que hubiera visto hecha por manos humanas. Me sorprendió ver esa entidad esbelta y andrógina calificada de «ella» en la descripción. Casi todas las deidades que conocía del canon japonés eran masculinas.[1] Era Kuan Yin, o Kannon en japonés, el *bodhisattva* de la compasión. Me enamoré de la estatua y corrí literalmente por el patio cubierto de hierba, libro en mano, hasta el despacho de mi profesor japonés. Estaba oscuro y era casi medianoche, pero, como era de esperar, Takemoto-sensei estaba allí sentado tan tranquilo, bebiendo té verde muy caliente. Me sirvió un poco y se limitó a sonreír y asentir cuando le señalé la descripción. Casi al instante se puso a ayudarme a organizar un año de estudios por mi cuenta en Japón.

De modo que viajé allí, viví en Kioto, caminé por todas partes, visité los templos, practiqué obsesivamente la ceremonia del té, me senté en *zazen*, me enamoré de un monje que juró casarse conmigo (incluso mi yo joven y romántico se daba cuenta de que eso estaba abocado al fracaso, pero nos divertimos mientras duró), y ayudé a traducir textos japoneses al inglés en la universidad local a cambio de asistir a cursos de filosofía y literatura budistas. Siempre que se me presentaba la oportunidad, tomaba el tren a Nara para sentarme a los pies de la hermosa imagen de Kuan Yin. No podía evitar llorar al contemplar su belleza (ni tampoco tener algo de miedo a salir del templo con todos esos ciervos famosos por su agresividad a los que alimentaban los turistas de Nara y que esperaban fuera para mordisquearme los codos). Ahí estaba la María compasiva de mi juventud con una forma diferente. La había echado de menos. Y allí, lejos de casa, las voces de los místicos volvieron con la fuerza de la gracia divina y el amor de la

1 Más tarde, mientras estudiaba en Japón, me enteré de que había más deidades femeninas de las que me había imaginado.

familia. Vi más claro que nunca que no necesitaba una religión organizada y concreta para vivir de una manera que abarcara sus enseñanzas rebeldes.

Entretanto, las caminatas de mi infancia por el bosque derivaron en un amor entusiasta por la biología, la historia natural y la ornitología. Agradecí mi arraigo a la antigua tradición según la cual la ciencia, la naturaleza, la filosofía, la estética y la religión no eran carreras académicas diferentes, sino una sola cosa: lo que se llamaba «filosofía natural» en la jerga victoriana. Bajo ese generoso paraguas intelectual, Rachel Carson, Charles Darwin, Hildegarda de Bingen y Georgia O'Keeffe figuraban entre mis muchos mentores.

Tiempo después, cuando estudié ética medioambiental en un departamento de filosofía de una escuela de posgrado donde mi visión de la filosofía natural era aceptada como normal, me sentí en la gloria. Me dediqué a estudiar los árboles, las aves migratorias neotropicales, los lobos, las ranas que dan a luz a renacuajos vivos sin haber puesto huevos (entonces al borde de la extinción, ahora ya desaparecidas para siempre) y su relación con... en fin, con todo. Con el ambientalismo radical y la poesía japonesa, con la ecología transpersonal y el misticismo fundamentado en la tierra que nunca me había dejado. Pasaba todo el tiempo libre que tenía deambulando por el entorno natural próximo a mi universidad, en Colorado, con los prismáticos al cuello y una sonrisilla inocente en la cara.

Volví a casa, al noroeste del Pacífico, para escribir mi tesis de máster sobre el activismo medioambiental radical; el primer borrador lo escribí a lápiz en cuadernos durante largos viajes en solitario con la mochila a la espalda, entre las montañas y los ríos de las sombrías y verdes Montañas Olímpicas.

Tomé un tren de vuelta a Colorado para defender la tesis. Y a pesar de que me fascinaba la filosofía ecológica, me alejé del mundo académico en cuanto terminé la carrera, porque quería implicarme en la materia de una manera más directa..., lo que se ha convertido en un proyecto en el que me he embarcado de por vida.[2]

Hace décadas que mi familia se mudó de la casa de mi infancia, junto al arroyo de las ranas, y ahora tengo mi casa y familia propia en Seattle. Cuando se saca a colación el espinoso nombre de Dios, o bien aparece en alguna lectura que estoy haciendo, siempre procuro recordar que, sea cual sea la fuente o el lenguaje que se utilice, en el fondo pisamos un terreno común: la invocación de la fuente de la vida, la sacralidad que acuna e impregna a toda la creación, en la Tierra y en el más allá. Sé que la oración consiste en elevar nuestros corazones, nuestros pensamientos e incluso nuestros cuerpos en la conversación, la contemplación, el recuerdo, la súplica o la gratitud dentro de este todo, que no requiere de ningún dogma, solo apertura. Hildegarda decía: «Estar vivo es alabar». Las obras de los místicos occidentales, de los filósofos budistas y de Emily Dickinson se apilan en mi mesilla de noche y viajan en mi mochila, junto con guías sobre aves y plantas medicinales muy usadas. Y mis pies están tan sucios de andar descalza por el bosque que me temo que nunca volverán a estar limpios.

2 Por supuesto, muchos escritores abrazan ese compromiso maravillosamente dentro del mundo académico: Robin Wall Kimmerer, Kathleen Dean Moore, David Abram, Robert Macfarlane y muchos otros me vienen al instante a la mente, pero sabía que no era mi camino personal.

En esta época de crisis global, es habitual sentirse abrumado. ¿Cómo actuar? Hay tanto por hacer. Demasiado. Ningún ser humano por sí solo puede trabajar con el fin de salvar a las orcas y proteger el Amazonas, organizar protestas contra el *fracking*, escribir poesía que inspire a otros a actuar, rezar en una ermita para que se produzca una transformación y llevar la cena a la mesa. Qué fácil es sentirnos paralizados por las obligaciones. Qué fácil es sentirnos perdidos e insignificantes, y no saber qué es lo mejor, vernos a la deriva mientras anhelamos un propósito.

El arraigo es una forma de estar en armonía con la naturaleza —con el estado salvaje— que nos sustenta a nosotros, seres humanos, y la vida entera. Los modos de arraigo que se ofrecen a continuación no aspiran a ser una lista definitiva, sino a servir de puntos de referencia, de bastiones, para todos los que buscamos un camino propio único, asombroso, incluso difícil, para resolver la cuestión esencial de cómo vivir en nuestra tierra rota, amenazada y amada. Es la pregunta que se hizo Thoreau. La que Mary Oliver, que falleció justo antes de que yo escribiera estas palabras, formuló quizás de la manera más hermosa: *Dime, ¿qué piensas hacer con tu única, salvaje y preciosa vida?*

Todos aprendemos lecciones conforme surgen del estudio de nuestros hogares, de nuestros bosques, de nuestra observación del mundo, de nuestras huellas, de los rastros de los salvajes que se cruzan en nuestro camino. Nuestros pies inteligentes, nuestras manos que crean, nuestros oídos que escuchan.

La raíz de la palabra *arraigar* es *radix*, en latín, el centro del que germina y brota todo. El radix es lo relacionado con la raíz: el corazón intrínseco, orgánico y fértil del ser y la acción. Las vidas enraizadas están entrelazadas estrechamente con la vitalidad del planeta. En una época que suscita miedo y parálisis, las maneras arraigadas de estar en la naturaleza nos garantizan la conexión con el mundo natural. Nuestros cuerpos, nuestros pensamientos, nuestras mentes y nuestros espíritus se ven afectados por la comunidad de la tierra, y a su vez, también nosotros afectamos al conjunto. Se trata tanto de una sensibilidad mística como de un hecho científico. Es una conciencia que nos hace estremecer ante su responsabilidad, su belleza, su poesía. Hace de nuestras vidas nuestra forma más fundamental de activismo. Significa que todo lo que hacemos importa, e importa de manera maravillosa.

Como anfibios, nos movemos en la singular y radical intersección de la ciencia, la naturaleza y el espíritu. Ahí se halla una comprensión polifacética de la interdependencia entre la vida terrenal y el activismo comprometido que tal comprensión inspira y requiere. Ahí se entrelazan las sendas de la quietud interior y salvaje con las de la acción exterior y salvaje. En esa encrucijada encontramos inteligencia, sacralidad, estado indómito y gracia. Una esperanza lúcida en un periodo de desesperación. Las maneras de vivir enraizados nos permiten recordar que con nuestras mentes complejas podemos sentir —y vivir— más de una cosa a la vez. Ansiedad, dificultades, miedo, desesperación. Sí. Belleza, conexión, posibilidades, amor. *Sí.*

LOS PRINCIPIOS DEL ENRAIZAMIENTO

Hay varias convicciones esenciales que subyacen a todo lo que crece en estas páginas. Estos principios se basan en milenios de relaciones humanas con la tierra en estado salvaje y nos han llegado a través de las culturas por medio de textos, el arte, la ciencia y los relatos. Pero también son fruto de lo que he comprobado a lo largo de años de andanzas y divagaciones sobre cómo vivir en armonía con la gracia espiritual en una tierra en constante cambio. Muchos de los principios del enraizamiento implican palabras y conceptos que tienen connotaciones diferentes para distintas tradiciones y personas. Ofrezco una breve guía de campo a continuación sobre los significados particulares de palabras e ideas significativas, tal y como se conciben en este proyecto.

Ecología y mística. El misticismo *enraizado* se basa en la comprensión de la interconexión radical de la vida. La visión mística y la ciencia ecológica se refuerzan entre sí: las dos se refieren a una unidad fundamental que disuelve la noción de un individuo totalmente separado.

El monje budista vietnamita y maestro Zen Thich Nhat Hanh acuñó la palabra *interser* para describir la interdependencia de toda la vida y los fenómenos. De acuerdo con esta perspectiva ecológica/mística, el caminante que se encuentra una pluma en un sendero de bosque no solo ve al pájaro al que una vez cubrió, sino también el bosque que sustentó al pájaro, las nubes, la lluvia, el sol, la fértil oscuridad. Ve las estrellas. Ve que su vida y la vida del pájaro emplumado están indisolublemente conectadas.[1]

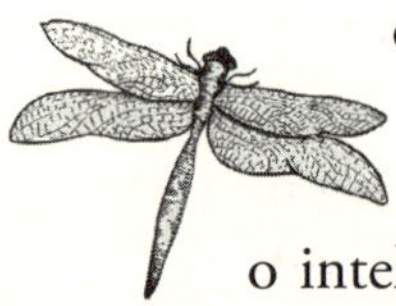

ANIMISMO COTIDIANO. Caminamos entre un sinfín de conciencias distintas a la humana. Muchas de ellas no son reconocibles según las medidas típicas de los seres humanos: esqueleto, sistema nervioso, cerebro, piernas o inteligencia que se parezca a los nuestros. Sin embargo, el mundo natural está inspirado de manera idónea. No hay «simple» materia. Todas las modalidades de ser, desde el homínido hasta el diente de león, pasando por la libélula o el cedro, tienen una manera de estar vivos. No hace falta seguir una tradición animista determinada para vivir con la influencia de ese conocimiento.

LA POESÍA Y LA CIENCIA CONFLUYEN. La ciencia habla desde una óptica racional y cuantificadora que no siempre parece

1 En estas páginas me refiero al misticismo principalmente como un todo, más que a la experiencia mística como un estado noético pasajero (aunque una postura mística hacia el mundo puede ciertamente invitar a tales experiencias). Para más información sobre esto último, véanse *Variedades de la experiencia religiosa,* de William James, y *Ecomisticism,* de Carl von Essen.

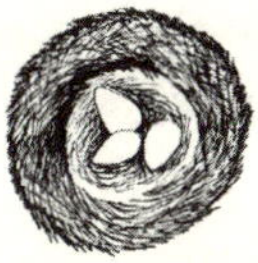

adaptarse al mundo espiritual. Sin embargo, a pesar del lenguaje riguroso y de la confianza en la importancia estadística, la buena ciencia favorece el asombro poético ante un universo complejo y da vida a la grandeza de lo invisible. El problema es que muy a menudo se acepta la ciencia como único árbitro de lo que es válido. Como escribió Wade Davis en *Los guardianes de la sabiduría ancestral*: «La ciencia es solo una de las maneras del conocimiento, y su propósito no es generar verdades absolutas, sino más bien inspirar maneras de pensar que sean cada vez mejores acerca de los hechos fenomenológicos». La poesía, la ciencia, la historia y el arte se aportan entre sí profundidad y conocimiento, todos se mezclan como expresiones de la tierra salvaje.

La verdad y los hechos no son sinónimos. La ciencia nos brinda el terreno esencial de los hechos, más significativo que nunca en estos tiempos de crisis sanitaria y climática. Sin embargo, un poema, un mito o una epifanía pueden atesorar verdades sin ser científicamente demostrables.

Misterio. La tierra, las criaturas, los ríos y el cosmos albergan secretos espirituales que ni siquiera las vastas exploraciones de la ciencia son capaces de revelar. Es pretencioso creer que solo es cuestión de tiempo y esfuerzo que la investigación humana saque a la luz todo lo que puede saberse del mundo natural. Siempre caminamos dentro del misterio animado.

Todo y todos estamos emparentados. La tierra y todo lo que habita en ella —ya sea con raíces, con plumas, con pelo o con escamas— son parientes, es nuestra querida parentela. *Kin*, del inglés antiguo, significa «del mismo tipo». Juntos, estamos hechos de lo más fino: arcilla, sal, agua, polvo de estrellas. Vivimos en una comunión salvaje de absoluta dependencia mutua, conectados con nuestra ascendencia y nuestra prolongación.

Kith (Familiares). La sensación de familiaridad es la intimidad que surge con el paisaje en el que uno habita y con el que está entrelazado. La expresión «*kith and kin*» (familiares y amigos) en el inglés moderno —incluso en Inglaterra, donde se originó— se confunden erróneamente en un solo significado: parentela, los que están cerca de nosotros. Pero la razón por la que la frase arcaica se formó en torno a dos palabras distintas es porque son realmente diferentes. Jay Griffiths lo señala en su libro *Kith* (retitulado *A Country Called Childhood [Un país llamado infancia]* para el público estadounidense, dado que lo más probable es que no conociera de nada la palabra *kith*). Mientras que *kin* se refiere a relaciones de parentesco, *kith* es una relación basada en el *conocimiento* del lugar —el paisaje cercano—, «la milla cuadrada de cada cual», como escribe Griffiths, donde cada árbol, cada vecino, cada petirrojo, cada zorro y cada piedra se conocen no por un mapa o una guía, sino como la palma de la mano. Lo familiar es esa intimidad que surge con un lugar, sus lugares de interés, su fragancia, las costumbres de sus habitantes. La familiaridad aviva el parentesco.

Reciprocidad. La tierra acuna la vida humana y nos proporciona refugio, alimentos, medicinas y salud mental y espiritual.

A menudo medimos el valor de la naturaleza —tanto a nivel personal como en cuanto a prioridades de conservación— en función de hasta qué punto un lugar o un organismo, o incluso una caminata por el bosque, nos aportan esas cosas. Pero, así como participamos, también estamos llamados a nutrir a cambio. Se escribió que «si caminamos por el bosque, debemos alimentar a los mosquitos». Una vida enraizada es una vida de reciprocidad: el cultivo de una presencia mutuamente enriquecedora en el mundo natural. Es posible que haya picaduras de mosquito, o no. Pasos tranquilos, estudio, atención, sintonía, activismo, gratitud, protección, oración, escritura y testimonio. Hay un sinfín de maneras de ser receptivo dentro de la tierra viviente.

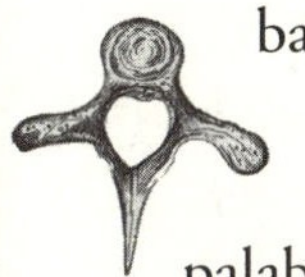

Todo es sagrado. El sacro es el hueso que se encuentra en la base de la columna vertebral en la mayoría de los vertebrados. Es la raíz del aparato óseo que nos permite adoptar formas y crear movimiento. *Sacrum* comparte con la palabra *sagrado* la raíz latina *sacer*. El reconocimiento de lo sagrado en toda la naturaleza es la fuente de cualquier movimiento hacia la reciprocidad interior y exterior. Bendice nuestra vida y nuestro trabajo.

Encanto y maravilla. Los momentos de encanto y maravilla se describen por lo general como experiencias que nos ocurren, cuando en realidad lo más frecuente es que requieran un esfuerzo de apertura para que se produzcan. Lo maravilloso y lo encantador se dan por descontado en todas partes. Pero lo maravilloso (*wondrous*, en inglés) deriva del inglés antiguo *wundrian* —asombrarse por la presencia de lo maravilloso. Lo mismo ocurre con el encanto, que viene de *chant* a través del francés antiguo del norte *cant*: cantar lo sagrado y (el prefijo *en-*) dejarse cambiar por el canto escuchado. La maravilla y el encanto exigen que nos desvinculemos de las normas de racionalidad construidas culturalmente para los individuos adultos y nos dejemos influir por el asombroso mundo que siempre nos rodea. Es esencial para una vida enraizada, como escribió Rachel Carson en su ensayo sobre el tema: el asombro es «un antídoto invencible contra el aburrimiento, los desencantos de los años venideros, contra la preocupación estéril por las cosas artificiales, contra la alienación de la fuente de nuestra fortaleza».

La creatividad y la Gran Obra. Por muchas veces que lo oigamos repetir como un tópico *new age*, sigue siendo cierto: cada uno de nosotros tiene dones y ofrendas singulares. No se trata de un gran propósito predestinado, sino de conocer nuestros dones y fortalezas únicas, y de ponerlos al servicio de esta era problemática y compleja de la Tierra, en lo que Thomas Berry denomina nuestra Gran Obra. Adopto este lenguaje junto a palabras como creatividad, trabajo, activismo y arte. La unión de todas nuestras artes únicas con las del conjunto colectivo es la esperanza más profunda —quizás la única— para la pervivencia de la tierra salvaje.

Excentricidad. Vivir enraizado en una tierra mutable es crear una nueva historia. Quedan muy pocas voces que hablen prioritariamente en nombre de la naturaleza salvaje. Es el momento de juntar las manos (patas, aletas, plumas, ramas) y saber a qué nos enfrentamos. Los caminos de esta historia no parecerán convencionales según las normas culturales obsoletas. Nuestras nuevas formas son disruptivas. Parecerán extrañas. Eso es bueno. No nos preocupemos, disfrutemos de esa mirada en los ojos del otro que encontraremos a veces, esa que dice: «No estás loca. Yo también lo siento».

ESCUCHAR

La llamada salvaje de la senda del lobo

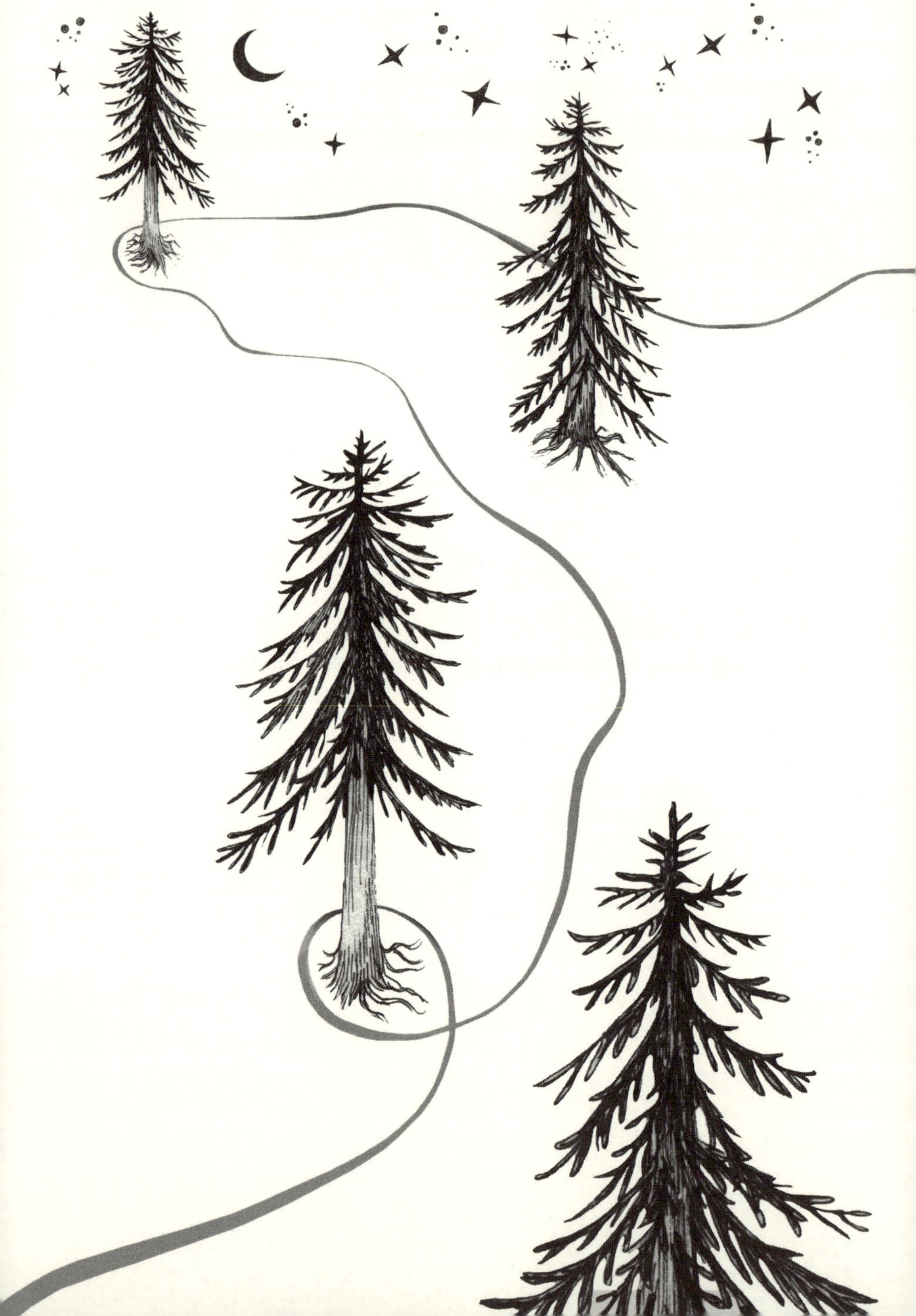

En algún momento del año pasado empecé a tener sueños recurrentes en los que andaba por caminos de bosque y me desviaba de un camino grande hacia senderos más pequeños, ocultos. Y en la mayoría de estos sueños, llevaba yo una capucha roja.

Creo firmemente que hay que prestar atención a los sueños y las obsesiones hasta donde nos lleven, así que leí todos los artículos académicos que encontré sobre el cuento de *Caperucita roja*; saqué de la biblioteca todos los libros infantiles ilustrados del cuento y me quedaba dormida estudiando las distintas visiones que ofrecían los artistas. Y mientras lo hacía, tejí un patrón llamado «La capucha del Vigilante del Dragón», con una campana cosida para no perturbar a los dragones dormidos, lo que parece sensato. La capucha es agradable y cálida y, cuando me la pongo, me da la impresión de que soy la protagonista de un cuento de hadas.[1]

1 Hace siglos que los seres humanos escudriñan los sueños en busca de secretos beneficiosos. Hay pruebas de que los antiguos sumerios y mesopotámicos eran versados en la interpretación de los sueños. Las investigaciones modernas sobre la neuropsicología del sueño afirman que los sueños se relacionan de forma figurada con acontecimientos reales de la

Es una prenda de un tejido de punto precioso, aunque sea yo quien lo diga. Cuando me ven en el mercado o en la biblioteca o dando un paseo por la ciudad, suelen decirme: «Me encanta tu...» y luego se alejan, buscando la palabra justa. Porque, admitámoslo, hoy el uso de la capucha está en desuso, y esta me cuelga por la espalda con su borla de flecos y su campana, algo misterioso. «¿Capucha?», les digo, y aceptan la sugerencia agradecidos, luego sigue a menudo una charla sobre patrones de punto, hilos de lana, o incluso dragones (porque, como escribió Ursula K. Le Guin: «La gente que niega la existencia de los dragones suele acabar devorada por uno. Desde dentro»).

En un día frío en el parque arbolado cerca de mi casa, llevaba la capucha puesta sobre las orejas y casi hasta mi congestionada nariz. Me detuve ante un viejo cerezo retorcido, cubierto de los prolijos agujeros en línea que horadan desde hace décadas los chupasavias pechirrojos para alimentarse en este antiguo árbol. Apoyé las manos en el tronco mientras miraba por el otro lado, donde me sorprendió ver a un chupasavias abriéndose paso en la corteza. A pesar de su nombre, los chupasavias pechirrojos del noroeste del Pacífico tienen el pecho más bien amarillo, pero su capucha es completamente roja y les cubre la cabeza, la barbilla y la nuca. ¿Por qué este pájaro no había echado a volar cuando me acerqué? Nos sobresaltamos el uno al otro, pero ninguno de los dos se marchó. Pronto retomó su tarea, a pesar de mi risa. Dos seres de capucha roja, sueltos en la jungla urbana.

---

vida de un individuo, y que su aparición y desarrollo no lineal son una fuente de creatividad e innovación en las horas de vigilia.

La tarea de las flores silvestres

La psicóloga junguiana y folclorista Clarissa Pinkola Estés (autora de *Mujeres que corren con los lobos*) nos enseña que el lobo del cuento de Caperucita es el Depredador: eso que nos atrae a todos, en algún momento, y nos aleja de nuestro camino más elevado y nuestro yo más verdadero. Desde este punto de vista, aprendemos a evitar a este lobo como parte de nuestra madurez. Aunque me entusiasma Estés, la lectura que yo hago de este cuento es diferente.

Cuando el lobo desvía a Caperucita del camino, le encarga una tarea, algo que la ocupe y así tener la oportunidad de ir a casa de su abuela y devorarla. La tarea consiste en coger flores silvestres. Ahora, en lugar de una aburrida caja de magdalenas para su abuela, Caperucita se presentará ante ella con una cesta llena de bellezas silvestres que ella misma habrá recogido del bosque: tesoros que no se encuentran en los lugares más transitados.

Descubrirá su propio camino a través del bosque. ¿Y cuando llegue? Sí, el lobo se la comerá, como antes a su abuela. Pero resulta que las dos están en perfecto estado. La naturaleza las engulle y emergen estimuladas. Colocan las flores en la mesa y se dan un festín con hambre renovada, exquisita.

Estoy segura de que al final del cuento, cuando Caperucita promete a su sabia abuelita que a partir de ese momento «seguirá el camino del bosque», lo hace con un guiño y se dan un codazo.

La abuela lo sabe desde hace tiempo, y Caperucita está aprendiendo: ¿Quién quiere un camino cotidiano —pavimentado y exento de peligros— cuando podemos disfrutar de bestias y sombras, flores secretas y visitas inesperadas del lobo salvaje de nuestra imaginación?[2]

El «estoy aquí» de la esperanza

El ritual de ingreso en la mayoría de las órdenes monásticas en gran medida se mantiene en secreto para el público, pero un amigo monje benedictino me contó uno de los momentos más impactantes de su profesión de votos. Los benedictinos se comprometen a llevar una vida aparentemente paradójica de conversión y estabilidad a la vez: una evolución constante de la mente y el espíritu dentro del arraigo en una comunidad concreta.

Cuando le hicieron una serie de preguntas sobre el compromiso espiritual que había aceptado adoptar, la respuesta de mi amigo fue una muy tradicional que no dejaba margen para la ironía o la vacilación. Fue una palabra latina, de un ritual monástico que se remonta al siglo XVI: *adsum*. Aquí estoy.

Junto a todos los brillantes estudios que confirman nuestra conexión con la naturaleza y sus beneficios para la salud mental y física del ser humano, surgen nuevos estudios sobre la salud de la Tierra en su conjunto. La crisis ecológica se nos

2 En cuanto a la exactitud histórica, la lectura de Estés del lobo como depredador es correcta. Las primeras versiones de este cuento son violentas: más que el cuento edulcorado de los libros infantiles de hoy sobre una abuela y una niña que salen indemnes del vientre de un lobo, se insinúa una agresión sexual a la niña. Mi nueva visualización aquí es en parte un esfuerzo por desconectar de manera activa el papel del lobo feroz como presencia ecológica esencial del papel de depredador sexual.

echa encima más rápido de lo que esperaban incluso los investigadores del clima. No hace falta que repita la lista de los destrozos y la urgencia: está bien documentada y se actualiza sin cesar.

Para cuando este libro salga a la luz, los temores que surgen cada vez con mayor rapidez habrán aumentado y cambiado, sin duda. Mientras escribo, el Amazonas arde, el oeste de Estados Unidos donde vivo también arde por los incendios forestales, y el mar de Salish, las aguas de mi hogar, está contaminado por los vertidos de seis millones de humanos en el área de Seattle que lo rodean; algunos de estos residuos son míos. Las estrellas de mar se están disolviendo, literalmente, por la enfermedad causada por los desechos, y nuestras queridas orcas que habitan en el sur están menguando y adelgazando. Las respuestas a todo esto se paralizaron a causa de la pandemia del coronavirus, que infunde miedo a la vez que subraya nuestra vulnerabilidad interconectada. Cada lector tiene su propia lista de angustias globales y locales en la Tierra. Nuestros corazones se rompen.

Sin embargo, la voluntad política, cultural y personal de realizar los cambios radicales que permitan evitar el derrumbe ecológico sigue mostrando una falta de profundidad y compromiso sostenidos. Las soluciones a las crisis actuales parecen escapar a la esperanza racional. De alguna manera, en toda esta complejidad, pérdida y aparente desesperanza, se nos pide una respuesta, y en esta respuesta está la semilla de nuestro propio enraizamiento.

Cuando la querida amiga de Rachel Carson, Dorothy Freeman, le preguntó por carta por qué tenía que ahondar en lo desagradable del «libro de venenos» (como se referían a

Primavera silenciosa, aún sin titular), Rachel respondió que sentía la llamada de los pájaros muertos que había tenido en sus manos, y que no podía seguir viviendo sin hablar, a sabiendas de lo que había averiguado sobre el DDT, sin levantar su pluma —su don— para escribir. *Adsum.*[3]

El *adsum* de la profesión monástica no es el «estar aquí y ahora» de la práctica pop del *mindfulness*. En este contexto, indica una apertura radical a vivir en una jungla psicológica, de pocas comodidades y de constante incertidumbre. La vida, en cierto modo, que todos vivimos. El *adsum* abandona el desespero y la esperanza ciega, e incluso la esperanza racional, que, por supuesto, no son las únicas que hay. Hace algunos años descubrí esta definición visionaria en la biblioteca de un monasterio benedictino: la esperanza es «esa virtud por la que nos responsabilizamos del futuro», y una cualidad que otorga a nuestras acciones una «urgencia especial».

Aunque «virtud» suene un poco remilgado y moralista, lo busqué en el mismo viejo lexicón monástico y encontré la virtud descrita como el poder de realizar el bien, de hacerlo «con alegría y con perseverancia a pesar de los obstáculos». La

---

3. Hay una crítica feminista a la tendencia entre los escritores, al margen de cuál sea su género, por referirse a las escritoras a veces por su nombre de pila, pero a los hombres siempre por sus apellidos; se interpreta como una actitud condescendiente. Para mí, es todo lo contrario: una expresión de amor, conocimiento, intimidad e inspiración. Los libros y las cartas de Rachel Carson han sido un constante ejemplo para mí durante décadas. Kristin LeMay escribe en su libro sobre Emily Dickinson, *I Told My Soul to Sing* (*Le pedí a mi alma que cantase*): «Emily se ha convertido para mí en una especie de santa patrona improbable, y a los santos no los llamamos por sus apellidos». Lo mismo ocurre para mí con Rachel.

esperanza nos pide algo. La virtud singular de actuar con esperanza no tiene nada que ver con la certeza de un resultado concreto; tiene que ver simplemente, en este momento, con la participación en la renovación de la tierra, sea como sea que se manifieste.

Rebecca Solnit escribe en *Esperanza en la oscuridad*: «Es importante decir lo que no es la esperanza: la esperanza no es la creencia de que todo estuvo, está o estará bien». La esperanza no es un remedio, ni siquiera un sustituto de la desesperación y la ansiedad a las que nos enfrentamos en el mundo moderno, sino una compañera. La esperanza madura implica la voluntad de permitir que la ruptura y la belleza se entremezclen a veces.

Vivimos en «una época extraordinaria llena de movimientos vitales y transformadores que no se podían prever —argumenta Solnit—. También es una época de pesadilla. El compromiso pleno requiere la capacidad de percibir ambos». La autora habla directamente del binomio de la esperanza compleja y la llamada a la respuesta:

> La esperanza que me interesa tiene que ver con perspectivas amplias, con posibilidades concretas, que invitan o exigen que actuemos. Tampoco se trata de un relato soleado acerca de que todo va a mejorar, aunque puede ser una contrapartida al de que «todo va a peor». Se podría decir que es un relato de complejidades e incertidumbres, con aperturas.

Juliana de Norwich, anacoreta, escritora y mística de la Edad Media inglesa, proclama en una de sus más famosas «revelaciones» o visiones que, dentro del conjunto sagrado, «todo irá bien, y todo irá bien, y toda clase de cosas irán bien».[4] Muy a menudo, esta frase se lee como un modelo de consuelo infinito, como si la santa Juliana nos acariciara la cabeza y nos dijera con voz tranquilizadora de maestra de guardería: «todo irá bien». Pero no es así. Su «bienestar» no trasciende el error humano ni lo absuelve, sino que nos despierta a la verdad de que estamos llamados a actuar con amor dentro de la compleja conciencia de que todas las cosas están bendecidas en una plenitud más amplia, al margen de que los acontecimientos se desarrollen según nuestras expectativas o no. La propia Juliana nunca se aferra a certezas. Después de una revelación particularmente reconfortante, escribe:

> [Y de nuevo Dios me dio consuelo y] descanso para el alma, un deleite y una seguridad tan bienaventurados y poderosos que no había ya miedo, ni tristeza, ni dolor, físico o espiritual, que hubiera podido afligirme. Y luego, de nuevo sentí el dolor, y de nuevo en seguida el deleite y la alegría, ahora uno, luego otra.

Concluye que en el todo sagrado nos apoyamos por igual «en el bien y en el mal... ambos son un solo amor».

La incertidumbre alimenta nuestro intelecto y nuestras acciones; sin ella, solo tendríamos la simple banalidad del «conocimiento», sin necesidad de la inquietante motivación de la esperanza.

---

4 Contemporánea de Chaucer, Juliana escribió en inglés medio, que requiere traducción para la mayoría de los lectores modernos. Esta línea es una de las pocas que es fácilmente legible por sí sola.

Peregrina en la senda del lobo

¿Quién de nosotros no lo ha oído? ¿El lobo de esta amada y dañada tierra, que nos llama justo a la salida de nuestra segura sala de estar y nos exige una respuesta? ¿El extraño y persistente golpeteo de las patas peludas? Nos asomamos tímidamente por la puerta, apenas entreabierta, y vemos que no hay camino, ni acera, apenas un sendero..., y que está oscurecido por las piedras, por las hojas, por un indicio de los restos de los que han caminado antes que nosotros sobre el círculo inquebrantable de la vida.

A pesar de todo, anhelamos recorrer este camino. Porque sabemos que hay más de lo que nos ha dado y nombrado el exceso de cultura, más que lo que nos han dicho que es verdad, más que los jardines verdes y los calendarios de la naturaleza, y el reciclaje, y una excursión de verano por las montañas, y una acampada ocasional. Más, incluso, que un «baño de bosque» de una hora, por muy bonito que suene. Sabemos que hay una tierra más salvaje, y en ella —dentro de ella— un ser humano más salvaje y auténtico. *Sabemos que la necesidad de cada uno hacia el otro es absoluta.*

Adsum. Preparamos una mochila ligera y cruzamos el umbral. Nos adentramos en una geografía de la mente y del suelo, inestables mientras rastreamos un punto de apoyo más salvaje.

Entramos como peregrinos, como caminantes, a sabiendas de que hay algo que buscamos, algo sin nombre, hermoso, a la espera, anhelantes. Algo que nos cambiará tan a fondo que las acogedoras zapatillas ya no nos servirán, al principio el gato nos siseará al vernos entrar por la puerta con el pelo teñido de verde por el liquen y con dulces zarcillos de raíces entre los pies.

Nos adentramos sabiendo que el camino es invisible, el terreno precario, el clima incierto, y que no estamos preparados mentalmente. Entramos sabiendo que no somos capaces de «salvar la tierra» de un solo golpe o de muchos, que nuestro trabajo aquí se quedará corto, pero no hay otra alternativa que actuar.

Entramos absolutamente enredados con cada criatura, árbol, piedra y ser humano por encima y por debajo del suelo. Y con esto como nuestro punto de apoyo y consuelo, comprendemos que también entramos completamente solos, con poco más que nuestros instintos salvajes para guiarnos.

Algunos activistas ecológicos quieren reservar la palabra *wildness* (*«naturaleza salvaje»*) para lo material, lo no humano, la gran naturaleza de los bosques, el desierto, el océano y todas las criaturas del planeta que se esfuerzan tanto en proteger. Hay belleza en este impulso, pero creo que también es importante reivindicar la naturaleza salvaje como un estado de ánimo y una forma de ser. Ambas dimensiones de la palabra —lo salvaje como tierras sagradas y lo salvaje como cualidad de la conciencia— deben fundamentar a la otra: los corazones salvajes inculcan el amor y la protección a la tierra salvaje.

Escuchar al lobo

Esta sensibilidad fundamenta otro famoso cuento de lobos del canon europeo occidental. El santo italiano del siglo XIII Francisco de Asís es el patrón de la ecología, y se le venera más allá de la religión cristiana. Francisco canta una alabanza a lo divino, en sus palabras, «por la hermana nuestra madre tierra, la cual nos sostiene y gobierna». Obsérvese que Francisco no habla de una tierra que es un regalo para los humanos de un Dios creador, ni de un jardín de recursos sobre el que tenemos dominio, ni siquiera de un paisaje que estamos llamados a administrar con benevolencia. La tierra es una madre, nuestra hermana, la que nos *gobierna*. Encontramos lo sagrado no solo en la tierra, sino *por medio* de ella. Francisco era conocido por llamar hermana y hermano a todas las cosas, no solo a los monjes y monjas de los monasterios y conventos que cofundó con Clara de Asís, sino a todo. Al sol y la luna, por ejemplo. Pero también a grillos, hierbas, ratones, truchas, cuervos. A los lobos.[5]

Francisco fue convocado por el alcalde de Gubbio, una próspera ciudad en las colinas. A la llegada de Francisco, el alcalde le rogó que interviniera en una tragedia: una loba feroz merodeaba por las lindes del pueblo, masacraba al ganado, atacaba a los pastores y acababa con los guardias enviados a matarla. Cuanto más circulaban las historias de salvajismo por boca de los aldeanos, más enorme, feroz y sanguinaria se volvía la loba. Todos vivían con un temor constante.

Los comentaristas que glosan la fábula utilizan sistemáticamente el verbo domar para describir la interacción de Francisco con la loba, pero mi investigación sobre las narraciones más largas de esta historia revela que Francisco no resolvió el

5 Se dice que Francisco permitió que una biblioteca llena de textos sagrados ardiera hasta sus cimientos para no dañar al «hermano fuego» con una avalancha de agua. No, a nadie se le llama santo por ser normal.

conflicto *domando* a la loba. Lo resolvió *escuchándola*. Se quedó en presencia de la loba, respetó el carácter salvaje del animal, atesoró su historia, la llamó hermana.

Francisco regresó al pueblo y les dijo que la loba estaba herida y que la había abandonado su manada. No había pretendido encolerizarlos, simplemente tenía hambre, y las ovejas son muy lentas. Cuando los guardias vieron a la loba y corrieron hacia ella con sus lanzas, el animal actuó en defensa propia. Armados con la comprensión de Francisco, los habitantes del pueblo ayudaron a la loba herida a encontrar comida, y convivieron con ella sin miedo.

Una llamada salvaje

Tanto a Rachel Carson como a Dorothy Freeman les fascinaba *El viento en los sauces*, de Kenneth Grahame; en su correspondencia a lo largo de toda una década (que terminó con la muerte de Rachel en 1964), las amigas compartían a menudo ideas sobre el libro, y lo leían en voz alta cuando estaban juntas. Me entusiasmó descubrir que el capítulo favorito de Rachel era el mismo que el mío: «El flautista a las puertas del alba». En uno de los pasajes más maravillosamente místicos de toda la literatura de la naturaleza, Rata pasa toda la noche en su barquito con Topo, buscando a Portly, la cría de nutria, que se ha perdido. Reman sin éxito por la ribera del río hasta que, por fin, en el momento liminal y suspendido que va de la noche al amanecer, oyen que llega flotando desde el bosque —y más allá de su comprensión racional— el canto de una flauta.

Las notas salen de la flauta de Pan, el travieso fauno guardián del bosque salvaje. «¡Oh, Topo! ¡Qué belleza! ¡La delicada, clara y alegre llamada de una flauta distante! Nunca había soñado con una música semejante y, sin embargo, su atracción es mayor que su dulzura. ¡Sigue remando, Topo! ¡La música y la llamada son para nosotros!». Portly, por supuesto, está a salvo con el fauno. Entretanto, la unidad mística que ha sobrevenido a los amigos se vuelve brumosa y tenue a medida que el sol sale y la vida cotidiana se inmiscuye. Pero estoy de acuerdo con Rata: *La música y la llamada son para nosotros. Para todos nosotros.*

Rata vive en una hondonada a orillas del río. Topo habita una madriguera subterránea, justo al norte del río y del Bosque Salvaje. Rachel Carson vivía en las afueras de Silver Spring, Maryland, y veraneaba en su casa de campo de Southport, Connecticut. Yo vivo en un barrio de Seattle, un lugar urbano entremezclado con bosques que bordean el mar de Salish, y a poca distancia de los diversos edificios que albergan la sede de Amazon. La editora de este libro vive en el decimoquinto piso de un edificio de apartamentos de Manhattan. Sin embargo, Rata dice la verdad: la llamada es para nosotros. Para todos nosotros.

La naturaleza en las zonas urbanas, además de deleitarnos, nos educa y nos sugiere la presencia constante de una naturaleza salvaje más allá de lo que nunca veremos o experimentaremos. Con atención descubrimos que los lugares que los humanos habitamos son mucho más diversos biológicamente de lo que imaginamos. Compartimos con toda la tierra la presencia de la luna, las nubes, el clima, los seres con raíces, los seres con ramas, los seres con alas, los seres con antenas.

Nuestras ventanas se abren al viento; las plantas en maceta aportan una maraña de raíces a nuestros esbeltos alféizares; los colibríes visitan nuestras fucsias; los mapaches recorren en silencio las aceras de madrugada con sus patas mullidas, mientras dormimos; reina un caos de vida bajo nuestros pies incluso cuando el suelo está revestido de hormigón. Asistimos a todas estas cosas con asombro.

Sin embargo, debemos ir con cuidado de no permitir que el placer que descubrimos en la naturaleza de las zonas urbanas nos haga caer en la complacencia. Una de las lecciones más significativas de la naturaleza urbana es que nos invita a pensar más allá del hormigón. Cuando pisamos más allá de donde termina la acera y presenciamos el repentino salto de diversidad de vida vegetal y aves (y también de otros animales, más agazapados), es un recordatorio de que, aunque la naturaleza urbana es importante, no es y nunca puede ser *suficiente*.

Nuevos estudios de psicología revelan que el simple *conocimiento* de que hay una naturaleza floreciente —más allá del alcance de la mayoría de las personas— influye positivamente en nuestra psicología y creatividad. Los espacios naturales *que nunca veremos* nos arraigan en un sentido de propósito individual, al margen de dónde vivamos. Es este conocimiento el que debemos cultivar a diario. Vivimos en un continuo. Desde los microecosistemas de nuestros hogares tomamos las decisiones que permitirán la perduración de la vida silvestre más profunda.

Hay una razón por la que este capítulo comienza con un cuento de hadas. «El bosque es el lugar del juicio... peligroso y emocionante», escribe Sara Maitland en *From the Forest: A Search for the Hidden Roots of Our Fairy Tales* (*Desde el bosque:*

una búsqueda de las raíces ocultas de nuestros cuentos de hadas): «Llegar a un acuerdo con el bosque, sobrevivir a sus terrores, utilizar sus dones y obtener su ayuda» es el único camino hacia el siempre complicado «y fueron felices y comieron perdices» que encontramos en estos cuentos.

Aunque la loba de estas páginas parece metafórica, es un espejo de los lobos peludos de sangre y hueso que, aferrándose a su lugar y su pervivencia, rastrean la tierra menguante. Los lobos indomables de la tierra y la imaginación se alzan juntos en su llamada, aullando porque necesitan nuestras vidas. Sal o asoma la cabeza por una ventana abierta. Afirma la tierra debajo de tus pies, deja que el cielo te toque el cuerpo. Ahora respira, y escucha. Tan solo escucha. No pasa nada, por ahora, si solo te llega un hilo de voz a los oídos. Responde en voz alta de todos modos: *Estoy aquí*. Nuestro primer paso reconoce la llamada a un camino más salvaje: el ofrecimiento de nuestro propio *adsum*.

Nuestro segundo paso es empezar a recorrerlo. Y aquí abandonamos la metáfora, ya que el inicio de un camino es, de hecho, echar a andar.

ESCUCHA LA LLAMADA DE LO SALVAJE

DERRAMARSE

Pies desnudos, tierra sagrada

Un soleado día de primavera de hace unos años, caminaba descalza por la arboleda que hay cerca de mi casa. Por alguna razón, los responsables de los parques de Seattle consideran oportuno que los caminos centrales estén recubiertos de piedras afiladas que se te clavan y te apuñalan al pasear; pero he descubierto un sendero lateral que me permite andar descalza más de media hora sobre un suelo blando hecho de fragantes cedros rojos en descomposición, agujas de abeto y hojas caídas.

Ese día me crucé con otra mujer con los pies desnudos que había descubierto el mismo sendero que yo: llevaba sus zapatillas de correr atadas y colgadas de un dedo por los cordones, como yo las mías. Me miró, con una sonrisa de felicidad en los labios: «Feliz caminata descalza», le dije. Supongo que el silencio habría sido más adecuado con el espíritu del momento, pero eso fue lo que me salió. Pasó con calma delante de mí mientras decía: «Estoy conectando con la energía de la tierra».

Conectar con la tierra. Vaya, me sonó encantador. Busqué en el fondo de mi pequeño cerebro y di con esas palabras que hace un tiempo estuvieron de moda. Pero en ese momento no necesitaba saber el origen de esa expresión ni la ciencia que había detrás de la moda (si es que había alguna, me dije). Sabía exactamente a qué se refería. Estaba haciendo algo más que ir descalza por diversión o para celebrar un día cálido. Mediante sus pasos estaba conectando de manera consciente con la tierra. «Pues bien, yo también estoy conectando con la tierra», me dije en voz baja. Y, como pasa a menudo, el hecho de decirlo lo hizo realidad.

En la década de 1980 apareció por primera vez un libro sobre entrar en contacto con la tierra (o el *earthing*), cuyos autores eran un inusual trío: Clinton Ober, vendedor de televisión por cable; Martin Zucker, escritor de temas de curación natural, fitness y medicina alternativa; y el Dr. Stephen T. Sinatra, cardiólogo y psicoterapeuta bioenergético. Juntos publicaron *Earthing: The Most Important Health Discovery Ever?* [Earthing: ¿el descubrimiento más importante para la salud?; en español se tituló *Earthing: con los pies descalzos*]. Un año más tarde, el trío había ganado en confianza y se vino arriba con la publicación de artículos en el *Journal of Environmental and Public Health* (una revista revisada por expertos, pero no científica). La siguiente edición llevaba el mismo título con un pequeño y jubiloso cambio: *Earthing: The Most Important Health Discovery Ever!,* con el signo de interrogación substituido por uno exclamativo.

En resumen, el libro sugiere que caminar descalzo sobre superficies naturales, aunque solo sea veinte minutos al día, equilibra la carga iónica positiva de nuestro cuerpo con la carga iónica mayoritariamente negativa de la tierra, lo que ayuda a prevenir la inflamación y las dolencias que conlleva (a quienes no pueden caminar se les aconseja que apoyar los pies en la tierra sin caminar funciona igual de bien). Se dice que conectar con la tierra reduce el dolor en los pies y en otras partes del cuerpo, previene o mejora una serie de enfermedades y problemas neuropsicológicos, acelera la curación de las heridas, calma la ansiedad y favorece el sueño. Estudié todos los documentos que logré encontrar y hablé con físicos, geólogos y electricistas. Por mucho que la vagabunda descalza que llevo dentro de mí quiera que esto sea cierto, tengo la sensación de que los aspectos electromagnéticos de la ciencia siguen siendo turbios hasta la fecha, con pruebas autorreferenciales e investigaciones subjetivas que pretenden respaldar una conclusión determinada de antemano, sin que nada de ello confluya en un todo convincente. Tal vez algún día así sea.

Entretanto, hay otras vías científicas que avalan los beneficios de caminar descalzos por el suelo, sobre las hojas, la hierba, las raíces al descubierto y la arena. Los biomecánicos y los científicos del ejercicio demuestran que caminar sin zapatos por diferentes terrenos al aire libre fortalece los músculos, corrige los juanetes, y mejora y facilita todo tipo de movimientos. Una inteligencia física a la que se accede desde el suelo.

Lo que dejamos atrás

En el libro hebreo del Éxodo, cuando Moisés se acerca a la zarza ardiente para recibir los mandamientos, la Voz divina le ordena: «Deshazte de tus sandalias». Esto se suele traducir por «quítate o sácate las sandalias», de la forma en que normalmente hablaríamos de nuestro calzado. Pero el verbo original es más radical. *Despojarse*. Soltar amarras. Dejar atrás. Es el verbo que usamos para la gran transición de los animales, la muda de pelaje, el desprendimiento de toda una piel de serpiente, la aparición de la misma criatura, hecha nueva.

¿Y qué es lo que se desprende? Como la cornamenta de un ciervo, es aquello que fue un órgano de nuestra vida, pero que ya no sirve. Alteridad. Separación. Elevación. Pretensión. Un cierto tipo de belleza. Un cierto tipo de pertenencia. La certeza de la comodidad.

El hermano David Steindl-Rast, monje trapense ecuménico, indica que el pasaje del Éxodo continúa así: «Deshazte de tus zapatos; *esta es tierra sagrada*». Tendemos a pensar que esta frase significa que Moisés debe quitarse los zapatos porque el suelo es sagrado, una cuestión de respeto o humildad, tal vez, como se pide que uno se quite los zapatos al entrar en ciertas mezquitas o templos. Pero, según el hermano David, los eruditos rabínicos con los que ha hablado insisten en que es al revés: «Cuando te quites los zapatos, te darás cuenta de que es tierra sagrada... porque lo que te impide ver que es tierra sagrada es la piel muerta de la que tienes que desprenderte». Es solo nuestro pensamiento limitado (y la falta de desprendimiento adecuado) lo que nos impide darnos cuenta de que *siempre estamos pisando tierra sagrada.*

Siento esto de manera muy literal cuando camino sin zapatos. Andar descalza aumenta mi conocimiento ecológico de los lugares por los que camino, de forma inesperada. Mientras observo por dónde piso, encuentro plumas, hongos, huellas de los diminutos pies de mis primos animales y todo tipo de pequeñas maravillas vivientes. Orugas en sus diversos estadios, siempre mudando. El tritón de piel rugosa en su migración por tierra. Una cáscara de huevo de colibrí, abierta e increíblemente pequeña, y luego, al buscarlo, ver el nido en lo alto y picos diminutos apuntando al cielo.

Los zapatos nos ponen vendas en las plantas de los pies. Cuando me los quito, siento que la tierra cambia bajo mis pies; por ejemplo, los lugares en los que el suelo se vuelve repentinamente más frío y miro hacia arriba y me encuentro bajo un frondoso dosel de cedros; me doy cuenta de que piso un suelo que nunca ha tocado el sol, y al mirar de nuevo hacia abajo veo lo que pasa aquí: el fuerte avance de los helechos espada y la ausencia de casi cualquier otra planta.

Y si estoy muy tranquila y me quedo quieta, y dejo que mis pies se asienten sobre la tierra, puedo sentir lo que yo llamo *debajidad*. Porque el suelo está vivo y se retuerce más allá de lo que alcanzo a ver con sus raíces, micelios, descomponedores, bacterias, protozoos, gusanos, larvas, escarabajos... más allá de los cálculos, más allá del conocimiento. Los vivos y los muertos se rozan para crear la más silenciosa sinfonía de sonido y actividad. Tierra sagrada.

La medida megalítica

Mientras escribía este libro, viajé a Irlanda, y aún me asombra el misterio de los conjuntos megalíticos: las tumbas de pasadizo de Newgrange y Knowth de Brú na Bóinne, los dólmenes de piedra que se alzan como sabias presencias sobre el paisaje, junto a las ovejas. Al entrar en el pasadizo de Newgrange, me invadió un sobrecogimiento como pocas veces he conocido en mi vida, y siento que los tentáculos del misterio de ese lugar —tan de la tierra y a la vez tan ajeno a mi comprensión— aún se extienden por mi cuerpo y mi mente. Me cuesta comprender el arco temporal de cinco mil años que ha transcurrido desde la creación de estas estructuras enigmáticas, mi deambular por ellas, y las lecciones que todo esto encierra para mi pequeña vida.

Las formaciones de piedra están dispuestas de manera que interactúen con los elementos de las estaciones y los fenómenos astronómicos. En Newgrange, lo más llamativo es que, en el solsticio de invierno, la cámara interior se ilumina con un rayo de luz que se proyecta desde una pequeña abertura rectangular en la entrada del pasadizo hasta las tumbas interiores. El estudioso del arte celta Adam Tetlow escribe que las tumbas de pasadizo se construían utilizando un plan basado en lo que ahora llamaríamos números enteros, basado en un ritmo de *footsteps*, pasos (lo que en inglés se convirtió en la medida *foot*, pie), con lo que «se vinculaban las proporciones del cuerpo a las dimensiones de la tierra». Es probable que esta antigua cultura no conociera los números y, por tanto, no pudiera «contar» sus pasos. Ahora nos cuesta imaginar la medición sin numerar. De alguna manera, los pasos ofrecían una brújula innata, que conectaba a los humanos tanto con la tierra como con el cosmos.

Me quité los zapatos en Newgrange, apoyé los pies descalzos sobre las piedras y la hierba mezcladas, y de repente sentí náuseas: el contacto directo con la tierra antigua me hizo tomar consciencia de las innumerables pisadas de otras mujeres que, como yo, vinieron antes: trabajaron, dieron a luz, rieron, lloraron... Y también de los animales, pues en un tiempo una variada megafauna vagaba por una Irlanda ahora desprovista de vegetación, que incluía ciervos gigantes y enormes osos endémicos cuyas huellas tenían una forma muy parecida a la nuestra.

Arcilla para caminar

Durante milenios, y en todas las culturas, los pies descalzos eran un signo de humildad entre los monjes. Las palabras *humildad* y *humano* tienen su origen en el latín *homo*, que significa el suelo o la tierra: el *humus*. El difunto poeta y filósofo irlandés John O'Donohue se refirió a esta conexión en su espiritualidad celta: «Formados de tierra, somos almas con forma de arcilla».

En el budismo y otras tradiciones monásticas, los monjes suelen desprenderse de los zapatos y prefieren ir descalzos o con simples sandalias, y la gran mística Santa Teresa de Jesús, a quien se observó levitando sobre la tierra en varias ocasiones, estuvo inusualmente atenta al estado de los pies de sus hermanas espirituales. Cuando ella y su *anam cara*, el poeta y místico San Juan de la Cruz, reformaron la orden monástica carmelita en el siglo XVI, su prioridad fue deshacerse de los lujosos zapatos españoles que eran la norma en los conventos ricos. Formaron una nueva y más sencilla Orden de los Carmelitas Descalzos.

La humildad monástica no es una forma de mansedumbre, ni de falsa modestia ni de sumisión a la autoridad superior. La humildad de la tierra que se busca aquí es de dulzura y de fuerza fundacional.[1] O'Donohue escribe: «Tus pies ponen en contacto tu arcilla personal con la antigua arcilla, madre de la que surgiste». Este es el terreno del recuerdo: pertenecemos a esta tierra que acuna nuestro principio y nuestro fin, arcilla sobre arcilla. Descalzarse puede ser una forma de honrar la cercanía a los ciclos de la naturaleza, el inevitable entrelazamiento de la tierra con uno mismo. *Porque polvo eres y en polvo te convertirás.*

Thomas Merton disfrutaba descalzo de paseos regulares por los bosques de su monasterio trapense en Kentucky, con las plantas de los pies sobre las suaves agujas de los pinos, lo que invoca un sentido de lo sagrado: la «presencia de la Presencia». El monje budista Thich Nhat Hanh nos exhorta a «caminar como si besáramos la tierra con los pies». Caminar así es un servicio, una bendición, una ofrenda, una oración.[2]

Pies inteligentes

El calzado tiene beneficios evidentes en cuanto a la protección, la prevención de lesiones y, por supuesto, la expresión artística que ofrece la moda. Tengo amigas que preferirían cortarse una

---

1 La palabra «dulzura» ha llegado a confundirse con una especie de sacarina, de sentimentalismo, pero yo quiero recuperar el significado espiritual anterior, *dulcis,* un sentido de presencia sagrada, y la paz poco común que esto conlleva.

2 Los hermanos Nhat Hanh y Merton se reunieron una vez, en 1966, en el monasterio de Merton, la Abadía de Gethsemani, donde partieron el pan juntos en privado, ceremonia ecuménica de comunión. Nhat Hanh, que había hecho el voto de no beber alcohol, convenció a Merton para que ofreciera zumo de uva en el ritual, en lugar del vino tradicional.

mano antes que renunciar a sus Jimmy Choo. Pero en otros aspectos, los zapatos nos han domesticado y nos han vuelto cojos. Me obsesiona el trabajo de la biomecánica Katy Bowman, que dice que su investigación sobre el movimiento del cuerpo humano la llevó a estudiar la ecología.

Bowman descubre que en la mentalidad moderna de «andar para estar en forma» medimos la intensidad de nuestro movimiento en términos de velocidad y número de pasos, que se suelen evaluar a través de las personas que caminan (o corren) con zapatillas superprotectoras y ultratécnicas por un terreno uniforme de hormigón. En su libro *Mueve tu ADN*, señala que cuando calculamos el número de pasos por minuto necesarios para obtener los máximos beneficios de la aptitud física, lo hacemos determinando el ritmo óptimo para caminar sobre «entornos anodinos, poco desafiantes y carentes de sentido que nos privan de muchos de los beneficios de caminar». *Entornos carentes de sentido.*

Bowman comprueba que cuando invita a sus alumnos a quitarse los zapatos y a caminar sobre la superficie irregular del suelo de un bosque, andan más despacio. Pero ¿quiere decir que caminan con menos esfuerzo? No es así. La velocidad y los pasos no son la única medida de la forma física. También está el reto de un terreno variado, la fluctuación de la pendiente, la implicación sensorial con nuestros pasos, la conciencia del paisaje, la relación entre el terreno y la agilidad general del cuerpo y la mente. Todos esos elementos contribuyen tanto a la aptitud física como a la agudeza mental. Cuando entrevisté a Katy, me dijo: «La capacidad de los pies descalzos para desenvolverse eficazmente por la tierra es una habilidad antigua de la humanidad. Es una inteligencia natural».

Cuando vivía en las montañas Sangre de Cristo de Nuevo México, Clarissa Pinkola Estés conoció el arquetipo del suroeste La Que Sabe, que creó a los humanos a partir de «una arruga en la planta de su pie divino». Somos criaturas conscientes, en parte porque estamos hechos «de la piel de la planta del pie, que lo siente todo».

Existe una conexión natural entre las plantas de nuestros pies y la tierra que nos proporciona bienestar, fortalece nuestro ánimo y nos da una alegría inesperada. Nuestros cuerpos y mentes están hechos de (y para) esta intimidad perspicaz. Sin embargo, la mayoría de nosotros, en las culturas modernas, hemos perdido esa inteligencia interior.

Las patas humanas y el deshonroso dedo del pie

Somos la única especie que se aprisiona los pies en zapatos, y no siempre porque lo necesitemos. En la mayoría de los terrenos y en los climas templados, andar directamente sobre el suelo con los pies descalzos o con un calzado mínimo permite una marcha fácil y elegante. Desarrollamos callosidades, lo que da a nuestras suelas un tacto más parecido al de las almohadillas de un mapache que a la suavidad de la piel de un bebé, e insistimos en sobreproteger y ultrahidratar nuestros pies animales.

Mis pies son pequeños y bonitos (si se me permite decirlo) a pesar de sus dedos regordetes que parecen salchichas. La uña de mi pie es tan pequeña que, cuando me esmalto las uñas, tengo que pintar un trocito del dedo para que quede algo de color. ¿Y las plantas de mis pies? Parecen los de una bestia de pezuña hendida.

Hay quien se rompe los dedos de los pies de forma honorable, al escalar paredes de piedra en la montaña o al salvar a niños que están a punto de que los atropelle un coche. Yo me rompí los míos después de sentarme con las piernas cruzadas en la alfombra del salón, mientras doblaba la ropa. Se armó un jaleo en la cocina y supuse que sería cosa de nuestra gata bicolor, Delilah, que debía de estar atacando a Carmen, la estornino que vive en casa, y seguramente matándola de forma espantosa. Normalmente mantengo separados al gato y al pájaro, pero debí de dejar la puerta de la jaula abierta, mientras Delilah merodeaba en busca de la cena. Me levanté de un salto, como una liebre salvaje, y fui dando zancadas hacia la cocina para rescatar a Carmen, de modo que por el camino me golpeé el dedo del pie contra la esquina implacable de la pata de una silla de madera maciza. Resistiendo el dolor como pude, me acerqué cojeando a la jaula y encontré a Carmen pavoneándose la mar de tranquila con la puerta cerrada. El ruido que había oído debía de ser su aleteo entre sus juguetes.[3]

Me miré el pie, ya hinchado y de un extraño tono lavanda. En las próximas semanas iba a pasar por todos los colores del arcoíris. Cuando visité a mi doctora con la esperanza de que mi dedo gordo solo estuviera magullado, me diagnosticó una fractura por estrés. Jugó distraídamente con mi dolorido dedo morado mientras musitaba el típico tratamiento: hielo y reposo prolongado. A medida que crecieran las adherencias alrededor de la pequeña fisura, se curaría, pero lo más probable es que

---

3 Carmen llegó a nuestro hogar cuando estaba escribiendo el libro *Mozart's Starling (El estornino de Mozart).* Hablaremos sobre Carmen más adelante.

sintiera algo de dolor después de un uso prolongado, bueno, para siempre. Me recomendó que utilizara un calzado de suela rígida para limitar el movimiento de la articulación.

«Genial», pensé. En el armario tenía abandonados unos bonitos Dansko con suela de madera. Era el momento perfecto para sacarlos.

Pero después de pasar tantos años dando paseos descalza y usando zapatos con plantillas ínfimas, las suelas inflexibles me desorientaban por completo. Al llevar los zuecos por un camino forestal, bien podría estar caminando sobre el pavimento de un parking o sobre un témpano de hielo en Groenlandia. Me sentía inestable, de mal humor.

Los llevé un par de semanas para comprobar qué pasaba. Aunque el pie empezó a dolerme un poco menos, no tardé en descubrir que había perdido casi por completo la movilidad del dedo. Tal y como había pronosticado mi doctora, estaban creciendo densas adherencias a su alrededor; los podólogos con los que hablé me dijeron que lo más probable es que fueran permanentes, y que era un avance positivo. Estaría protegido.

Pero como animales humanos que somos, la movilidad de manos y pies nos proporciona una de nuestras mayores formas de aprehender el mundo: un medio de movimiento, juego y detección sensorial que alimenta nuestro ingenio creativo. Cuando le pregunté a Katy sobre todo esto, me dijo que «enyesar» los pies con zapatos que restringen el movimiento es beneficioso en situaciones puntuales (como un dedo del pie recién roto), pero después el molde se rompe. Trabaja con podólogos para ayudar a los pacientes a hacer el lento trabajo de recuperar un movimiento completo y natural.

«La idea de que los contenedores rígidos son el entorno más seguro para los pies está muy arraigada —me dijo Bowman—, pero el calzado actual ha ido más allá de la protección y ha propiciado una forma de caminar que impide que los pies se muevan mucho».

A medida que la fractura se volvió menos dolorosa, sustituí los zuecos por unas zapatillas ligeras y añadí los ejercicios lentos y progresivos recomendados por Bowman a mi régimen de curación de los dedos del pie.

Retomé mi camino con los pies descalzos para conectarme con la tierra. Me dolía un poco, pero andaba despacio. Muy despacio: hasta quince segundos en cada paso con el pie lesionado, dejando que cada tendón se extienda y alargue, dejando que el terreno desigual, las piedras lisas y las raíces retorcidas permitan un movimiento y una movilidad más naturales. Empecé con cinco minutos y unos pocos metros de caminata y fui aumentando con el paso de los meses. Ahora ando habitualmente un par de kilómetros o más sin zapatos por terrenos naturales. Miro mi pie salvaje que se desplaza y hace lo que los pies hacen mejor: moverse con alegría, gratitud y bendición por un camino siempre cambiante.

Regreso a casa

El excelente libro de Christopher McDougall *Nacidos para correr* tuvo un efecto secundario no deseado: la aparición de un movimiento de corredores descalzos que llevó a miles de lesionados a las consultas médicas con fracturas por estrés. Esto, a su vez, dio mala fama a la práctica de ir descalzo. Por supuesto, después de años de llevar zapatos, correr descalzo en aceras asfaltadas es un castigo a la complejidad de un pie, que es fuerte pero sensible, evolucionado para ser ambas cosas a la vez. En su jerga de biomecánica, Bowman recomienda «pequeños incrementos en los comportamientos de carga» que, con el tiempo, permitirán a nuestros pies deshacerse de las limitaciones del calzado tradicional sin lesionarse.

Caminar descalzo es una maravilla y una vuelta a casa. «Por las mismas razones por la que la gente trata de proteger las semillas como patrimonio o las formas de arte de su cultura —me dijo Bowman—, caminar descalzo es la forma de preservar las huellas de los antepasados al mismo tiempo que preservamos las nuestras». Empezamos despacio, despojándonos de los zapatos durante unos minutos cada día, sintiendo nuestros pies en una alfombra suave, luego en la hierba suave. Más adelante, un recorrido matutino sin zapatos por el patio trasero o por el parque cercano o por la zona de césped del aparcamiento al lado de un edificio, puede llevar meses o más para alcanzar la media hora de paseo por una superficie natural. Por supuesto, no todo el mundo tiene acceso a un patio trasero, o incluso a la hierba. Thomas Merton escribió en su diario que los beneficios de quitarse los zapatos podían experimentarse incluso dentro de casa. El miércoles de ceniza, los monjes se acercaban al altar descalzos: «Ir descalzo es una cosa alegre. Es bueno sentir el suelo de la tierra bajo los pies», un bonito recordatorio de que el propio suelo está hecho de cosas elementales, igual que nuestros cuerpos. No somos flores de ciruelo. El hecho de que haga un poco de frío o que haya humedad no es razón para no descalzarnos. El frío es vivificante y casi nunca lo abrazamos, ya que despierta nuestras terminaciones nerviosas y nos hace tomar conciencia del día, siempre cambiante a lo largo de las horas, a lo largo de las estaciones. En caso de que la protección sea sensata, nuestros pies pueden estar cómodos con mocasines de suela blanda u otros zapatos sencillos que dejen entrar más mundo para informarnos de un movimiento bello y completo. Los cambios del terreno, la temperatura, la inclinación y el sustrato, activan la ecología del cuerpo y la imaginación.

Prestamos atención a lo que pisamos y profundizamos en nuestro parentesco con todos los seres que comparten con nosotros la tierra y que responden a estas mismas variables: los que tienen raíces, patas y delicados pies de pájaro. Todos pisan la tierra sagrada. Sin zapatos, como nosotros.

VAYAMOS DESCALZOS

VAGAR

Una cartografía salvaje

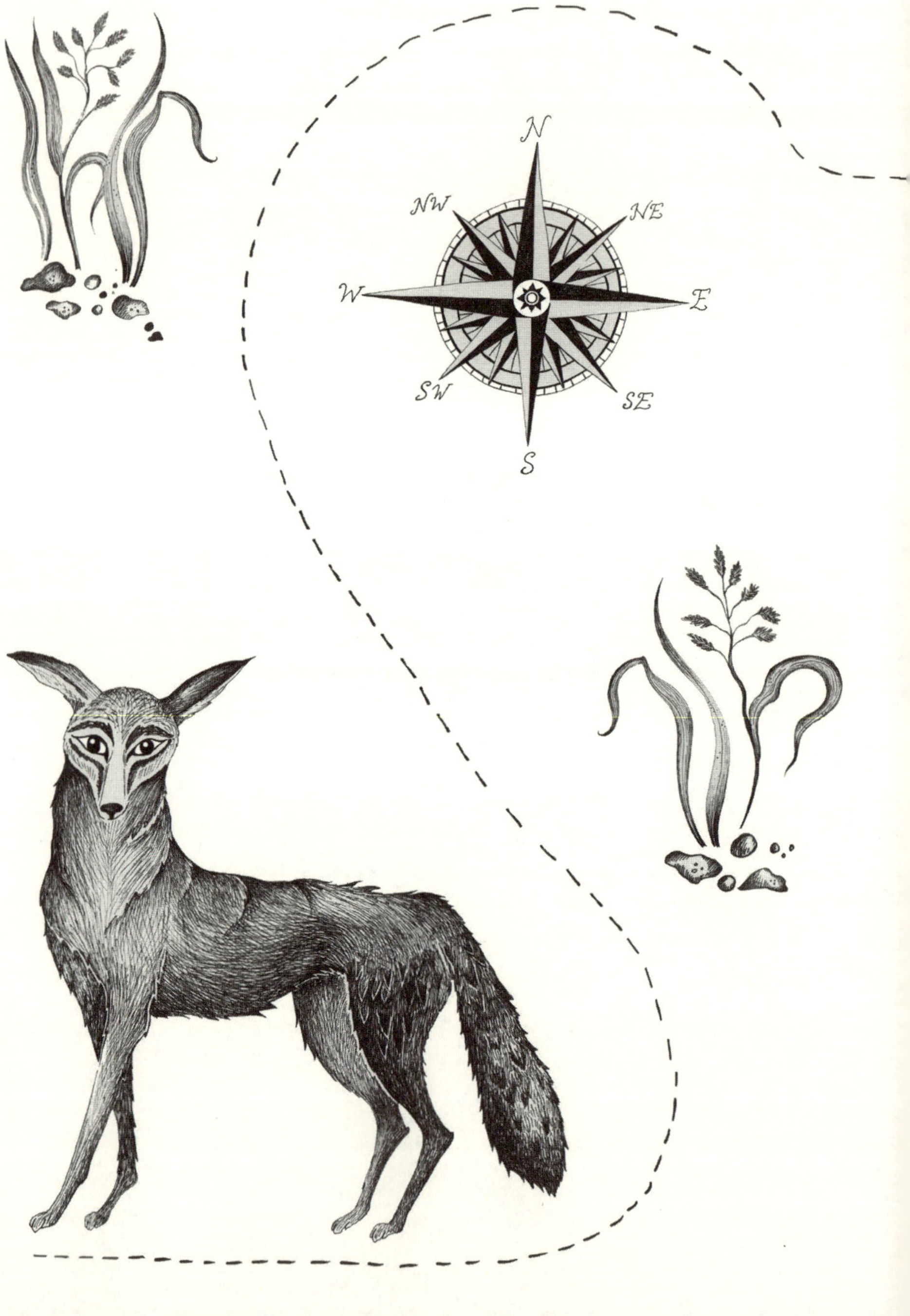
N
NW
NE
W
E
SW
SE
S

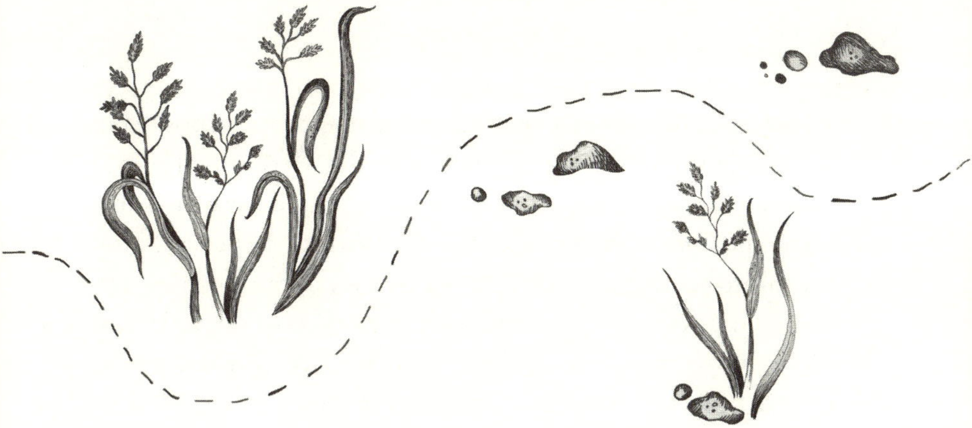

Vagar es una palabra hermosa, una palabra que nos despierta la imaginación y nos hace desear. Y también anhelar, porque en un mundo de horarios, plazos y Google Maps, que impone un camino lineal y limitado en el tiempo a través de nuestras vidas, la idea de vagar parece un dulce sueño, siempre fuera de nuestro alcance. El deseo de vagar, jamás correspondido. ¿Quién tiene los medios? No se necesita dinero, ni equipamiento de ningún tipo. Los medios necesarios aquí son más bien escasos: una amplitud de mente. Una amplitud de tiempo. Un ritmo sin prisas. Es un problema circular, sin duda. Aunque estas cosas son esenciales para vagar como es debido, es el mismo hecho de vagar el que las genera. Algo así como el enigma de la mañana: ¿Cómo vamos a preparar el café si no hemos *tomado* aún el café?

Caminar es el ritmo del naturalista, el ritmo al que se puede observar el paso de los mamíferos con patas que olfatean, acechan, inhalan, suben, bajan, andan en espiral. Junto con ciertas formas de correr y bailar al ritmo, se encuentra entre los movimientos ancestrales y salvajes de los seres humanos. Al caminar, somos autosuficientes, conocedores de nuestros cuerpos, y nos confabulamos con otros cuerpos animales. Pero mientras que caminar es una forma de moverse por el mundo, vagar es más bien una forma de pensar. En *Wanderlust*, Rebecca Solnit transmite su sospecha de que «la mente, como los pies, trabaja a unos cuatro kilómetros por hora. Si esto es así, la vida moderna se mueve más rápido que la velocidad del pensamiento, o de la reflexión». Vagar lleva la mente y el movimiento a una coherencia sanadora.

Esqueletos

En inglés, la raíz de la palabra *wander* (vagar) se encuentra en el inglés antiguo *wandrian*, «serpentear», «deambular». Vagar es no tener rumbo, no tener objetivo, no tener dirección: cuando el movimiento de nuestros pasos no está guiado por un camino o ruta establecida, sino por la inclinación de nuestro espíritu. Fuera de la red, fuera de línea, fuera del mapa. Podemos salir a vagar con una mochila ligera o sin nada.

Este era el espíritu de Bashō, el poeta recluso japonés del siglo xvii, que emprendió un paseo de duración indefinida, confiando en la hospitalidad de los monjes y los compañeros poetas a lo largo del camino. Había leído a Lao-Tse: «Un buen viajero no tiene planes fijos y no tiene intención de llegar». Con fluidas pinceladas, Bashō confesó:

> Siguiendo el ejemplo de un antiguo sacerdote del que se dice que recorrió miles de kilómetros sin preocuparse por sus provisiones y alcanzando el estado de puro éxtasis bajo los puros

rayos de la luna, dejé mi hogar roto en el río Sumida... entre los lamentos del viento de otoño.

Al cambiar de la prosa al verso, Bashō pasó a estar

Decidido a caer [como]
Un esqueleto expuesto a la intemperie.

Bashō había sido depresivo frente a la vida en la ciudad y apático frente a su fama entre los conocedores literarios. Tras la muerte de su madre, su acedia empeoró, y sus discípulos-estudiantes le construyeron con orgullo una nueva cabaña en Fukugawa, con la intención de cimentar y animar al poeta. Aquí Bashō volvió a centrarse en la meditación zen y plantó plátanos (*bashō*), pero lo cierto es que nada parecía calmar su espíritu ni ensordecer las voces autocríticas de su cabeza.[1] En una época en la que pocos vagaban por simple salud o placer, Bashō emprendió, con tan solo una pequeña bolsa tejida con juncos, un viaje espartano y peligroso desde Edo (el actual Tokio) hacia el monte Fuji y luego hacia Kioto, esperando plenamente (y, en su melancolía, probablemente sin demasiada confianza) morir de frío o asesinado por bandidos.

Pero nada de eso ocurrió. Mientras vagaba, la oscuridad del espíritu que lo había atormentado durante años se disipó; su corazón se volvió más luminoso a medida que el viaje se alargaba y se hacía más profundo. También su poesía se

---

1 Bashō el nombre y *bashō* la planta son homónimos, pero los caracteres japoneses o *kanji* utilizados para escribir los nombres del poeta y de la planta son diferentes. Se dice que este juego de palabras encantó al poeta.

hizo aún más incisiva. Por supuesto, no deseo que ninguno de nosotros caiga como un esqueleto en nuestros viajes, al menos no hoy. Pero el abandono de Bashō es edificante y transformador.

El deambular nos hace salir de la medida cotidiana del tiempo cronológico y nos impulsa hacia la espiral eterna de *kairós*, el tiempo sagrado. Nuestro habitual caminar hacia un destino concreto puede impedir que nos abandonemos al momento. Al vagar, renunciamos a un destino. Los pasos se desmercantilizan: nos quitamos el reloj inteligente como nos quitaríamos los zapatos para entrar en un río sagrado, porque eso es lo que estamos haciendo: pisar en el lugar donde la tierra salvaje se encuentra con nuestras mentes salvajes. Tierra sagrada.

Asuntos peligrosos

«Es un asunto peligroso, Frodo, cruzar la puerta. Pones un pie en el camino y, si no tienes cuidado con los pies, no se sabe hacia dónde te arrastrarán...». Al vagar, somos salvajes, no estamos domesticados, nos hemos escapado. Puede pasar cualquier cosa. Cosas siniestras. Cosas luminosas.

La imprevisibilidad de la práctica de vagar aporta profundidad a los elementos predecibles de la vida. Cuando no hay ansiedad por llegar a un destino concreto, hay una oportunidad para la aventura. La noción de microaventura del explorador Alastair Humphreys se aplica aquí: la aventura no tiene por qué significar una búsqueda tolkieniana o un grave peligro físico (aunque de vez en cuando esas cosas nos vienen bien).

Puede ser simplemente cruzar la puerta de nuestra casa con un espíritu de apertura.

Cuando se deambula, ni siquiera cerca de casa el camino está domesticado. ¿Qué puede aportar? Enumero aquí solo algunas de las pequeñas aventuras que conozco por experiencia: un coqueteo vivificante; la visita de una mariposa; el rescate de un gusano disecado; el descubrimiento de que un vecino que se pavoneó un día saliendo de su camioneta con unos patos salvajes de varias especies totalmente muertos, también trabaja incansablemente para que se prohíban los cepos y cultiva un terreno de lavanda. Una conversación con un gorrión en un lenguaje suspendido dulcemente entre lo humano y lo aviar. Una mente lo suficientemente despejada como para responder cuando un árbol me llamaba por mi nombre, cuando la hierba me exigía que me descalzara, cuando surgían sin avisar pensamientos hasta entonces desconocidos. Una siesta imprevista en el campo, acostada sin querer, para así saludar a las currucas, recién llegadas de su migración desde Centroamérica y con un amarillo tropical resplandeciente.

¡Cuidado! Un paso fuera de la puerta y es fácil caer en las rutas establecidas. Yo tengo las mías: bajar las escaleras de la acera, atravesar el pequeño bosquecillo de cedros, cruzar el prado, pasar por delante del árbol de la lechuza, volver a atravesar el camino de tierra del bosque... Para deambular, hay que hacer una pausa y recordar.

La semana pasada salí a primera hora de la mañana y (a pesar de estar escribiendo un capítulo sobre los beneficios de vagar) caí distraídamente en mi recorrido habitual, cuando divisé un perrito con grandes orejas. No, lo que vi fue un gato grande con las patas torcidas. ¿Por qué siempre me lleva un rato reconocerlo, por mucho que vea uno en la acera del barrio? Lo que vi es un coyote hembra. La veo a veces, cuando me levanto temprano, y siempre desaparece por la misma esquina. Como conozco su ruta habitual, decidí averiguar adónde iba (desde una distancia prudente; no queremos que los coyotes urbanos normalicen la proximidad humana). No fue fácil. Aunque vaya en apariencia a un ritmo tranquilo, es extraordinariamente rápida. Y aunque este día llegué más lejos que nunca para conocer su camino, aun así la perdí bastante pronto de vista.

Los coyotes son expertos en desaparecer por arte de magia: se deslizan entre la hierba o en los espacios más estrechos entre los árboles. Pero en una acera, ¿dónde habría podido ir? Pues bien, a muchos sitios, en realidad, con todos esos callejones llenos de maleza... Miré a mi alrededor, pensaba en cuál sería el camino más probable y lo seguí. En cada esquina, y al final de cada callejuela, miraba hacia arriba y pensaba: ¿Dónde habrá ido desde aquí? No encontré el más mínimo indicio de estar en el camino del coyote hembra. Pero en un momento dado levanté la cabeza para preguntarme de nuevo: ¿Dónde se habrá metido?, y me di cuenta de que no tenía ni idea de dónde *estaba*. Llevo dieciséis años viviendo en este barrio, y en apenas veinte minutos me encontré en una encrucijada en la que nunca había estado.

Tras desistir de mi mal concebido rastreo del coyote, seguí caminando y descubrí un pequeño jardín comunitario en la cima de la colina con flores silvestres y un laberinto de piedra en su centro. ¡Ja! Me vi atrapada en bucle en mi propio sermón. Me quité los zapatos y caminé por el laberinto: hacia dentro y hacia fuera. Los coyotes bien merecen su reputación de embaucadores sagrados. Si estás atascada en la rutina de tu recorrido sin que el coyote venga a por ti, invéntate otra. *Y síguela.*

Conectados para vagar

En 2014 el Premio Nobel de Medicina se les concedió a John O'Keefe y sus colegas por sus investigaciones sobre las células de lugar y las neuronas de localización que se alojan en el hipocampo de los seres humanos y otros animales (desde las aves hasta ratas de laboratorio). Ya sabíamos que el hipocampo aparece agrandado en especies de aves como los carboneros, que dependen del almacenamiento de comida y deben volver a encontrar sus reservas en el futuro. O'Keefe descubrió que las neuronas de la red de localización se entrelazan con las neuronas de la memoria, y sostiene que en los seres humanos existe una estrecha relación entre el sentido del lugar en el espacio y el conocimiento basado en la memoria que recorre tantas culturas indígenas, sobre todo aquellas cuya vida depende de la itinerancia nómada.

El otro día, una amiga me preguntó cómo estaba mi chinchilla nueva. Unos días antes me había enviado un enlace a una cámara en directo de una chinchilla muy graciosa, y ni siquiera le pregunté por qué. ¿Quién no querría pasarse el día entero viendo crías de chinchilla? Pero ahora, con su pregunta, me di cuenta de que había una confusión: «No tengo una chinchilla», le dije a mi amiga. «Sí, claro que sí», insistió ella, y me recordó varios detalles que le había contado sobre lo adorable que era mi supuesta mascota. Era extraño, pero estaba casi segura de que tenía razón; no recordar que tenía una chinchilla habría sido algo de veras preocupante. No tardamos en llegar al cautivador fondo del embrollo: ella había estado paseando con otra amiga por el mismo camino que nosotras dos recorremos a menudo, y *esa* amiga le había hablado de su cría de chinchilla. Nos miramos fijamente un momento, fascinadas por la situación. Se trataba de un recuerdo auténtico asociado con un lugar.

En los humanos urbanos modernos, las neuronas de red de localización son flácidas y están infrautilizadas, sobre todo porque Siri ha desplazado cualquier habilidad orientadora que hayamos podido mantener. Pero la investigación de O'Keefe nos recuerda que conocernos a nosotros mismos en relación con el lugar es una capacidad biológica innata. El escritor inglés Tristan Gooley escribió un brillante libro titulado *The Lost Art of Reading Nature's Signs* (*El arte perdido de leer las señales de la naturaleza*). Este arte abarca tanto la capacidad aprendida de orientarse con mapa y brújula como el arte interno de conocer nuestro lugar en relación con las vías fluviales, los caminos y los movimientos de las estrellas. Cuando nos permitimos una mayor libertad en el espacio y en el lugar de lo que ha llegado a ser la norma, creamos nuestros propios caminos de significado y conocimiento en la tierra donde habitamos. Al deambular libremente, recogemos puntos de referencia, presencias, conciencia ecológica, el sentido de comunidad. Nuestros cerebros y corazones recogen este conocimiento a medida que nos acercamos a los caminos que nos hablan con más fuerza. Nuestros pasos en el mundo exterior crean una cartografía interior más salvaje que susurra: *Por aquí, por aquí...*

La mente dispersa

La práctica de la atención plena (*mindfulness*) se popularizó en Occidente gracias a los escritos sencillos pero profundos del apreciado monje budista vietnamita Thich Nhat Hanh, que habla de aquietar la mente tanto a través de la meditación sentada como de nuestras tareas cotidianas, atrayendo toda la atención amablemente a la tarea que tenemos entre manos, ya sea el diseño de un puente, lavar los platos o simplemente inspirar y espirar. En las décadas transcurridas desde que el famoso libro de Thich Nhat Hanh *El milagro del mindfulness* diera la vuelta al mundo, su llamamiento a la atención profunda ha sido estudiado y adoptado por la psicología clínica. La reducción del estrés basada en la atención plena, o MBSR, es un movimiento de bienestar práctico promovido por el psicólogo y biólogo molecular estadounidense Jon Kabat-Zinn, que estudió con Thich Nhat Hanh y desarrolló prácticas de meditación para disminuir la ansiedad, la depresión e incluso el dolor físico.

En estudios más recientes, Kabat-Zinn y otros psicólogos clínicos le están dando la vuelta a la cuestión: ¿y si, en lugar de trabajar para centrarse en el momento presente, fuese igual de provechoso seguir a la mente donde quiera ir, dejarla vagar? Kabat-Zinn adoptó la frase de Krishnamurti *atención imparcial* para describir esta meditación de carácter más serpenteante. Se anima al practicante a seguir sus distracciones durante la meditación y así, por irónico que parezca, no distraerse con ellas. En lugar de una concentración intensa, el vagabundeo sin rumbo de la mente y el cuerpo permite un sentido renovado de respuesta tranquila a nuestras vidas y al mundo: «Habitamos una plenitud intrínseca —como dice Kabat-Zinn—, transformada en todo nuestro sistema nervioso y hasta en nuestros átomos y moléculas». Se apresura a señalar que la salud individual es un gran beneficio, pero no el objetivo final. En la maraña de lo que Thich Nhat Hanh llama *interser*, esta práctica es mutuamente beneficiosa para uno mismo y para la tierra:

> Lo hacemos para vivir la vida como si realmente importara, no solo para el cuerpo individual, sino para lo que yo llamo el cuerpo político. Toda la especie necesita entrar en razón. El bienestar no solo de nuestra especie, sino de todas ellas, pende realmente de un hilo. Si no es nuestra vocación, al menos es nuestra oportunidad. Y si la desaprovechamos será por nuestra cuenta y riesgo.

El vagar corporal es lo mismo. Todas las tradiciones espirituales han abrazado el significado de la peregrinación, y han seguido caminos intuitivos hacia lugares sagrados, aunque en la antigüedad esos viajes estaban repletos de riesgos. Como enseñó Lao-Tse, el viaje en sí conlleva tanta gracia para los peregrinos como su llegada a un lugar concreto. Egeria, una peregrina poco conocida del siglo IV, dejó un diario deshilachado de sus andanzas por el monte Sinaí, el monte Nebo, el pozo de Raquel y otros lugares, en el que describía caminos, huertos, montañas, jardines y manantiales. El estudioso de la divinidad Robert Ellsberg escribe que los viajes como el de Egeria son actos de devoción que van más allá de lo personal, y son «un servicio a aquellos que, a través de su testimonio, participaron imaginariamente en su peregrinaje». A través de la lente de la interconexión ecológica, el despliegue de inteligencia de nuestro propio deambular cotidiano beneficia a todos los seres.

Líneas de canto/Líneas del ser

Puede que vagar carezca de rumbo, pero no tiene por qué ser estúpido. No hay razón para moverse como nubes meditabundas. Podemos saltar, bailar, correr como un coyote, agitar los brazos como un niño revoltoso, como un pulpo, como un árbol. Podemos tararear, cantar, gritar o habitar en un silencio sombrío. Podemos avanzar o retroceder. Podemos llegar a casa para cenar. Podemos olvidar que tenemos un hogar. Nuestros caminos van por libre, un camino nuevo, un camino fuerte.

Vagar puede ser una actividad inquietante, dada la expectativa cultural de, cuando menos, *parecer* productivo. Pero en su clásico de 1938 *If You Want To Write* (*Si quieres escribir*), Brenda Ueland declara que la atención sin rumbo es esencial para el buen trabajo y el pensamiento profundo:

> Así que la imaginación necesita estar de brazos cruzados, un ocio largo, ineficiente y feliz, y un trabajo sin rumbo. Esas personas que siempre están haciendo algo a toda prisa y tan ocupadas como ratones que bailan el vals, tienen ideas pequeñas, agudas y entrecortadas... pero no tienen grandes ideas.

Ir sin rumbo favorece una visión clara y un florecimiento creativo.

Desvinculado de cualquier valor evidente según las medidas tradicionales, vagar es un acto atípico que nos saca del reino antrópico del esfuerzo, el juicio y la utilidad económica. Nos permite descubrir nuestra auténtica dirección: algo torpe al principio, un vaivén que empieza tímidamente, una curva de ida y vuelta que comienza a tientas y se vuelve cada vez más segura, más sabia, más agraciada. Emily Dickinson fue una buscadora espiritual y una rebelde religiosa (una autoproclamada «pagana» e «infiel»). De entre sus muchos nombres para Dios, mi favorito es el de Vagabundo.

El vagabundeo nos lleva a las singulares líneas de canto, las líneas ley que existen en el suelo en el que vivimos. No podemos hacer un simple paseo y pretender forjar algo parecido a la profundidad de las verdaderas líneas de canto de los pueblos indígenas australianos, que siguen los viajes de los espíritus ancestrales, aportando una profunda visión de la tierra, las plantas, los animales y una sabiduría milenaria. Pero podemos intuir lo que una línea de canto podría significar para nosotros en nuestros días, una respuesta a los caminos sagrados que solo nosotros estamos llamados a trazar. La voz que llama o zumba o agita el ligero vello de nuestros brazos. *Por aquí, por aquí...*

Vagabundeo para principiantes

El vagabundeo no necesita ninguna etiqueta, ninguna bendición de los sistemas económicos, de salud o religiosos tradicionales (aunque, en efecto, creo que deberíamos seguir vagando). Es radical y esencialmente contracultural. Nos pertenece a nosotros, a nuestra mentalidad, a nuestra forma de estar en el mundo, a nuestra libertad, a nuestros pies. Nuestro camino tomado o no, nuestras mentes abiertas o agitadas. Nuestras extremidades oscilantes, que nos llevan a todas partes o a ninguna.

Tómate diez minutos, media hora, dos horas, un día. Esboza una sonrisa, como la Mona Lisa. Cierra los ojos, ponte la mano sobre el corazón por un instante, y respira. Olvídate de los compromisos de tu agenda; estarán ahí para ti cuando regreses de tu vagabundeo. Es un poco como la costumbre de terminar cada práctica de yoga en *savasana*, o la postura del cadáver, un recordatorio de que el mundo puede estar muy bien sin nosotros durante un corto periodo de tiempo, y que al final estará muy bien sin nosotros.

Si realmente solo dispones de diez minutos, tal vez lo único que puedas hacer es pasear por tu casa: visitar el polvo brillante, las arañas que se han instalado. Sigue tus sentidos, tu asombro, tu instinto, tu alegría, el «oído de tu corazón», como dijo santa Escolástica de Nursia, en una crítica a su famoso hermano gemelo Benito. Deja que este oído del corazón te lleve, sin ataduras, de un lugar a otro. Si tienes más tiempo, sal a la calle. Si no hay parque, ni césped, ni bosque, entonces pasea por (y fuera de) tu acera urbana, terminando en... ¿dónde? En una biblioteca, en una pequeña cafetería, en un jardín escondido o en ningún sitio.

Nos recogemos para el momento en que debemos seguir adelante, un momento que, de hecho, alivia nuestro tiempo de vagabundeo. Pero nuestro deambular peregrino alimenta, en lugar de distraer, las fuentes de nuestra resiliencia y resistencia. Escuchamos la llamada de las ballenas, de los robles, del salmón, de los cedros, de los lobos. ¡Camina! ¡Siéntate! ¡Corre! ¡Quédate quieto! ¡Grita! ¡Corre! ¡Corre! ¡Corre! Hay momentos en los que necesitamos hacer todas estas cosas. Sin embargo, hay momentos en los que el vagabundeo es correcto en sí mismo, sin metas, incluso cuando nos prepara para una llamada más amplia de la tierra.

RECORRE UN CAMINO NUEVO

SUMÉRGETE

Ensuciarse durante un baño de bosque

Cuando empecé a redactar este libro, me alejé durante varias semanas de mi ecosistema doméstico y me mudé a una pequeña cabaña en la Reserva Sedgwick de la Universidad de California, en Santa Bárbara, situada en el remoto valle de Santa Ynez, en el centro de California. Creía que sumergirme en un paisaje tan diferente al mío influiría en mi manera de pensar y escribir, y así fue, de una forma totalmente imprevista.

Un día, tras la pausa habitual después de comer, decidí hacer lo que suelo hacer en esos momentos: dar un largo paseo. Sedgwick es una llanura cuajada de robles de unos 24 kilómetros cuadrados, poblada por las formas retorcidas de encinas, robles azules, robles de los valles y —mientras estuve allí— una superfloración de flores silvestres durante una primavera salpicada de abundantes lluvias que trajeron un bienvenido respiro tras casi una década de sequía. El aire era cálido, la luz intensa y el suelo estaba cubierto de hierbas y flores que harían las delicias del lobo rojo.

Sedgwick también está poblado por más serpientes de cascabel por hectárea que cualquier otro lugar de toda la región de

Santa Bárbara. A principios de la primavera, las serpientes despertaban de su letargo invernal y se ponían en movimiento. Me dijeron que cuando los herpetólogos de la UCSB vinieron a hacer una inspección el año anterior, no tardaron en encontrar dieciocho serpientes en los pastos y pilas de madera frente a la puerta de mi cabaña. Me pareció que eran demasiadas. Mientras que la mayoría de las personas que viven en el territorio de las serpientes de cascabel rara vez ve serpientes («Solo he visto una en mi vida», me dijo un amigo nacido y criado allí), yo vi cinco en el poco tiempo que estuve (sin contar las tres que vi muertas). Y casi pisé dos.

En este paisaje, el comienzo de la primavera también ofrece una abundancia de garrapatas en su pequeña fase de ninfa, la fase más probable para infectar a un huésped con la enfermedad de Lyme. Aprendí que «buscar» es el verbo que designa su acto de esperar en las puntas de las hierbas y de los matorrales la llegada de un huésped como yo para saltar sobre él, a falta de una palabra más lírica para una actividad tan alarmante.

Durante las dos horas que duró mi caminata, me tomé el cuidado de evitar la hierba alta y serpenteante y vigilé los lugares por donde pisaba en busca de formas de serpiente. Al regresar, comprobé cada centímetro de mi cuerpo en busca de las casi invisibles ninfas de garrapatas. Aun así, me sentí renovada, relajada, alerta y llena de una reverencia por este lugar que aumentaba cada día que pasaba allí. La atención que se requiere para dar un largo paseo por Sedgwick me dejó tranquila y entusiasmada a la vez.

Bosque prescrito

Mientras recorría el paisaje de Sedgwick, me encontré reflexionando sobre el movimiento del baño de bosque basado en la ciencia. Es una combinación poética de palabras: baño de bosque, una traducción literal del japonés *shinrin-yoku.* Los orígenes de la investigación moderna sobre los baños de bosque se encuentran en el ámbito de la medicina, y a muchos nos ha encantado hallar el despertar sensual, la maravilla y la paz que encontramos en el mundo natural confirmados por la buena ciencia. Sin embargo, hay algo en la moda de los baños de bosque que me deja vagamente inquieta, y me llevó algún tiempo entender a qué se debía mi malestar.

A principios de la década de 1980, los médicos japoneses empezaron a prescribir, de manera intuitiva, paseos meditativos por la naturaleza a pacientes con ansiedad o síntomas físicos relacionados con el estrés. Reconocían los beneficios de «absorber la atmósfera del bosque mediante todos nuestros sentidos». Cuando la comunidad médica en general quiso dar una base científica a las prescripciones, una serie de investigadores que apoyaban la medicina con base empírica se sumaron a la causa. El profesor Yoshifumi Miyazaki, de la Universidad de Chiba (Japón), fue uno de los primeros y más conocidos.

Cuando tenía nueve años, Miyazaki se mudó con su familia de un apartamento a una casa. Allí se familiarizó con la tierra de verdad y pasó todas sus horas libres en el jardín, trabajando junto a su padre, que estaba encantado de compartir su amor por la botánica con su hijo. Ya de niño, Miyazaki reconocía el consuelo que le proporcionaba el tiempo pasado en la naturaleza. Científico ya de corazón, en su investigación de adulto canalizó su curiosidad sobre la conexión entre un espíritu tranquilo y el tiempo al aire libre.

Miyazaki señala que «los seres humanos han evolucionado hasta convertirse en lo que son hoy tras el paso de seis-siete millones de años... Menos del 0,01 por ciento de la historia de nuestra especie ha transcurrido en un entorno moderno. Los humanos han pasado más del 99,99 por ciento de su tiempo viviendo en un entorno natural». Todas nuestras funciones psicofisiológicas están adaptadas a entornos naturales al aire libre, no exentos de estrés o de peligro, pero con los que nuestros cuerpos están entrelazados en una historia simbiótica; los seres humanos modernos responden a la inmersión evolutivamente repentina en entornos artificiales y urbanizados que operan en un constante «estado de estrés», dice Miyazaki. El funcionamiento biológico de nuestros cuerpos y mentes no se ha puesto al día con una cultura que mantiene las vasijas de tierra de nuestras formas humanas lejos de la arcilla en la que estamos arraigados. Esto tiene mucho sentido. No es de extrañar que seamos un desastre.

En 2016, Miyazaki y sus colegas recopilaron la información más reciente sobre el tema en la literatura científica revisada por expertos en un largo documento, que demuestra que incluso periodos cortos de caminar por lugares naturales, o verlos, conlleva una multitud de beneficios para la salud, entre ellos: la reducción de la presión arterial, la disminución de la frecuencia cardiaca, la reducción de la producción de cortisol, el equilibrio de la actividad y la hemoglobina en la corteza prefrontal (que tiene que ver con el bienestar emocional y el control de los impulsos basados en las emociones), la mejora de los niveles de glucosa en la sangre, una mayor función inmunitaria y la relajación fisiológica general. Aunque no hay pruebas que relacionen los baños de bosque con la prevención o la mejora de enfermedades específicas, sabemos que la relajación y la recuperación de la función inmunológica tienen lo que Miyazaki llama un «efecto médico preventivo» general.

En un estudio clásico, se dividió a casi trescientos participantes en pequeños grupos que visitaron tanto el bosque como entornos urbanos. Observaron, y luego estuvieron caminando por cada zona durante unos quince minutos, y después se les midió la presión arterial, la actividad nerviosa parasimpática y los niveles de cortisol. Todas estas mediciones mostraron una mejora significativa incluso después de esta limitada exposición al bosque, con resultados más contundentes después de caminar en lugar de simplemente mirar. Los caminantes del bosque experimentaron un aumento del 102 por ciento en la actividad parasimpática calmante... *después de solo quince minutos.*

El bosque inspirado/El bosque mercantilizado

Ahora que la investigación se ha traducido a varias lenguas y ha llegado a Estados Unidos, nos dedicamos a hacer lo que mejor sabemos hacer: convertir el baño de bosque en una industria. Existen organizaciones en las que se puede, previo pago, recibir clases para ser guía oficial de baños forestales o conseguir la certificación de terapeuta forestal. Un curso muy popular reza así: «El bosque es el terapeuta. El guía abre las puertas». En un clásico baño de bosque dirigido, los participantes son guiados, a cambio de una cuota, en paseos meditativos que duran una hora, o dos, o tres, por senderos suaves a través de bosques, arboledas o incluso parques urbanos, con sugerencias a lo largo del camino para permanecer en sintonía con la variedad de estímulos sensoriales: fragancias, paisajes sonoros, los pies en el suelo, el viento en la piel.

La incorporación sensorial es una forma rica e intrínseca de aprehensión e inteligencia salvaje, una bendición para nuestras mentes, cuerpos y espíritus. Los paseos guiados de este tipo ofrecen una oportunidad para las personas que dudan en adentrarse en el bosque por su cuenta o que desconfían de la naturaleza. Muchas ni siquiera saben por dónde empezar a acceder al mundo más allá del asfalto, y para esto un buen terapeuta forestal puede ser de gran valor. Sin embargo, es esencial que seamos conscientes de cómo la ciencia de los baños de bosque se abre paso en nuestras vidas y en nuestras actitudes sobre el mundo natural.

Los profesionales japoneses que originalmente sugerían el *shinrin-yoku* a sus pacientes en un contexto médico se basaban en un conocimiento cultural intrínseco enraizado en el sintoísmo. Aunque a menudo se le llama la religión indígena de Japón, el sintoísmo es anterior a la sensibilidad religiosa organizada y se describe mejor como una antigua cosmovisión japonesa, una forma de ser en la tierra. En el centro del sintoísmo se encuentra un animismo radical, el conocimiento de que las cosas del mundo que nos rodean poseen *kami*, su propia forma de vida, de consciencia, de inspiración. Todas las cosas son conscientes, expresivas, están comprometidas con el mundo, cada una a su manera.

Esta sensibilidad animista no es exclusiva del Japón, sino que se ha expresado de múltiples maneras en diversas culturas y tradiciones, tanto antiguas como modernas. David Abram escribe en su ensayo «Magic and the Machine» («La magia y la máquina»), publicado en *Emergence Magazine*:

> Para la mayoría de las culturas indígenas tradicionalmente orales que conocemos, todos y *cada uno* de los fenómenos están potencialmente animados; todo se mueve. Se considera que todas las cosas tienen su propio pulso, su propia espontaneidad o dinamismo interior. Todas las cosas tienen capacidad de actuar, aunque algunas cosas, como los árboles, las rocas o las montañas, se mueven claramente mucho más despacio que otras, como los osos o las libélulas.

Un día de verano me encontraba rezagada con otros «rostros pálidos» de Seattle al borde de la carpa indígena en el festival anual de folklore de nuestra ciudad, y el maestro *haida* narrador que tenía el micrófono nos hizo señas para que entráramos. «Todos somos una canoa. Entrad, entrad». Crecí en una cultura en la que las alusiones al antropomorfismo y la consciencia animal quedaron completamente fuera de la discusión científica, y me sentí conmovida por la franqueza y la absoluta falta de necesidad de justificación con la que este maestro dijo: «Espíritu. Todas las cosas tienen un espíritu. Lo sabemos y es cierto. Compartimos esto con vosotros porque amamos a los niños. Enseñádselo a vuestros hijos». *Lo sabemos y es verdad.* Vivir arraigado es mantenerse en el coraje de tal convicción.

Una de las cosas que hace que el animismo japonés sea único es su colisión con el budismo, que se originó en la India y llegó a Japón a través de Corea en torno al año 550 de la era cristiana.[2] Cuando la postura contemplativa del budismo cayó bajo la influencia del animismo profundo del sintoísmo (y viceversa), surgió el auténtico *shinrin-yoku*: caminar en silencio, con los pies descalzos o con sandalias *waraji* hechas a mano, bajo la influencia de un mundo vívidamente inspirado que también es consciente de la presencia humana. Se trata de un estado de alerta transpersonal, lo que el filósofo celta John O'Donohue denomina «interflujo»: una reciprocidad de vida, de pulso, de sabiduría natural, una ofrenda y una recepción en igual medida, y sin cuestionamientos.

El fundamento de los baños de bosque modernos es diferente. Un periodista que escribe en el *Atlantic* afirma claramente que el objetivo de los baños forestales es un «medio para conseguir un fin, y ese fin es mejorar la salud». Es decir, la salud humana. La salud de la tierra, los árboles, las criaturas y los ecosistemas apenas se mencionan en la literatura sobre los efectos curativos de la naturaleza. Aunque pueda inspirar un interés por el estudio de esta, el conocimiento de las especies y las relaciones ecológicas de un lugar concreto no forma parte del paradigma de los baños forestales. Despojado de las bonitas imágenes y el lenguaje poético, el *negocio* de los baños de bosque enmarca la naturaleza como una mercancía para uso humano: una receta farmacéutica, un spa de día, un diván de terapeuta. Hay estudios que señalan la cantidad mínima de tiempo en la naturaleza que es «suficiente» para obtener beneficios para la salud física y mental, y resulta

2 Desde que se llevó a cabo una codificación de las creencias sintoístas a partir del año 800, a veces parece, sobre el papel, que creció junto con el budismo en Japón. Pero el sintoísmo existía como visión del mundo y como forma de ser mucho antes de la llegada del budismo.

que la «dosis mínima» es de veinticinco minutos diarios al aire libre. Como recurso para la salud, los bosques pueden encajar en un planteamiento moderno, centrado en el ser humano, en el que las criaturas salvajes, los lugares e incluso las culturas deben demostrar valor social y económico para obtener atención y apoyo. Es algo más que mera semántica reconocer que, aunque el tiempo en el bosque es terapéutico, el bosque no es un terapeuta. Ni una píldora, ni un spa. No es un engranaje de la industria capitalista del bienestar.

La ciencia que hay detrás de los baños de bosque es hermosa, *absolutamente hermosa*, pues confirma que hay una conexión elemental entre nuestros cuerpos y el cuerpo del planeta. Los baños de bosque guiados pueden inspirar asombro y amor. Sin embargo, debemos estar atentos a la forma en que nos relacionamos con esta ciencia. La línea entre la mercancía y la reciprocidad puede parecer delgada, pero es muy significativa.

La naturaleza reemplazable

Gran parte de la investigación sobre los baños de bosque y la curación en la naturaleza está llevando a la exploración de cómo los beneficios del mundo natural para los seres humanos se pueden aprovechar sin ningún contacto real con un bosque real, un solo árbol, o incluso el aire exterior. Los investigadores que extrapolan los efectos curativos de la naturaleza han aprendido que los presos en régimen de confinamiento solitario muestran menos estrés cuando se ejercitan en una sala en la que se proyectan vídeos de escenas naturales. La simple fragancia de ciertos árboles invita a la calma, haya o no árboles, al igual que los sonidos de la naturaleza grabados, e incluso la contemplación de una planta de interior.

Estos son aspectos positivos significativos. Las prácticas medicinales basadas en la naturaleza son una forma básica de relacionarse con la tierra —una forma ancestral renovada— y pueden sustituir a los tratamientos farmacéuticos más invasivos. Cuando no estoy escribiendo al aire libre, me siento en un escritorio donde se amontonan piedras, conchas, plantas, conos de abeto y la fragancia del aceite esencial de cedro flotando en el aire. Sin embargo, hay una pendiente resbaladiza en la que los «estímulos derivados de la naturaleza» de fácil acceso pueden llegar a sustituir nuestra necesaria atención a la naturaleza viva. Esta imitación de la naturaleza es bastante inofensiva si reconocemos un mal sustituto cuando lo vemos, pero a menudo no lo hacemos, especialmente cuando —como en el caso de la naturaleza salvaje— muchos de nosotros, los seres humanos modernos, sabemos muy poco de ella, para empezar.

En un irónico (e inquietante) giro, la investigación sobre los beneficios para la salud que se derivan del contacto con la naturaleza de fácil acceso puede hacer que las zonas salvajes remotas —las que están más allá de las carreteras y los senderos y de la utilidad humana, y que se deben proteger estrictamente en una época de extinciones masivas— corran el riesgo de parecer superfluas. Mientras escribo, *Walden: A Game* está recibiendo críticas muy favorables. En el deslumbrante escenario digitalizado del juego podemos oír a los pájaros, evitar la hiedra venenosa y reflexionar sobre el sentido de la vida dentro de la cabaña virtual de Thoreau, todo sin salir de la pantalla ni experimentar ningún tipo de estímulo visceral-olfativo.

El juego se anuncia como un «cambio de mundo». Ni siquiera tenemos que preguntarnos qué habría pensado el propio Thoreau. Como escribe Jack Turner en su apasionado y filosófico libro *The Abstract Wild* (*La naturaleza abstracta*): «La intimidad con lo falso no salvará lo real».

Un investigador dedicado a la ciencia de los baños de bosque proclama: «Sin ello, estaríamos de vuelta en Walden Pond». Se refiere al estanque real de Walden —no el virtual—, que, en su pensamiento, queda un paso atrás de nuestra moderna comprensión científica de la experiencia humana en la naturaleza. Sin embargo, en mi opinión, esta investigación poética nos devuelve al Walden Pond o a cualquier inmersión en la naturaleza terrestre, donde Thoreau no fue a preguntarse «¿Qué puede hacer la naturaleza por mí?», sino ¿Cómo debo vivir?

La tranquila ansiedad de la creación

Si me imaginas escribiendo tranquilamente este libro con un lápiz en la mano y un rústico cuaderno en el regazo, mientras tomo el sol bajo un viejo y frondoso arce cubierto de musgo y helechos, estarías en lo cierto la mayoría de las veces. Siempre prefiero escribir al aire libre, en proximidad con mi tema, e invento todo tipo de formas para hacerlo, incluso cuando no hace buen tiempo. Me pongo guantes sin dedos en otoño, llevo un termo de té con especias en busca de los escritorios de troncos junto a los senderos, enciendo un fuego en el anillo de la hoguera del patio trasero y acerco una silla. Cuando hace demasiado frío para trabajar al aire libre, sigo dando largos paseos e intento llevar la sensibilidad arraigada que recojo a mi estudio, con la ventana abierta solo un poco para que el exterior pueda entrar.

Pero ¿y la parte «serena»? Cualquiera que me conozca se reiría a carcajadas. A veces, claro, me siento tranquila y relajada entre los árboles, en la clásica postura de escritora de la naturaleza, volviendo la cara hacia las voces de los pájaros, como Keats bajo su ciruelo, mientras hago girar mi lápiz de punta fina. Sin embargo, soy en realidad una escritora inquieta, acosada por la ansiedad, el insomnio y las dudas, el miedo a los plazos, la dilación y la autocrítica por mi dilación. Muchos días cambiaría la página en blanco por un paseo descalza por un campo de serpientes de cascabel, y lo haría con mucho gusto.

Cuando estoy superestresada, un paseo por el bosque es el mejor remedio. Los poetas y los científicos (y los poetas-científicos) suelen sugerir que la calma que se obtiene proviene en gran parte de la *tranquilidad* del paisaje natural: la suave concentración que experimentamos en presencia de las olas que chapotean, las hojas que susurran y las nubes que vagan. Pero, aunque no encuentro ninguna ciencia que lo respalde, he llegado a comprender que no es solo la paz del verde del bosque lo que tranquiliza mi agitado sistema nervioso. Todo lo contrario: es el reconocimiento simultáneo de que todos los organismos del mundo natural son tan ansiosos y vulnerables como yo.

La vida de la mayoría de las criaturas, excepto la de los carnívoros de mayor nivel, transcurre en un estado de vigilancia constante para evitar ser devorados. Las plantas también comparten esta compulsión evolutiva, gastando bioenergía en la producción de espinas, toxinas, colores de advertencia y comunicación química con sus congéneres botánicos para evitar los mordiscos de insectos y ciervos. Los lobos, los pumas y los osos pardos, por su parte, se enfrentan a la cruel amenaza de no poder conseguir suficiente carne para mantenerse a sí mismos y a sus crías. El mundo natural es un lugar severo e incómodo; la ansiedad depresiva que me visita a veces, encuentra allí aceptación y consuelo, no en la belleza tranquila, sino en la continuidad, en la empatía mutua. Estamos todos juntos en esto. Tras despertarme con un paseo por mi bosque del noroeste, miro hacia arriba para ver las garras del gavilán de Cooper, calientes con la sangre del zorzalito de Swainson, en el borde del bosque; me siento arropada, vista, salvajemente serena. Afianzo mi mano temblorosa con una profunda bocanada de aire de los árboles y vuelvo a levantar el lápiz.

Ensuciarse durante un baño de bosque

Incluso cuando el baño de bosque implica un camino forestal de verdad, la experiencia queda a menudo irónicamente desvirtuada, y la desafiante verdad del bosque se minimiza. La experiencia relatada en el *Atlantic* es ilustrativa: «Nuestro guía ya se había ocupado de la parte difícil de encontrar un sendero con un mínimo desnivel y con un poco de hiedra venenosa a los lados». Es cierto que el objetivo del baño de bosque es la paz interior, la salud holística y la atención plena a través del tiempo en la naturaleza, no una experiencia real en la naturaleza. Pero me pregunto si se puede tener lo primero, realmente, en toda su profundidad y amplitud, sin lo segundo. Hay que permitir que la fructífera empatía de la inquieta y compleja naturaleza nos toque. Pienso en el escozor de las ortigas que tan a menudo rozan mis manos como un recordatorio de la vitalidad del bosque más allá de lo humano y de mi propia necesidad de atención, tan eficaz como una campanilla de meditación. Pienso en las palabras de *Benedicto*, de Edward Abbey, que mi hermana leyó en mi boda y que copié en la tarjeta de graduación de mi hija: *Que todos tus caminos sean torcidos…*

Y vuelvo a pensar en la serpiente de cascabel que casi pisé: en el bombeo de mi sangre, en mi miedo y en el pico de adrenalina, en mi risa vertiginosa cuando me di cuenta de que estaba a salvo, en mi conciencia iluminada de todos los pasos que siguieron, en mi intimidad visceral con la tierra y con todo lo que hay dentro, por encima y por debajo de ella. Incluida la serpiente que no quería morderme más de lo que yo quería ser mordida, estando las dos tan cerca en ese cálculo enérgico e inquietante de la naturaleza.

Caminar por el bosque para desestresarse y buscar la paz y enamorarse de la tierra es un tiempo sagrado. Esto es lo que la mayoría de nosotros quiere decir cuando hablamos coloquialmente de baños de bosque. Y ciertamente, el interés por la salud humana en los baños de bosque es inofensivo al lado de otros usos más destructivos de los lugares naturales. Sin embargo, mi deseo para todos nosotros es que los baños de bosque se guíen por nuestro conocimiento interior, y que no tengamos ni idea de lo que hay detrás de cada recodo del camino. Baños de bosque inmersivos e incómodos de los que salgamos con los tobillos irritados por el pinchazo de las ortigas, con líquenes enredados en las trenzas, guijarros en los bolsillos, y una incertidumbre sobre si el vello de nuestros brazos es pelo o pelaje. Que nuestro ritmo cardiaco esté en calma, pero que sea a la vez bellamente salvaje. Que volvamos a estar tan mezclados con la materia de la tierra que la primera persona que se tropiece con nosotros después de que hayamos vuelto a casa de nuestro vagabundeo nos mire y nos diga, con una mezcla de regaño, admiración, preocupación y ganas de salir corriendo por la puerta: «Necesitas un baño».

DESMERCANTILIZA EL BOSQUE

A SOLAS

La complejidad esencial de la soledad

Mi preciosa madre, Irene, me llamó el otro día, como hace habitualmente, para expresarme su preocupación por mi afición a acampar y a ir de excursión sola; sabía que estaba tramando una escapada para un futuro próximo. Mi madre me quiere, pero creo sinceramente que me internaría en una institución solo para asegurarse de que no me caigo por el saliente de un sendero o me ataca el oso de su imaginación materna. Llevo saliendo sola con una mochila a la espalda desde los tiempos del instituto, y le pregunto por qué no se opuso a mí con tanta rotundidad entonces. Me dice: «No me habrías hecho caso». Es curioso que piense que ahora, siendo una mujer adulta con una hija ya adulta, le voy a hacer más caso. Por supuesto que debemos tomar todas las precauciones de sentido común para no correr peligro, pero, según mi experiencia, no hay nada que conduzca más rápida y esencialmente a una sensación de plenitud más profunda, a una comprensión de la interrelación con toda la vida y a una claridad sobre el trabajo que estamos llamados a realizar en este momento en la tierra, que los periodos de soledad prolongada.

Una cultura de la insoledad

El tiempo a solas con la naturaleza es esencial, pero nuestra cultura no está disponible para esos interludios, y la mayoría de los seres humanos modernos no están acostumbrados ni habituados a ello y, por lo tanto, están mal preparados. Ahora, incluso el poco tiempo que encontramos para estar a solas con nuestros pensamientos —levantarnos temprano o quedarnos hasta tarde para tener la casa para nosotros solos, o incluso ir en autobús, o pasear por el parque de la ciudad— se ve interrumpido por la constante intrusión tecnológica de las alertas de los teléfonos que siempre llevamos encima. Si nos sentimos incómodos con nuestros momentos de soledad, es fácil encontrar un golpe de distracción en las redes sociales, ese rápido chute de deliciosa dopamina, que nos hace a todos involuntariamente adictos a esa actividad, aunque juzguemos que gran parte de ella es insustancial y perturbadora.

En un estudio ampliamente difundido y publicado en el número de julio de 2014 de *Science*, Timothy Wilson, de la Universidad de Virginia, y sus colegas proporcionaron a los participantes dispositivos de electrochoque que podían usar en sí mismos por decisión propia, y se les pidió que estuvieran a solas con sus pensamientos durante solo quince minutos, sin más distracción que su opción de utilizar el dispositivo de electrochoque. Todos los sujetos probaron el dispositivo antes de que empezaran los quince minutos para conocer la naturaleza exacta del trato, y aunque muchos de ellos dijeron que incluso pagarían dinero para evitar la descarga, cuando se enfrentaron al breve periodo sin distracciones, una cuarta parte de las mujeres y dos tercios de los hombres optaron por darse una dolorosa descarga en lugar de soportar la simple quietud. Un participante se dio 190 descargas en quince minutos (llamémoslo un caso atípico). Cuando se les pidió a los diferentes participantes que se tomaran entre seis y quince minutos de tiempo a solas en casa, más de la mitad admitió haber hecho trampas: poner música, mirar el teléfono u hojear un libro.

A salvo en el bosque

Mi marido, Tom, me ha hecho el gran regalo de respetar mi necesidad de momentos de soledad prolongados. En cuanto dejé de darle el pecho a nuestra hija, Claire, Tom me hizo un regalo: una noche en un pueblo del mar de Salish. A medida que Claire crecía, siempre me apoyó para que me fuera durante periodos más largos para pensar, escribir o simplemente estar sola, lo que considero también un regalo para nuestra hija: el ejemplo de que las madres pueden tener una vida creativa válida y tiempo para sí mismas.

La pregunta que más me hace la gente sobre mis experiencias en soledad no es «¿Qué viste?» o «¿Qué aprendiste?», sino «¿No tuviste miedo?». Y aunque me apetece más responder a las dos primeras preguntas, la verdad es que a menudo tengo miedo. Cuando duermo sola en el bosque, a veces *estoy* asustada. Hace años hice una excursión en solitario por el monte Rainier, guardián de la biorregión de Cascadia, llamada Tahoma o Tackoma por la gente de la Costa Salish. El ascenso fue largo y caluroso, y estaba agotada cuando llegué al pequeño y luminoso lago que era mi destino. La oscuridad cayó sobre mi mente y mi cuerpo mientras sorbía la sopa y observaba cómo las sombras se apoderaban del agua. Pensaba que dormiría tan tranquila como un cachorro de oso negro. Lo cual no ocurrió.

En cuanto me metí en mi pequeña y oscura tienda de campaña, empezaron los sonidos nocturnos, reales e imaginarios: hojas que se mueven, árboles que suspiran. El chasquido de una rama. Los latidos de mi corazón agitado. Pasos…

¿De qué? ¿Un ratón? ¿Un gato montés? Un hombre, oh Dios, es un hombre. ¿Cómo ha llegado un hombre hasta aquí? ¿Me ha visto comiendo la sopa? No, no hay ningún hombre. Pero he oído un gruñido. Espera, ¿lo oí? Sí, sí. Algo grande. Un puma. Me va a devorar un puma. Me arrastrará y no quedará nada más que mi diario y algo de sangre en el campamento, y mi desconsolada familia buscará mi cuerpo para siempre, y solo encontrará...

Me quedé despierta, pensando en detalles cada vez más espeluznantes de mi muerte, reprendiéndome a mí misma mientras tramaba mi huida.

¿Por qué he venido aquí? ¿Por qué he hecho esto? Mi madre tenía razón. Soy tan estúpida. Me iré a primera hora de la mañana, desayunaré más adelante para alejarme de este lugar espeluznante. Puedo empezar a recoger las cosas ahora, las cosas pequeñas a mi alcance. Con la primera luz, saldré, me iré. Y la próxima vez que piense en ir de excursión sola, recordaré esto y NO lo haré. Nunca, nunca volveré a hacer algo así.

Debo haberme quedado dormida en algún momento. Por la mañana, me desperté, escuchando ramitas, vientos y gruñidos. Solo había silencio. Abrí la cremallera de la tienda y miré más allá. La niebla se elevaba desde el lago en calma. Me arrastré fuera, me estiré. Los abetos alpinos ya estaban perfumados a la luz de la mañana. En el agua, una pareja de patos de cresta se deslizaba con cinco patitos. ¿Y al otro lado del pequeño lago? Una pequeña manada de alces. Aterciopelados, con las corvas blancas, majestuosos, suaves. Los pasos de sus cascos repiqueteaban a través de la niebla. Tan cerca.

¿Qué me pasó anoche? Maldita sea, estaba loca. ¿Cómo dejé volar mi imaginación de esa manera? Mira qué hermoso y seguro es esto. ¡Oh, qué regalo estar aquí sola! Estoy TAN contenta de no haber salido corriendo en la oscuridad de la madrugada... qué paz me estaría perdiendo. ¡Habría sido una estupidez!

Y cuando cayó la noche todo volvió a empezar.

Siempre creí que se trataba de mi pequeño suplicio privado, pero cuando empecé a hablar con amigas que hacían senderismo en solitario o acampaban, oí que mis sufrimientos encontraban un eco exacto. Jen Rose Smith escribió bien sobre este tema para la revista *Outside*. Ella simplemente se quedaba despierta en su campamento desde el anochecer hasta el amanecer, agotándose lo suficiente como para «dormir durante un maratón de películas de terror» en la tercera noche. Otras experimentadas e intrépidas excursionistas a las que entrevistó Smith le contaron que se enfrentan a «un viaje nocturno desquiciado mientras están solas en la tienda», paralizadas por el miedo e imaginando horripilantes titulares de periódicos. Una mujer dijo: «Llega un cierto punto en el que tengo tanto miedo que no puedo convencerme a mí misma de que no lo tenga y mi cerebro ya no razona». Los pensamientos nocturnos alocados parecen ir con el territorio.

Pero, aunque cualquiera puede pasar la noche en vela temiendo el ataque de un oso, la caída de un rayo durante una tormenta, o un árbol derribado por el viento sobre su tienda de campaña, son las mujeres las que más temen a otros seres humanos, hombres en particular. Nuestros miedos, escribe Smith, «giran en torno a las personas y contienen una inconfundible connotación sexual». Señala que crecer como mujer implica constantes advertencias sobre salir solas, y recordatorios de las precauciones que debemos tomar: caminar en grupo, no ir demasiado lejos, tal vez llevar un arma, ciertamente llevar un teléfono móvil. Me acuerdo de Caperucita Roja: Quédate en el camino; ve directa a la casa de tu abuela. Cuando Smith comparte su afición por la acampada en solitario con otras personas, al igual que yo, se encuentra con una avalancha de «consejos bien intencionados»; el más común es el de llevar a un amigo.

No es un mal consejo.[1] Sin duda, a veces es más seguro ir de excursión con otra persona. Pero eso no significa que ir de excursión o acampar sola sea inseguro, o no menos seguro que muchas otras cosas que hacemos y que están socialmente aceptadas. Smith recurre a las cifras: en 2014, hubo ochenta y tres violaciones en terrenos del Servicio de Parques Nacionales (es decir, una de cada 3.527.951 visitantes) frente a 84.041

1 Es, por supuesto, el consejo que le doy a mi propia hija, incluso queriendo que conozca la experiencia y el valor que aporta la soledad en la naturaleza. Pero este mismo día llegó a casa después de una excursión en solitario por las Cascadas y dijo: «Ahora entiendo por qué no quieres que vaya de excursión sola». Mi mente de madre saltó inmediatamente a decir: «¿Por qué? ¿Te ha asustado alguien?». Ella respondió: «¡No! Porque sabías que una vez que empezara a hacer senderismo en solitario sabría lo estupendo que es y nunca más querría hacer otra cosa».

(una de cada 3.794 personas) en el conjunto del país. También en 2014, hubo 14.249 asesinatos en el país y solo dieciséis en terrenos del Servicio de Parques. Y mientras que las personas que nos encontramos en el sendero somos probablemente todas desconocidas, más del 75 por ciento de las mujeres que son agredidas sexualmente conocen a sus atacantes. Smith escribe: «Al igual que una persona que teme a los aviones y a los tiburones más que a las autopistas y a las enfermedades del corazón, mis nerviosas noches en el bosque no reflejan el peligro real del mundo».

Me encantó encontrar esta perspectiva en una carta de 1862 de la mano de Emily Dickinson, cuando tenía treinta y un años. La poeta ha sido mitificada por su posterior carácter recluso, pero vagó libremente en su juventud: «Cuando iba mucho al bosque de pequeña, me decían que la serpiente me mordería, que podría coger una flor venenosa, o que los duendes me secuestrarían, pero iba y no me encontraba con nadie más que con los ángeles, que me tenían más miedo a mí que yo a ellos». Esto no quiere decir que no haya riesgos. Pero, para mí y para muchos, la sagrada recompensa de la soledad en la naturaleza hace que merezca la pena afrontar tanto el desafío de los locos de la noche como el riesgo calculado de emprender cualquier actividad exigente.

La cordura primordial de la soledad

El deseo de soledad es intenso. Los estudios revelan que el 85 por ciento de nosotros anhela pasar tiempo a solas. Sin embargo, la mayoría de las personas también temen ese tiempo. El psicólogo Bill Plotkin escribe en *Soulcraft: Crossing into the Mysteries of Nature and Psyche (Soulcraft: Cruzando los misterios de la naturaleza y la psique*): «Tal vez tengamos miedo a la soledad porque nos amenaza con el aburrimiento o con una ansiedad que puede llevarnos a verdades difíciles, a asuntos emocionales inacabados y al lado sombrío de la naturaleza humana». Pocas veces me aburro. Pero la parte de las «verdades difíciles» se refiere directamente a mi propia experiencia.

Cuando me aventuro en lugares salvajes para pasar periodos de soledad, siempre me lleva un tiempo hundirme en la presencia de poco más que mi propia mente y su experiencia del mundo, por muy bonito que sea el lugar en el que me encuentre. La ciudad y la vida cotidiana se aferran a mi piel y a mi cerebro, y les digo adiós con reticencia. Pero después de instalarme, me encuentro serena durante un tiempo, como una leona al sol disfrutando en el dulce y excepcional espacio abierto, y mis pensamientos vagan salvajemente, en una conexión con la vida que me rodea que transmite paz y encanto.

Al cabo de unas horas o días, esta sensación de recogimiento suele verse desplazada por una ansiedad que me estremece. Todos mis planes y proyectos me llaman. La soledad se burla de todos ellos, y de mí también. Me pongo nerviosa e inquieta. Mis pensamientos se convierten en cualquier cosa menos en dulces, ya que todas mis inseguridades, preocupaciones y miedos secretos quedan al descubierto y se escudriñan: los relativos a mí misma, a mis seres queridos y a la tierra. No puedo hacer que se detengan. Me preocupa mi coherencia mental: ¿Quizás sea que esta vez no vuelva? A veces mis fantasías parecen tomar forma y alzarse como voces, como presencias físicas aparentes.

En una ocasión, un lobo merodeó durante días por los límites de mi campamento. Me había instalado en la región más occidental por la que se han adentrado los lobos grises desde el comienzo de su recuperación en el estado de Washington.[2] Había tres en la zona que casi nunca se veían. Ansiaba ver uno, pero sabía que mis posibilidades eran infinitesimales, así que... ¿qué era este visitante lupino? No podía verlo, pero no se iba. «Quédate quieto —susurró mi mente… y luego gritó—: ¡No existe, y ya está!». Hasta que al final me quedé quieta, aceptando las visiones fugaces, sin esperar más. Aquella noche observé las estrellas, dormí y soñé. A la mañana siguiente me desperté y vi huellas alrededor de la hoguera, y una depresión ovalada en la que se había acurrucado una criatura al pie de mi cama, teñida de pelaje dorado-gris-marrón-negro. ¿Era esto un sueño? No. ¿Podría alguien más ver el pelaje? No lo sé.

Recuerdo la invocación de Walt Whitman en *Hojas de hierba*: «Dame la soledad, dame la Naturaleza. Dame de nuevo, oh Naturaleza, tu cordura primordial». Recuerdo también la «Divina locura» de Emily Dickinson, también basada en la

---

2 Los lobos grises fueron erradicados del estado de Washington a principios del siglo xx, pero en 2008 comenzaron a cruzar la frontera de la Columbia Británica de vuelta al extremo noreste del estado; por ello nos referimos aquí a la «recuperación del lobo», en lugar de a la «reintroducción del lobo», como es habitual en otros lugares. La población de lobos grises sigue aumentando y extendiéndose lentamente a pesar de que el Departamento de Pesca y Vida Silvestre mata agresivamente a los lobos en peligro de extinción para apaciguar a los ganaderos que pastorean ganado y ovejas en terrenos públicos.

observación de la naturaleza. La cordura aprobada socialmente no es la única, ni la de tipo más elevada.[3]

He pasado por ese ciclo suficientes veces como para saber lo que ocurre después del periodo de lágrimas, la espiral descendente y la tentación de huir. Después no hay nada. Solo una mente tranquila. La oscuridad que revela la luz de las estrellas, un manto de extraño confort. El canto de los pájaros, que es luminoso, vívido y dice mi nombre más verdadero. Cada célula de mi cuerpo siente y se desprende de la endeble cáscara de la piel. Capas psíquicas peladas, estrujadas y sustituidas por un sentido más profundo de mi ser interior, de mi lugar en la tierra, del interflujo, de mi soledad y mi participación simultáneas en el mundo natural. Una loca risa de ermitaña. Una locura.

El cerebro solitario

Místicos y poetas suelen alabar el riguroso autoexamen de conciencia que requiere la soledad. Pero me sorprendió descubrir

---

3 En varios borradores de este capítulo borré, luego sustituí, luego borré y luego sustituí esta pequeña nota sobre voces y presencias una y otra vez, temiendo parecer aún más precaria mentalmente de lo que en realidad soy. Pero al final la dejé porque es mi verdadera experiencia, y también porque este mismo tipo de visitas de voz y visión son una de las razones por las que los humanos han buscado durante siglos la soledad salvaje. Sin embargo, hay una delgada línea que no estoy en absoluto calificada para caminar en nombre de los demás: escuchar voces puede ser un signo de esquizofrenia y otras condiciones serias de salud mental que requieren consejo y atención profesionales. Cualquiera que se encuentre en un periodo de depresión grave, ansiedad, ataques de pánico o manía, o que esté luchando contra una adicción, debería buscar una base personal sólida antes de aventurarse en una soledad prolongada.

que mi experiencia se reflejaba con tanta precisión en la investigación científica sobre los efectos de la soledad en el cerebro. El Dr. Marcus Raichle, profesor de radiología y neurología en la Universidad de Washington, descubrió que nuestros cerebros están en la mayoría de los momentos increíblemente llenos, activos y «encendidos». Hemos oído una y otra vez que solo utilizamos una pequeña parte de nuestro cerebro en un momento dado, pero, según Raichle, esto no es cierto. Más bien, nuestros cerebros funcionan a un 95 por ciento de su potencial la mayor parte del tiempo. Hay una cantidad asombrosa de actividad de fondo, más que nunca en esta era de conexión tecnológica constante.

En la década de 1990, Raichle y sus colegas estudiaron las partes del cerebro que se activan con determinadas tareas. Descubrieron inesperadamente que hay una serie de áreas que se iluminan solo cuando no hay distracciones externas. Entre ellas se encuentran los procesos «autorreferenciales», muy potentes, como el recuerdo de memorias personales, estados emocionales y sentimientos, y la evaluación de la información sensorial. Cuando se eliminan las distracciones externas, estas partes del cerebro pueden trabajar a pleno rendimiento.

No es de extrañar que la soledad sea tan desconcertante, poderosa y esencial. La soledad permite que la enormidad de nuestro paisaje cerebral se mueva libremente. La soledad permite que afloren nuestros sentimientos y recuerdos más sensibles y los juicios sobre nosotros mismos. La soledad nos libera de lo que la ciencia psiquiátrica llama el efecto foco: la tendencia que tenemos en público a sobrevalorar la atención que los demás prestan a nuestros logros, nuestros errores, nuestra apariencia y las palabras que salen de nuestra boca. La soledad nos libera de la compulsión (para algunos, una adicción) de organizar y mostrar nuestras vidas en las redes sociales, permitiendo así que nuestras interacciones con nosotros mismos, con los demás y con el mundo natural sean completamente lo que son en sí mismas, sin superponerse a una narrativa artificial para la que buscamos validación y aprobación. La soledad permite que nuestros cerebros formen raíces neuronales interconectadas más allá de las que normalmente utilizamos.

Estas son algunas de las razones por las que miles de santos, buscadores, artistas, filósofos y estudiantes de la naturaleza de todas las épocas y culturas han conspirado para crear periodos de soledad para sí mismos. Así se produce un desapego y emerge la simplicidad (el tiempo en la naturaleza nos muestra lo poco que realmente necesitamos las cosas materiales con las que sobrecargamos nuestra vida humana moderna). Aquí, las capas de la psique se desprenden, una a una, hasta llegar a un centro fundamental y luminoso. Aquí comprendemos «nuestra forma única de pertenecer a este mundo», como dice Plotkin, fuera de las expectativas de la sociedad, la familia y, sobre todo, de nosotros mismos.

Gracias al acierto poético de la etimología, vemos que la palabra *alone* (solo o sola), del inglés medio, no procede de la separación, sino de todo (*all*) y de uno (*one*). Las dos cosas a la vez. Aunque la soledad prolongada nos lleva a una sensación de tranquilidad inspirada en nuestra mente individual, también nos conduce paradójicamente a una comprensión más profunda de nuestra interconexión esencial con otros seres humanos y con el mundo más allá de lo humano. Miramos a nuestro alrededor, a los árboles, los pájaros, las flores, los zorros y descubrimos que no son «otros» en absoluto.

Sin embargo, no todas las soledades son iguales. Es importante distinguir entre la soledad positiva y el aislamiento no deseado. Para que sea beneficiosa, la soledad debe ser elegida voluntariamente, y tiene que haber una salida: la opción de volver a la vida social si se necesita o se quiere. Los efectos del aislamiento social crónico son desalentadores, ya que la tasa de mortalidad de las personas aisladas de la compañía humana por circunstancias de la vida es un 26 por ciento mayor que la de quienes viven con un mínimo de compañía humana.

Las repercusiones del aislamiento para los presos son terribles y a veces irreparables. En comparación con la población penitenciaria en general, los presos en régimen de aislamiento desarrollan trastornos psiquiátricos, deterioro de la salud física, enfermedades sin causa aparente y una tasa de mortalidad extremadamente superior. La soledad intencionada y positiva no tiene ninguno de estos efectos. La poetisa Jane Hirshfield escribe en «Vinagre y aceite», de su exquisita colección *Come, Thief*:

La soledad equivocada avinagra el alma,
la soledad adecuada la lubrica.

Florecer

La soledad es a veces un desafío extremo; esa es una de las razones por las que la buscamos, parte de su gracia salvaje. También puede ser un privilegio económico, difícil de encontrar como trabajadores modernos, cuidadores, estudiantes y padres.

Robamos momentos como podemos, y buscamos lapsos más largos cuando podemos. Un retiro solitario puede ser, al principio, solo una hora aquí y allá, en el patio trasero, o bajo un árbol del parque, o en medio de la noche.

Dejar de lado la tecnología durante un tiempo intencionadamente y estar a solas es esencial por sus beneficios cognitivos, la reparación neurológica y la claridad espiritual que son los dones de la soledad. Múltiples estudios demuestran que la ansiedad se reduce notablemente, y obtenemos beneficios similares a los de la soledad, no simplemente apagando nuestros teléfonos, sino *teniéndolos físicamente lejos de nosotros*. Si el teléfono es esencial para la seguridad durante el tiempo de soledad, apaga las alertas, tapa la pantalla —simplemente pega un papel sobre ella— y guárdalo en algún lugar al que sea muy difícil acceder. Siempre me sorprende el tiempo que tardo en abandonar el impulso de coger el teléfono, a menudo sin ninguna razón, más que para «comprobar». ¿Comprobar qué? Siempre es algo de lo que puedo prescindir por el momento. Es imperativo que nos demos tiempo para liberar nuestras mentes incluso de la posibilidad de una conectividad constante, para «normalizar la desactivación», como dice la herbolaria Sophia Rose, permitiendo que nuestras conexiones neuronales embrujadas descansen y se recompongan.

Considera la posibilidad de dejar de lado el tiempo: deja de referirte a las horas lineales y numeradas para comprender el ritmo del mundo natural y las necesidades de tu propio cuerpo. Duerme cuando estés cansado, come cuando tengas hambre y despiértate cuando lo desees: la medianoche no es solo para las pesadillas y el insomnio, sino para los sonidos nocturnos, la luz de la luna y una mente que no se distraiga con las formas del día iluminadas por el sol. Hay que llevar pocas cosas que distraigan, tal vez un cuaderno para explorar los pensamientos, pero no un libro. Lo que buscamos son nuestras mentes y visiones, no las de los demás. Cuando la ansiedad y las dudas resulten abrumadoras, intenta dejar que te arrastren: hay un fondo y claridad al otro lado. El desapego psíquico y los rizomas de conexión resultantes que se forman dentro de nuestros hermosos cerebros están entre los beneficios más apreciados de la soledad.

¿Te asustas? Tranquilízate. Recuerda que has venido aquí a propósito, incluso sabiendo que sería difícil. Recuerda la visión que tenías de ti misma en la soledad: tranquila, alerta, abierta. Valiente. Recuerda que la vida humana, cualquier vida, no está siempre envuelta en facilidad y comodidad, que nuestras mentes están condicionadas a estar ansiosas en situaciones nuevas, y ahí estás, un poco incómoda pero totalmente a salvo. Concéntrate en sentir gratitud por este tiempo y recuérdate a ti misma de nuevo: *has venido aquí a propósito.* Todo por lo que estás viviendo ha sido compartido por miles de otros buscadores y buscadoras de soledad a lo largo del tiempo.

Regresar

La necesidad de regresar es casi universal. Algunos pocos solitarios encuentran su paz y su vocación en la vida de contemplación del ermitaño, su quietud reverbera sobre una tierra acelerada. Para el resto de nosotros, hay una vocación diferente. Más allá del impulso de huir de la soledad y de la paz que le sigue viene otra sensibilidad: es el momento de recoger las lecciones otorgadas y volver de nuevo a la vida cotidiana y a la compañía.

Thomas Merton descubrió que la vida de pura soledad que anhelaba iba en contra de su naturaleza humana. Trabajó durante años para convencer a sus superiores en la Abadía de Getsemaní en Kentucky para que lo liberaran de sus deberes monásticos regulares y de las oraciones comunitarias y le permitieran habitar en una ermita en el bosque. Cuando por fin su deseo le fue concedido, apenas pasó una semana antes de que informara que ninguno de sus hermanos había venido a ver cómo estaba (y nunca se animó a vivir como un verdadero solitario).

Algunos solitarios se sienten llamados a volver de su retiro. Catalina de Siena fue una niña precoz y aficionada a los libros. En contra de todas las convenciones de la Italia del siglo XIV, e incitando la furia de su padre, que deseaba que estuviera bien casada, Catalina se encerró en su habitación a los dieciséis años, creando su propia celda monástica. Allí planeó vivir toda su vida en el ascetismo, la contemplación, la sencillez y, a veces, el éxtasis. Después de tres años de vivir así (su padre finalmente se resignó), Catalina tuvo una visión sustancial de su Amado divino de pie, un poco más allá del marco de su puerta y llamándola a salir: «El servicio que no puedes prestarme a mí debes prestárselo a tu prójimo». El Amado —percibió de repente en una visión que comparten los místicos de todas las culturas— estaba en todos, en todo, en todas partes. Catalina comenzó con lo básico, bajando a participar en la cena familiar, donde fue recibida por sus estupefactos padres, así como por sus cuñadas y los hijos que se habían unido al clan durante su soledad y a los que nunca había visto. Pasó el resto de su vida trabajando por la justicia social.

Para la mayoría de nosotros, la llamada de vuelta al hogar es dulce, y no menos salvaje que el anhelo de soledad. El tiempo a solas enciende la vida en la comunidad terrenal.

A VECES, QUÉDATE A SOLAS

NO VER

Volver a una oscuridad fructífera

Nunca he tenido una buena visión nocturna. Ya de niña me di cuenta de que no veía tan bien en la oscuridad como mis amigos. Así que, después de graduarme en la universidad y mudarme a Minnesota por un tiempo para trabajar como naturalista en un centro de aprendizaje medioambiental, decidí averiguar qué podía hacer. No creía que hubiera forma de mejorar mi visión nocturna; solo quería estar más cómoda con la que tenía y poder estar en casa a oscuras.

Vivía en un coqueto y destartalado remolque caravana con los otros naturalistas, y un hurón al que le gustaba dormir en nuestras camas y mordisquearnos los dedos de los pies; había un lago prácticamente nada más salir por la puerta; colimbos en el lago que nos cantaban despiertos y dormidos, y al despertarnos de nuevo; y los típicos romaces apasionados que surgen y acaban cuando se juntan veinteañeros durante una serie de días calurosos de verano y noches sin horarios. El centro estaba al final de un camino de tierra al norte de todos los caminos de tierra de Minnesota. Solo unas pocas millas de tierra lacustre nos separaban de la zona oficial de Boundary Waters Wilderness, y luego de Quetico, en Canadá. Nuestro lago Flathead tenía cinco kilómetros de sendero a su alrededor: perfecto, decidí, para mi proyecto de mejorar mi visión nocturna.

Pasos en la oscuridad

El experimento fue así: caminaba alrededor del lago todas las noches, sola, llevando mocasines con finas suelas de cuero para que mis pies estuvieran protegidos de las piedras afiladas y las púas de los puercoespines errantes, pero pudieran sentir el suelo. Asi que me abría paso con ligereza por el terreno, aprendiendo a caminar al menos con cierto aplomo, con los pies sin la red de seguridad de la luz del día. Para no hacer trampas, decidí no llevar una linterna, ni siquiera una con filtro rojo que protegiera la visión nocturna (no he dicho que mi experimento fuera muy seguro; desde luego, no se lo dije a mi madre). Pero, a diferencia de mis viajes de acampada en solitario, no dormía sola allí, y después de unas cuantas noches de exploración, muy pocas veces sentí miedo. Al fin y al cabo, conocía bien el camino, estaba cerca de mi casita, el sendero era llano y no había nada de donde caerse, y mis amigos estaban al corriente de lo que hacía y me buscarían si no volvía en un periodo razonable de tiempo.

Pero nunca pasó nada. Me tropecé y me caí unas cuantas veces de bruces. Y mi trasero también sufrió. Me sangraron las rodillas. Por lo demás, fue una indagación inofensiva y hermosa. Como era de prever, mi visión no mejoró en la oscuridad, pero sí que llegué a sentirme más cómoda sin ver. Vagaba con confianza y cada noche me gustaban más mis paseos. Cuando caía el crepúsculo, recordaba con deleite el canto

Tohono O'odham compartido por la *roshi* budista norteamericana Joan Halifax: *Hacia mí viene la oscuridad traqueteando. En la gran noche, mi corazón se apagará.* Y aunque dije que, por lo general, nunca ocurrió nada, en realidad una noche sí que ocurrió algo.

A mitad de camino alrededor del lago, bajo un cuarto de luna brillante, oí un ruido muy fuerte, un *chapoteo* de algo que caía al agua, justo después del sendero. Un *chapoteo.* Incluso teniendo en cuenta una imaginación nocturna hiperactiva, el sonido solo podría haberlo hecho una criatura enorme. Estábamos en el país de los lobos, pero no se había visto ninguno en el centro desde hacía mucho tiempo. Los pumas eran muy poco frecuentes. Allí estaba el castor residente, amistoso y ciego de un ojo; le gustaba nadar junto a nuestras canoas, pero seguro que a estas horas estaba acurrucado en su cabaña. Teníamos toneladas de ciervos de cola blanca, que es lo que yo suponía que era. Y teníamos alces.

Al ser una chica del noroeste del Pacífico, estaba familiarizada con los alces, pero fue durante esta estancia en Minnesota cuando me encontré por primera vez con ellos, y al instante me encantaron. Enormes, desgarbados y gráciles en una extraña forma «alceana». Me encantaron sus cuernos con forma extraña y las plumas de sus pestañas, luminosas a la luz de los faros del coche —porque es donde casi siempre veíamos a los alces—, de pie en medio de la carretera cuando íbamos de camino a casa después de tomar una o dos cervezas en Isabella, el pueblo más cercano (población en ese momento: 83). De pie y sin moverse. Ocupando toda la maldita carretera. Esperábamos, tocábamos el claxon, gritábamos. Pero un alce no se mueve a menos que quiera.

La mayoría de los otros naturalistas con los que trabajé eran de la región y sabían más sobre los alces que yo, pero sus informes eran contradictorios y dudosos. Algunos me dijeron que los alces eran peligrosos. Otros me dijeron que eran benignos a menos que se les provocara o asustara. Todos coincidían en que había que mantenerse a una distancia de seguridad, solo por si acaso.

Después del estruendo se hizo el silencio, así que una vez que me tranquilicé, anduve unos pasos más y volví a oír el sonido: pasos pesados, ahora en la orilla, y luego la silueta que los acompañaba: un alce ciclópeo. Sin cuernos en el verano, era probablemente una hembra que había ido a mordisquear el arroz salvaje que florecía en la orilla del lago. Y ahí estaba yo, exactamente a cinco metros de un alce hembra adulto. «Corre —dijo mi cerebro—. Quédate —dijo mi estupidez—, nunca has estado tan cerca de un alce, ¡qué emocionante!». *¡Corre! ¡Quédate! ¡Corre! ¡Quédate!*

Entretanto, mi nueva amiga alce también estaba calibrando la situación. Me miró fijamente durante unos minutos mientras yo me quedaba quieta, con mi curiosidad de naturalista sobreponiéndose al sentido común. Esperé a ver qué sucedía, di unos pasos atrás para dejarle más espacio al alce y, salvo por los latidos de mi corazón y la sangre que oía correr por mis venas (lo juro), me quedé más quieta que nunca. El alce salía del agua y parecía acercarse tambaleante en dirección a mí. Echar a correr empezó a parecer lo más sensato.[1]

---

1 Descargo: Irse habría sido lo más sensato. Nunca te acerques a un alce (o ciervo o a cualquier otra criatura salvaje en absoluto). Si te

Pero entonces ocurrió lo más hermoso. El alce flexionó esas patas tan largas y las dobló, bajando despacio y con cuidado al suelo, primero la parte delantera y luego la trasera. Tardó una eternidad, y no fue para nada un esfuerzo proverbialmente elegante. Al final consiguió doblar las patas debajo del pecho, como un gato. Me miró, luego miró hacia otro lado, al lago, mientras rumiaba sus pensamientos nocturnos de alce.

Bueno, está bien: si ese alce estaba lo suficientemente cómodo como para sentarse entre los árboles y las hierbas con una intrusa tan singular como yo, por mi parte también lo estaba. Di un par de pasos más hacia atrás, hasta el otro lado del sendero, y me senté también.

El alce siguió contemplando la densa oscuridad, y apenas pude distinguir el líquido de sus ojos resplandecientes. Cerró los párpados con sus pestañas de mariposa. Me senté con el animal hasta que temblé de frío, y luego me levanté despacio. Mi alce somnoliento, si captó mi movimiento, no mostró ninguna señal. Con esta falta de luz veía y no veía al alce. Tuve que suavizar los ojos, dejar de lado mis nociones preconcebidas sobre la vista. «Ver en la oscuridad» tal vez nunca sería un objetivo adecuado. Aquí había un nuevo tipo de claridad. La verdadera visión nocturna, vacía de concepciones culturales, es esencialmente un *no ver*.

Me parecía una grosería, una falta de educación salvaje, cruzar delante del alce y seguir mi camino. Así que me di la vuelta y volví sobre mis pasos de regreso a casa en la oscuridad, llena de asombro.

---

encuentras involuntariamente en la proximidad de un alce, como me pasó a mí, vete con calma.

Cuando la oscuridad se convirtió en maldad

De alguna manera, en nuestro lenguaje y en nuestra psique, hemos llegado a equiparar el bien con la luz y el mal con la oscuridad. El simbolismo es profundo. Lo vemos en nuestra poesía, religión, canciones y en nuestra mitología cultural: «Los que están en la oscuridad han visto una gran luz», proclama el himno cristiano. En las iglesias de todo el mundo «esperamos la luz»; en los tiempos difíciles recordamos que la luz volverá. Las personas que crean un cambio social positivo son «portadoras de luz». En *La Guerra de las Galaxias*, los Jedis ven la «oscuridad» en las personas, o que una persona que se ha pasado al bando de la destrucción no tiene «luz». Todo el lado enemigo, de hecho, se llama el lado oscuro. Para Tolkien, la oscuridad era esgrimida como arma por los Señores Oscuros de la Tierra Media (sí). «Eso», en *Una arruga en el tiempo*, de Madeleine L'Engle, se manifiesta en la propagación de la oscuridad. Los jóvenes héroes de Susan Cooper luchan siempre contra el mal de la Oscuridad. Vivimos, lo sabemos por los expertos en política y medio ambiente, una «época oscura». Podría seguir durante páginas.

Ursula K. Le Guin desmintió la tendencia de la fantasía literaria a pintar el mal como algo oscuro en sus innovadores libros de Terramar, donde incluso el título habla de la falsedad de tal dualidad (no es de extrañar que más tarde compusiera una de las más bellas versiones en inglés de la obra de Lao-Tse, el *Tao Te Ching*, donde se desentrañan todas las falsas dicotomías). El joven e ingenuo mago Ged, en un alarde de ego mientras discute con un rival, invoca su propia sombra y la pierde en el mundo. Se pasa años (y varios libros) huyendo de ella, temiéndola, tratando de evitar que destruya todo lo que es bueno y fructífero en el mundo. Pero al final es él quien se enfrenta a ella (con la ayuda de los dragones, por supuesto) —integrando la complejidad de su sombra, su yo oscuro disociado— lo que conduce a su propia salvación y la de toda Terramar, un retorno al equilibrio cantado en el himno de la Creación del mundo de Ea:

Solo en el silencio la palabra,
Solo en la oscuridad la luz,
Solo en la vida moribunda
Brillante el vuelo del halcón
En un cielo vacío.

La oscuridad protectora

Nunca me había dado cuenta de lo arraigado que estaba este simbolismo en mi propia psique hasta que resolví componer todo este libro sin utilizarlo. Me he sorprendido a mí misma metiéndolo en una línea una y otra vez, y luego tachándolo.

Es una metáfora poderosa. Todos hemos sentido la serenidad de la luz del sol en nuestra cara en el momento justo, aportando calor, curación, comodidad. Todos hemos sentido el alivio del amanecer después de una larga noche de inquietud o insomnio. Todos hemos encontrado misericordia en un nuevo día, ofreciendo la tan necesaria renovación. Y, sin embargo, todas estas cosas pueden ser abrazadas sin desterrar la oscuridad como algo antitético al bien en nuestra mitología cultural moderna.

Los árboles y todas las plantas son nuestros grandes mentores en esto, pues siempre crecen en dos direcciones a la vez. Hildegarda de Bingen basó tanto su ecoespiritualidad como su medicina herbal en este conocimiento. Su concepto central de *viriditas*, o «verdor» divino, santifica algo más que los musgos y el color de las hojas; una y otra vez, Hildegarda apela a la interdependencia de los árboles, las semillas, el espíritu y el suelo como cocreadores sagrados. Utilizaba varios árboles en sus curas prácticas, pero también eran sustitutos del mítico árbol de la vida en sus escritos y visiones. En uno de los mejores himnos de Hildegarda, canta a los árboles de su exuberante tierra del Rin: «Oh, felices raíces, mediadoras y ramas...». Las raíces «felices», siempre bajo tierra, crecen con el particular favor de lo divino (y tal vez de la propia Hildegarda: se especula con que algunas de sus visiones pueden haber sido potenciadas por la raíz alucinógena de la mandrágora, que ella prescribía como cura para la depresión). La ramificación verde solo se refleja, y siempre, en la más arraigada oscuridad, el lugar del que también venimos nosotros y al que un día volveremos. Estar completo en la tierra es abrazar esta exuberante oscuridad, el paisaje que visitamos con cada ciclo del día a la noche.

La oscuridad posee su propia gracia esencial. Posibilita imaginaciones liminales, a las que es más difícil acceder que en la dispersa luz del día. La oscuridad trae el sueño reparador y la ensoñación que nuestros cuerpos y psiques necesitan. La oscuridad toma el ajetreo del día y lo transforma en quietud, en silencio. La oscuridad nos trae la luz de las estrellas. La oscuridad borra nuestra visión del horizonte, obligándonos a confiar en una espaciosa visión interior que la luz del día no puede proporcionar. La oscuridad ofrece un complejo refugio para todos los seres y todos los aspectos del ser. Como dice John O'Donohue: «Los árboles, las montañas, los campos y los rostros se liberan de la prisión de la forma y del peso de su exposición. Cada cosa vuelve a su propia naturaleza dentro del refugio de la oscuridad».

La oscuridad se hermana con la luz como fundamento primordial de la existencia. Muchos mitos (Gilgamesh, Orfeo, Perséfone, Eneas, Dante) recrean el viaje griego de la *katabasis*: el descenso a un inframundo oscuro que dará paso a la consiguiente vida de un buscador heroico tras su regreso a la superficie. Sin embargo, para la mayoría de los organismos de la tierra no hay «retorno» a la luz; la plenitud del ser se encuentra en la propia oscuridad. El 90 por ciento de la vida se desarrolla en oscuridad completa y eterna: bajo el suelo que acuna cada pisada, y bajo el mar, donde existen mundos enteros sin la penetración de luz alguna. Sin la oscuridad absoluta, la semilla no germinaría, los descomponedores y los hongos que viven bajo la tierra no trabajarían, la transformación de la muerte en nueva vida dejaría de girar.

La oscuridad perdida

La mayoría de los habitantes de gran parte del planeta vive ahora dentro de un constante resplandor de luz artificial, y apenas estamos empezando a comprender de qué modo este «verano eterno», como lo llaman los científicos, afecta a los habitantes de la tierra: tanto a nosotros, los seres humanos, como a otros seres. La migración de las aves es una de las interrupciones más estudiadas de los patrones de vida de los animales frente a la luz no natural. En el mejor de los casos, la migración está alterada, siendo un delicado equilibrio de energía y suerte. Las aves que viajan lo hacen en el más delicado equilibrio: con suficiente comida para llegar al siguiente lugar de descanso, pero no demasiada como para añadir peso que haga que el vuelo sea demasiado fatigoso; vientos y el tiempo; escalas fructíferas. Todo esto es cambiante e incierto. Las aves marinas jóvenes caen en el océano por agotamiento, las currucas mueren de sed, los colibríes de hambre.

Los cambios antropogénicos han hecho que la migración sea aún más peligrosa. Muchas aves vuelan desde su memoria ancestral a escalas boscosas y las encuentran ocupadas por hormigón, por almacenes, por condominios o arrasadas por la crisis climática y los incendios forestales o transformadas en monocultivos estériles, o simplemente demasiado despojadas para ofrecer alimento. La mayoría de los pájaros cantores migran de noche, y sus vuelos se ven interrumpidos por la confusión de la constante luz nocturna de los centros urbanos. Un estudio reciente sugiere que hasta mil millones de aves mueren cada año por colisión con edificios. La mayoría de estas muertes se atribuyen a la luz artificial que altera los ritmos circadianos y desvirtúa los marcadores visuales de migración. Las aves confunden las luces de las calles, las luces de las oficinas, las luces de las casas y las luces de los hoteles con el resplandor de la luna y las estrellas, el juego de sombras sobre el agua, o la luminiscencia del océano. Hay pocos lugares en todo el noreste de Estados Unidos (donde se ha llevado a cabo la mayor parte de la investigación) en que las aves migratorias no se vean confundidas por el resplandor preternatural de una ciudad.

No son solo las aves las que luchan. Se habla metafóricamente de sentirse «atraídos como una polilla a la llama», y vemos a las polillas en trance y revoloteando en torno a las luces de nuestros porches. Pero las polillas no se sienten atraídas por la luz, sino que esta las confunde, al igual que a sus sistemas de navegación, como a las aves. Al reunirse alrededor de las lámparas de exterior, las polillas son devoradas por los depredadores o mueren por sobrecalentamiento. Esta interrupción de su ciclo natural se extiende a toda la vida. Estamos empezando a comprender la importancia de las polillas en la polinización; transportan el polen a mayores distancias que las abejas, y ayudan a aumentar la diversidad y a disminuir la endogamia botánica.

En cuanto a otras criaturas, tenemos poca idea de hasta qué punto la implacable luz artificial afecta a la mayoría de ellas, pero sabemos que las consecuencias son galopantes. Hace años trabajé para el Departamento de Pesca y Vida Silvestre en las remotas Islas Noroccidentales de Hawái, en la diminuta isla de Tern, donde cuatro de nosotros estábamos alojados en una vieja estación LORAN de la Guardia Costera, situada en un terreno de apenas cuarenta hectáreas dentro de un cambiante arrecife de coral. Seguíamos de cerca los nidos de tortuga verde, en peligro de extinción, y sus fechas previstas de eclosión (unos sesenta días desde el momento en que la madre tortuga ponía sus huevos) para asegurarnos de apagar las pocas luces que teníamos encendidas por la noche, ya que las crías —pequeños volcanes de perfectas tortugas marinas en miniatura que salían de sus oscuros nidos bajo la arena coralina— se desorientaban ante cualquier luz que las alejara del resplandor del océano. Recuerdo haber recogido las tortuguitas en mi falda y correr de un lado a otro entre el agua y el nido mientras otras se alejaban flotando, bendiciendo a cada una mientras las colocaba cerca del agua para que pudieran arrastrar la última pata hacia sus salvajes —y muy probablemente breves— nuevas vidas (muy pocas sobreviven, pero las que lo consiguen pueden vivir cientos de años). Numerosos nidos sin vigilancia cerca de los lugares más poblados dan a luz tortugas marinas a las que les atrae la luz artificial y se desecan al amanecer.[2]

Los árboles también evolucionaron para florecer dentro de una transición regular del día a la noche, los ritmos del sol y la luna. Los árboles y las plantas miden la luz a nivel molecular, por lo que la duración del día les permite conocer la estación y seguir sus ciclos naturales de fotosíntesis, los brotes de primavera, la coloración y caída final de las hojas. La luz antropogénica desordena todo esto. Confundidos por una duración del día aparentemente prolongada, los patrones de floración cambian y el crecimiento continúa más allá del marco temporal típico, e impide la esencial latencia que permite a los árboles sobrevivir a los desafíos del invierno.

Apenas estamos empezando a entender las formas únicas en que los animales, los árboles y otras plantas perciben el mundo que los rodea. Más allá de la supervivencia biológica, debemos reflexionar también sobre la aguda e inspirada capacidad de respuesta de nuestras plantas y animales a los patrones

2 ¿Por qué llevamos a las crías de tortuga al agua? Formaba parte de nuestro trabajo ayudar a esta especie en peligro de extinción a llegar al océano antes de que fueran recogidas y devoradas como palomitas de maíz por los largos picos de las fragatas que esperan (que tienen muchas cosas que comer que no están en peligro de extinción).

de luz antropogénicos. ¿Qué deben sentir y saber de esto? ¿Extrañan, en un modo animal-árbol, la oscuridad absoluta en la que habitar y para la que han evolucionado?

Animales humanos en la oscuridad

Nuestro yo humano-animal también necesita de la oscuridad. Todos hemos experimentado momentos en la oscuridad en que nuestros sentidos más allá de la visión se intensifican: la inhalación de fragancias; la complejidad de la tierra bajo nuestros pies, como en mi paseo nocturno con los alces; los cantos de los seres de la tierra —árboles, roedores y pájaros nocturnos— más brillantes y estratificados y ruidosos; nuestra vista interior; nuestro tacto con cualquier cosa. Todo se vuelve más agudo. Hay una razón por la que apagamos las luces para el sexo, y solo una parte de ella es la preocupación de que nuestros abdominales no estén lo suficientemente apretados para su escrutinio a la luz del sol. El órgano de nuestra piel está más alerta en la oscuridad cuando nos acercamos el uno al otro sin la distracción de alimentar los ojos: nuestras pieles buscan el regocijo de otro cuerpo.

Más allá de todo esto, una nueva investigación muestra que nuestra salud física puede empeorar drásticamente por el mundo del eterno verano que hemos creado con luz artificial y temperaturas interiores siempre estables. En un estudio de 2016 publicado en *Current Biology*, científicos de los Países Bajos demostraron que «la ausencia de ritmos ambientales conduce a una grave alteración de una amplia variedad de parámetros de salud». Los ratones mantenidos en la luz constante durante varias semanas mostraron un aumento de la inflamación, un sistema inmunitario deprimido, pérdida muscular y osteoporosis... todos los signos de «fragilidad» que conlleva la edad. Con más del 75 por ciento de la población mundial expuesta a la luz durante la noche, una deficiencia de oscuridad natural puede estar haciendo que nuestros cuerpos envejezcan más rápido. Y aunque los investigadores señalan que los estudios no se han llevado a cabo en seres humanos, hay otras pruebas que apoyan la respuesta humana directa a la falta de oscuridad.

La tortura psicológica de mantener a los prisioneros bajo una luz brillante constantemente se basa en la neurociencia, que muestra que no solo nos volvemos psicológicamente inestables sin la oscuridad, sino que también nos debilitamos físicamente: aumenta la presión arterial, falla la inmunidad, aumentan los ataques cardíacos, los derrames cerebrales y las enfermedades cardiovasculares; el metabolismo se desequilibra, aparece un dolor generalizado en todo el sistema músculo-esquelético; la probabilidad de muerte por cualquier causa. La privación de oscuridad en las prisiones es una forma abierta de tortura psicológica y una forma sigilosa de tortura física.

La vida a la velocidad de la oscuridad

Puede que los seres humanos no sean nocturnos, pero somos criaturas tanto de la noche como de la luz. La oscuridad nos sitúa en un terreno desorientador, y aporta consuelo y malestar de forma alterna o simultánea. Escribo en una época de incertidumbre global, dentro de una crisis de colapso ecológico y

—en este momento— en cuarentena durante una pandemia mundial. Escribo en un contexto de racismo sistémico que conduce a un nivel de malestar civil y de protesta sin precedentes en mi vida. Todo el mundo, desde los gurús de la autoayuda y los instructores de meditación Vipassana hasta mi propio y sabio terapeuta, sugieren que aprendamos a estar «cómodos en la incomodidad». Pero ¿es este el mejor consejo? La ecofilósofa y activista budista Joanna Macy señala que, en gran parte de las enseñanzas espirituales, «el dolor y la ira por las condiciones sociales y ecológicas actuales se consideran entonces como *apegos* y se juzgan menos valiosos que las experiencias de tranquilidad». Pero tal idea, dice, es una trampa espiritual. En su lugar, «la belleza y el terror surgen dentro de nosotros» de manera simultánea. Es cierto que estamos desorientados en estos tiempos. ¿De verdad esperábamos que fuese de otra manera?

A veces, tal vez no necesitemos aferrarnos a la comodidad dentro de la dificultad; a veces, tal vez nos sintamos totalmente ansiosos o desesperados. Incluso durante mi experimento de caminar en la oscuridad, aunque no estuviera de veras asustada, tampoco me sentía tranquila, mis sentidos estaban en alerta máxima. En esta época precaria, la oscuridad nos ofrece la oportunidad de despojarnos de nuestro apego a la sencillez banal. La profesora budista Stephanie Kaza lo descubrió con su propia experiencia de caminante nocturna: «Dejá que el suelo te sostenga —se decía a sí misma—. Caminar en la noche oscura es una forma de practicar la fe, una forma de construir la confianza en lo desconocido... Aprendo a cultivar el valor en la inmensidad de lo que no puedo ver».

Frente a la velocidad de la luz, no hay «velocidad de la oscuridad». La oscuridad nos envuelve en una conciencia constante y receptiva. La oscuridad ofrece una quietud inteligente que llena nuestra psique de una manera a la vez difícil y hermosa: es la *fructífera* oscuridad de la que habla Joan Halifax en su espléndido libro con ese título. En este complicado momento que vivimos en la tierra no sirve que nos refugiemos en la metáfora simplista de «traer la luz». La esperanza que debemos mantener, la imaginación que debemos poner en práctica y la salud física que requerimos nos piden una sabiduría más intrincada.

Quedémonos en esta oscuridad como podamos. En lugar de lo luminoso como medida, podemos recurrir a lo numinoso, con más matices. Busquemos la oscuridad. Despertemos en su antiguo abrazo. Sintámonos comodos (o inquietos) en la cama, con las ventanas abiertas de par en par a los sonidos nocturnos. Adéntrate en la noche, en el patio trasero, en la acera urbana bajo la misma luna que alumbra a los alces, osos, halcones dormidos y búhos que se despiertan. Apaga las luces, en el exterior y en el interior, durante las épocas de migración de las aves y cuéntaselo a todo el mundo. Camina más allá de la puesta de sol, acampa en la oscuridad, duerme al aire libre. Podemos respetar la oscuridad cada noche, interrumpiéndola lo menos posible con luz, sonido, palabras o pantallas. Podemos escuchar los ingeniosos mensajes de nuestros sueños, dejar que afecten a nuestra vida. Podemos proteger a los habitantes de la noche con conocimiento, presencia, asombro, amor y conservación. Buena tierra, agua limpia, y hasta el fondo. Nuestras acciones diurnas repercuten en la noche. Podemos hacer que sean generosas, amables y sabias, de la misma manera que nosotros mismos somos fructíferos inquietos.

En la voz de su yo de siete años, Opal Whiteley escribió en su diario sobre la niña ciega que era su amiga, pero que tenía miedo de las sombras que podía sentir con sus sentidos agudizados por la falta de visión:

> Hoy, cerca de la noche, llevé a la niña que no ve por un caminito en el bosque, donde había oscuridad y sombras. La conduje hacia una sombra que venía hacia nosotros. Le tocó las mejillas con sus dedos aterciopelados. Y ahora, a ella también le gustan las sombras. Y el miedo que tenía ha desaparecido.

ADÉNTRATE EN LA FRUCTÍFERA OSCURIDAD

RELACIONARSE

Una infinidad de inteligencias animales

Mientras caminaba por un sendero boscoso junto al mar en la isla de San Juan, mi mente comenzó a calmarse después de vivir un torbellino de trabajo en este libro, encerrada en la pequeña cabaña en la que estuve a solas durante unas semanas. A medio kilómetro del camino, me sorprendió ver la oscura sombra de un urubú de cabeza roja en el suelo (cuando no se alimentan, suelen posarse en lo alto de los árboles). Según mi experiencia, cuanto más te acercas a la mayoría de las aves —pájaros cantores, aves costeras—, más pequeñas parecen. No es así con los urubúes; son animales enormes.

Este era grande y redondo, y estaba horrorizado por mi presencia. Mientras seguía lentamente mi camino, el urubú levantó el vuelo y se poso de nuevo, a pocos metros de distancia. Mantenía sus ojos fijos en el interior del bosque mientras me observaba, y su reticencia a marcharse era una pista fácil: cerca de allí debía de haber comida buena de un animal muerto. Miré a mi alrededor, no vi nada, y, sin siquiera pensar en hacerlo, invoqué un sentido animal más allá de la vista: inspiré muy hondo, y olfateé el aire como una loba, como una comadreja, como una rata. Mi sentido del olfato es ínfimo en comparación con el de cualquiera de ellas, pero incluso una chica vegetariana protegida por la ciudad como yo podía reconocer ese olor: sangre nueva y fresca.

La cierva

He pasado bastante tiempo observando a los urubúes de cabeza roja como para saber que se mantienen firmes; estaba segura de que mis pesquisas no desanimarían este ejemplar: simplemente esperaría. Siguiendo el rastro del olor, caminé a través de los salares y los helechos espada, insegura, inhalando de nuevo: un poco más lejos y, sí, allí, en un claro del tamaño de una cueva, estaba el cuerpo sangrante de una pequeña cierva. Con sus pezuñas rápidas y ligeras embarradas, estaba tumbada de lado como si estuviera dormida, y no en la postura a veces antinatural de la muerte.[1] El único ángulo incómodo era el de la flecha clavada en su costado. La sangre que había olido brotaba despacio de su vientre: la fragancia terrenal y salvaje de la vida hacia la muerte era tan espesa, tan vital… Me quedé de pie durante un largo segundo, y de repente, abrumada por la pena e incapaz de mirar, me di la vuelta y regresé al sendero.

Dentro de unos días no podría acercarme a este lugar: el hedor de la descomposición sería demasiado fuerte. Pero hoy, algo me impidió huir y me giré de nuevo, corriendo hacia la

---

1 Los ciervos no se acuestan de lado para dormir, sino con las patas metidas por debajo del cuerpo. La posición de esta cierva evocaba la de una persona profundamente dormida.

cierva. Puse la palma de la mano sobre su cruz, flexible y cálida. La flecha era una afrenta; no podía dejarla. Sacarla me costó, tuve que usar las dos manos, toda mi fuerza. Debió de alojarse en una costilla. Después de mi forcejeo salió enseguida; más sangre, más olor a sangre, y empecé a llorar. «Maldito cazador idiota, joder, joder, joder» (estábamos en los terrenos de la Universidad de Washington, donde la caza es ilegal; y esa cierva no era, como supe más tarde, el primer ejemplar de ciervo mulo en morir tras recibir un disparo de un cazador lo suficientemente cobarde como para preocuparse más por que no lo atraparan que por dejar sufrir a un hermano animal. También supe que este no había sido un tiro limpio en lo que respecta a la caza con arco; fue poco hábil y nunca debería haberse intentado, ni siquiera por alguien que persigue la caza como deporte). La ira me inundó enseguida, y luego me dejó en quietud con la cierva. Aparte de esta sangre serpenteante, parecía tan perfecta, tan cercana a la vida. Me senté con las piernas cruzadas junto a la cabeza de la cierva y la deposité, pesada como era, sobre mi pantorrilla, le acaricié la mejilla, las largas pestañas que le enmarcaban los ojos amplios, oscuros y abiertos. Orejas suaves, las más suaves. «Lo has hecho bien, pequeña. —Oí cómo salían esas palabras de mis labios, sin darme cuenta—. Vaga ahora en paz y con tu belleza».

Su pelaje era de todos los colores: leonado, marrón, negro, rubio, ocre, incluso blanco. Los pelos más claros parecía que se le congelaban en la punta de una estrella en su frente. Entonces el urubú voló hasta una rama justo por encima de mi cabeza en esta pequeña tumba del bosque, luego aparecieron dos más, que no fueron nada silenciosos al llegar. Se sacudieron las plumas. Era hora de que me fuera. Besé la estrella de la cabeza de la cierva y levanté una mano en silencioso homenaje a los urubúes que esperaban.

La orca

En los años 60 y 70, cuarenta y siete orcas del mar de Salish fueron capturadas para su exhibición en acuarios de todo el país. En un horrible día en Penn Cove, en Whidbey Island, cuarenta ballenas fueron separadas de sus grupos familiares ante la mirada del público. Algunos de los observadores lloraron, otros vitorearon a los captores. Las orcas gritaban, sangraban. Las madres se apresuraron a salvar a sus crías; ninguna orca abandonó a las demás: colocaron sus cuerpos entre las redes y sus congéneres. Las capturadas, ensangrentadas, aterrorizadas, fueron separadas ese mismo día, y abandonaron su estrecha comunidad llenas de miedo, confusión y dolor. Muchas murieron.

En la actualidad, la única superviviente de esta brutalidad es una orca llamada Lolita por la industria que la mantiene cautiva. Está encerrada en una nave de 18 metros en el Seaquarium de Miami (ella mide 6 metros de longitud), donde la gente aplaude y ríe mientras ella nada en círculos desgarradores, separada de una comunidad de orcas conocidas por nadar siempre juntas. La nación Lummi la ha bautizado como Tokitae, «hermoso día, bonitos colores» en la costa de Salish, y han proclamado que su obligación sagrada es devolverla a sus aguas ancestrales; los Lummi se han unido a Orca Network, y juntos han estudiado un plan detallado para poner a Tokitae a salvo. Su manada de orcas residentes del sur en peligro de extinción, la manada L, sigue respondiendo a las grabaciones de su voz, y Tokitae, después de cuarenta años, sigue cantando en la lengua y el dialecto únicos de su familia. Pero sigue presa.

Al recordar el momento en que dejé de huir de la tristeza y el horror que me inspiraba la cierva recién muerta y volví a ella, me viene a la mente la enseñanza de los Lummi sobre Tokitae. Esta orca es una hermana, una pariente a la que estamos obligados por el sagrado vínculo del parentesco. Cuando los Lummi hablan de ella, y de todas las orcas, no hay necesidad de explicar estos términos —hermana, hermano, relación, familia— académica o racionalmente. Este conocimiento se expresa con la autoridad del maestro haida que antes nos metió a todos en una canoa metafórica: *nosotros sabemos esto, y es verdad.* Y *eso* es lo que me hizo regresar a la cierva muerta, como les habría pasado a muchos de nosotros en una situación semejante. No por la sensación de que quitar la flecha era lo más humano que se podía hacer (reflejando bien mi propia humanidad o mi especie en su conjunto), no por mi volátil rabia pasajera, sino por un arraigado sentido de parentesco absoluto y del amor innato, sin prejuicios, de todo corazón. Me volví hacia mi hermana cierva porque era justo honrar su vida y su muerte. Los momentos posteriores a su fallecimiento no se desarrollarían en presencia de una humana horrorizada y temerosa, sino de una hermana en pie, y después arrodillada, enamorada.

Más allá del antropomorfismo

En 1637, cuando el filósofo francés René Descartes escribió lo de «pienso, luego existo», relegó la consciencia a los procesos de pensamiento humano, y creó una dicotomía entre materia y mente. El espíritu y el alma se entretejieron en la definición de pensamiento de Descartes, y sus ideas encontraron un punto de apoyo en la filosofía religiosa de su tiempo; el abismo entre el espíritu y la materia se solidificó. Solo los seres humanos poseían consciencia, solo los seres humanos estaban dotados de alma.

Con el método científico de Descartes abriendo el camino, los hombres del conocimiento pudieron diseccionar un perro, atarlo y abrirlo en canal con impunidad, desestimando sus gritos de dolor como si fuera nada más que, en palabras de Descartes, «el chirrido de una bisagra». Solo en las últimas décadas, la ciencia biológica ha comenzado a recuperarse de esta influencia y a hablar de consciencia, pensamiento, inteligencia, sentimiento y emoción animal sin desterrar tales cosas al basurero académico de la ciencia compasiva. Hasta hace muy poco, cualquier referencia científica que pudiera percibirse como un guiño a la conciencia animal se encerraba entre unas paternalistas comillas: «*El mono parecía feliz*». Así, el escritor se aleja del pecado capital del antropomorfismo; es decir, de la atribución a los animales de emociones o rasgos que se consideran distintivos del ser humano.

Sin embargo, muchos naturalistas posteriores a Descartes que dedicaron tiempo al estudio de diversas formas de vida salvaron esta brecha. Charles Darwin pensó que era tan obvio que la continuidad entre todas las criaturas y los humanos incluía no solo la morfología, sino la consciencia, que ni siquiera se molestó en defender la idea. Para él, era un hecho (y el propio «árbol de la vida» de Darwin siempre fue más bien un arbusto, con los humanos en la mezcla de musgos, peces y elefantes, en lugar de encaramarse precariamente en la cima).[2] Darwin a menudo se refería a los animales como felices, tranquilos, pacíficos o agitados (pero no inquietos).

En 2012, casi 150 años después de Darwin, un consorcio internacional de científicos firmó la Declaración de Cambridge sobre la Consciencia, en la que se proclamaba que todos los animales, desde las aves hasta los simios, pasando por los coyotes, los peces y los pulpos, poseen una consciencia digna de consideración ética. Fue un paso bienvenido, sin duda, pero también, es inevitable pensarlo, llegó un poco tarde. En su libro de 2007 *The Emotional Lives of Animals*, el biólogo evolutivo Marc Beckoff lo expresó de forma muy sencilla: «Las emociones son los regalos de nuestros antepasados. Las tenemos nosotros y también los animales. No debemos olvidarlo nunca».

Las observaciones calificadas de antropomórficas no suelen ser una imposición sentimental o indocumentada de estados mentales humanos sobre un animal, sino simplemente un *reconocimiento* de emociones y reacciones a los altibajos de la existencia biológica que todos compartimos. Como animales, sabemos cuándo vemos satisfacción, relajación, calma, miedo o dolor en muchos otros animales. Dicho esto, describir los estados de los animales con el lenguaje humano puede ser erróneo en dos formas relacionadas: podemos disminuir la singularidad de otras especies e individuos cuando asumimos que son inteligentes solo en la medida en que podemos percibir en

---

2 Eso ocurrió más tarde, cuando el eugenista Ernst Haeckel y otros combinaron la selección natural de Darwin y la temprana metafísica de Aristóteles sobre las características ascendentes e inmutables de los organismos para crear un árbol coronado, en mayúsculas, por el HOMBRE.

ellos formas de conocer y de sentir similares a las humanas; y podemos no reconocer, ni siquiera imaginar, la amplitud de las inteligencias únicas de los animales porque se encuentran fuera de las medidas y formas de ser humanas.

Ciertamente, es posible atribuir mal o en exceso varios estados mentales a otros animales; la discusión sobre la consciencia animal no humana requiere nuestra más alta inteligencia y nuestro discernimiento más profundo. Pero estoy dispuesta a abandonar el uso de la palabra *antropomorfismo* por completo. Es hora de reconocer la consciencia animal —tanto las continuidades que compartimos y reconocemos como los misterios que tal vez nunca comprendamos— sin el obstáculo de las restricciones de dicho término. Es hora de hablar de los animales de la manera más verdadera —abierta a todo lo que podemos conocer y respetuosa con todo lo que no— sin la necesidad constante de defendernos de un lenguaje anticuado o de una ciencia y filosofía desfasadas.

Una multiplicidad de inteligencias

En mi casa vive un estornino. Mozart también vivió con un estornino, y escribí extensamente sobre la relación entre estas dos aves (así como entre los humanos y los animales) en mi libro *Mozart's Starling* (*El estornino de Mozart*). Durante mi investigación, me enteré de que las autoridades municipales iban a destruir un nido de estorninos en un parque cercano a pesar de que los polluelos habían salido del cascarón, por lo que rescaté a una de las crías de cuatro días. Por supuesto, según la Ley del Tratado de Aves Migratorias (y el sentido común ecológico) es totalmente ilegal perturbar los nidos, huevos o polluelos de casi todas las aves de Norteamérica. Como especie introducida e invasora, los estorninos son diferentes: los departamentos de pesca y fauna salvaje nos animan a impedir que aniden, a destruir sus nidos e incluso a matar a las aves jóvenes y adultas. Estoy de acuerdo en encontrar formas de desalentar la anidación de las aves invasoras, pero estoy en contra de dañarlas una vez que han nacido, lo que no ayuda a controlar sus poblaciones en ningún caso. Hemos creado las condiciones en las que florecen los estorninos; se necesitan soluciones paisajísticas con mentalidad ecológica para marcar una diferencia duradera con este pájaro amante del césped.[3]

Junto con los loros y los córvidos, los estorninos se encuentran entre los más dotados para la imitación en el mundo de las aves. Carmen imita las frases del lenguaje humano, en especial las que usamos más a menudo al interactuar con ella (a los estorninos les encanta la interacción): *Hola, cariño. Hola, amor. Ven aquí.* Imita los sonidos de la casa: el molinillo de café, el crujido de nuestro viejo suelo de roble, y el *psst-psst-psst* que usamos para llamar al gato. Imita el canto del chivirín de cola oscura que anida en la camelia frente a su ventana.

Se cree que los estorninos se imitan entre sí y a los sonidos del mundo como una forma de compartir información y crear vínculos sociales. La creación de un repertorio personal

---

3 Aunque legalmente se nos permite matar, torturar o mutilar estorninos con total impunidad, no es legal criar uno en el salón de casa. A pesar de que he publicado un libro sobre las escapadas de Carmen en relación con mi casa y al gran compositor, y he hablado de ella en conferencias por todo el mundo, la policía de los estorninos aún no ha aparecido.

variado y estéticamente impresionante ayuda a los machos a atraer a su pareja. Pero al vivir con una estornino todo el día, aprendí algo que pocas veces se reconoce en la literatura científica: Carmen no solo responde a las secuencias de sonidos que oye, sino que las *anticipa*, participando activa y auditivamente en la ronda diaria de nuestra vida doméstica. Todas las mañanas, temprano, bajo a oscuras las escaleras y Carmen susurra en voz baja: «Hola, Carmen», que es lo primero que le diría normalmente. Luego, cuando Delilah, la gata bicolor famélica, entra en la cocina, Carmen exclama hambrienta: «¡Miau!» Cuando oye el tintineo de los granos de café en la jarra, pero antes de que ponga en marcha el molinillo, grita un tosco «¡Riiiiir!» (que no es precisamente su vocalización más musical). Cuando abro la puerta del microondas, pero antes de poner el temporizador, canta «¡Bip! ¡Bip!» Un tono perfecto. Con el tiempo, mi lento cerebro humano se dio cuenta de que no es solo esta precoz estornino, sino que todos los de su especie tienen una sintonía auditiva tan asombrosa con el mundo y con todo lo que pasa en él. Y este es solo un animal con una forma de ser, una forma de la que me di cuenta por casualidad, viviendo en una intimidad poco común con un solo pájaro salvaje.

;;;;;;;;;;;;;;;;;;;;;;;;;;;;;;;;; (Esto último es cortesía de Delilah, que se pasea por mi MacBook, y como esta es una historia que aprecia las ofertas intraespecíficas, he pensado en dejar que haga acto de presencia: el punto y coma es una forma de puntuación adecuada y coherente con lo felino).

La forma de estar en el mundo del estornino es única, como la de todos los seres. Como especie, los urubúes de cabeza roja, como los que me encontré junto a la cierva en el bosque, vocalizan poco, pero en sus cerebros hay más espacio para el sentido del olfato que en cualquier otra ave, y se sienten atraídos hacia el olor de la carne a través de los aromas que suben de la tierra al aire. Pero este sentido no se apaga sin más en los urubúes después de una buena comida. Mi propio sentido del olfato es insignificante al lado del de un buitre de esa especie. ¿Cómo debe ser vivir guiado por el vuelo y la fragancia? ¿Qué tipo de inteligencia se forma en una vida configurada y moldeada por estas cosas? ¿O por la visión nocturna de los roedores, basada en los bigotes? ¿O el conocimiento basado en la piel de las lombrices de tierra? ¿O el oído más allá de lo humano de los murciélagos? ¿O el reconocimiento de patrones geométricos de las abejas en las flores que ven, y las longitudes de onda visuales para las que los humanos son ciegos pero que guían la vida de las abejas?

Cada mañana escucho a Carmen hablar con su propia voz, un recordatorio de que siempre ando entre una infinidad de inteligencias animales, algunas conocidas, otras insospechadas, otras inimaginables para mí en mi limitada comprensión humana. Estas formas únicas de conocimiento envuelven nuestra vida cotidiana con una complejidad resplandeciente.

Entrar en la presencia de los animales

Desde que los seres humanos viven en la Tierra han construido sus hogares y han realizado sus movimientos cerca de otros animales. Cuanto más prominentes son nuestras modernas viviendas cerradas, los medios de transporte encapsulados, los lugares de trabajo interiores y la omnipresente presencia de la tecnología en la vida cotidiana, más nos separamos de la presencia de otros animales que siempre han formado parte de la vida humana. Los queridos perros y gatos domésticos que comparten nuestros hogares son una delicia, pero no sustituyen la vívida complejidad de los contactos e interacciones salvajes.

Estamos experimentando un aislamiento denominado *soledad de las especies* por Michael Vincent McGinnis, en un artículo de 1993 para *Environmental Ethics*. En su libro *Our Wild Calling* (*Nuestra llamada animal*), Richard Louv describe esta condición humana moderna como la de «un hambre desesperada de conexión con otras formas de vida... Todos estamos destinados a vivir en una comunidad más amplia, una familia extendida de otras especies». Sin esto, crecen en nosotros una serie de patologías y «la familia de los humanos pierde comodidad, compañía y quizás incluso el sentido del poder superior, como quiera que se defina». También los animales han evolucionado con los seres humanos entre ellos, y esta relación distanciada en la que vivimos en la actualidad puede ser una incalculable pérdida también para ellos.

Estar en presencia de criaturas salvajes, incluso de las que la mayoría de nosotros experimentamos en la simplificada y cercana naturaleza, no siempre es cómodo, reconfortante o mínimamente sencillo. En presencia de cualquier animal podemos experimentar maravilla, asombro, miedo (el pariente del asombro), una calma sobrenatural, una alegría desconocida, el impulso de acercarnos, el impulso de correr... sucesivamente o todos al mismo tiempo. Sigo pensando en esas serpientes, en ese alce, las sombras de los tiburones que han pasado por debajo de mí mientras practicaba buceo, los osos con los que me he cruzado en el camino, los babuinos que pasaron por mi cabaña de voluntaria en la costa de Kenia, robando fruta y siseando a través de unos dientes afilados como cuchillos.

Recuperarnos de la soledad de las especies significará caminar con una nueva y audaz tolerancia hacia la complejidad y la incomodidad, una diferencia, un deleite en la igualdad, una apertura al asombro y a la maravilla, y estar alerta en lugar de tener miedo.

Se trata de una empatía enmarañada. La ecopsicóloga Patricia H. Hasbach creó una lista inusual de patrones de compromiso compartidos por seres humanos y muchos otros animales, no solo los que tienen ojos y pelaje. Louv los recopiló y amplió en *Our Wild Calling*. Junto con muchos animales, reconocemos a los demás y sabemos que nos reconocen a nosotros; sentimos una curiosidad natural y mutua; jugamos con nuestra propia especie y, a menudo, con otras; compartimos empatía; y utilizamos la «entonación», un tarareo o el canto de notas para una variedad de propósitos. Además de todo esto, somos capaces de «cruzar el umbral», como dice Hasbach, para entrar en el «espacio psicológico o espiritual» que se encuentra entre dos animales. Este establece otra vía de empatía en la lista del Dr. Hasbach, quizás la más inescrutable para la cultura moderna: «Convertirse en el animal».

Solo hay una forma segura de encontrar la intimidad con los animales salvajes entre nosotros. Podemos, por supuesto, caminar por la acera o correr por un sendero o levantar la vista de nuestro escritorio y, en un instante, ver una gaviota o una curruca o incluso un coyote. Pero si queremos hacer observaciones regulares y profundizar en nuestra comprensión, debemos estar presentes, y debemos estar quietos. Y luego todavía más quietos.

Jon Young, cofundador de la Wilderness Awareness School (Escuela de Conciencia de la Naturaleza), se centra en lo que él denomina el «lugar de sentarse» como rutina central en la conexión con la naturaleza, la raíz de todas las demás. Elige un lugar al aire libre, lo más cerca posible de la comida, el refugio y el agua para la fauna. En los lugares urbanos puede ser un banco en un jardín de la acera, un patio con vistas a un árbol, el borde de un terreno baldío... Todos descubrimos nuestros rincones salvajes. El maravilloso texto central de la escuela, *Coyote's Guide to Connecting with Nature* (*Guía del coyote para conectar con la naturaleza*), aconseja: «Encuentra un lugar en tu mundo natural que visites siempre y conócelo como tu mejor amigo. Que sea un lugar en el que aprendas a quedarte quieto, solo, a menudo y en silencio… Este se convertirá en tu lugar de conexión íntima con la naturaleza». Young nos invita a mirar nuestra infancia y pensar si había un lugar al que fuéramos regularmente solo para sentarnos, tal vez bajo un árbol. Yo tenía la Iglesia de las Ranas. Y durante años, ya de adulta, he tenido dos lugares sagrados: uno en mi patio trasero y otro en el parque arbolado al final de la calle. Young lo considera la «píldora mágica», la práctica que fundamenta todas las demás.

La mayoría de las criaturas que cohabitan nuestros paisajes saben por dónde se mueven los seres humanos, y suelen evitar esos lindes, acercándose a los bosques interiores o a otros lugares protegidos. Gran parte del comportamiento de los animales que observamos habitualmente es el comportamiento vigilante que se produce en nuestra presencia, los grandes mamíferos bípedos depredadores. Los animales dejan de alimentarse cuando aparecemos; dejan de moverse; los alados vuelan a una cierta altura o a distancia. Sin embargo, cuando nos quedamos quietos durante mucho tiempo, la interrupción causada por nuestra presencia humana se desvanece, y los animales que viven entre nosotros vuelven a su forma natural de estar en el mundo. Tenemos el privilegio de ser testigos. El lugar de quietud es un paréntesis encantado entre mundos: el mundo cotidiano de la distracción y el terreno de una vida empática y más salvaje.

Visita tu lugar de quietud todos los días, a todas las horas del día, en todas las estaciones del año, haga el tiempo que haga. ¿Solo tienes quince minutos? Está bien, pero más tiempo es mejor (y mucho más tiempo es mucho mejor). Deja que la tierra se asiente debajo de ti y que las criaturas vuelvan a sus diminutas y concretas pautas vitales. Siéntate, respira y observa. Al haber dejado el teléfono en casa, te resultará más fácil resistir el abrumador impulso de twittear o instagramear el momento. Con el tiempo, se revelarán los matices de los cambios diarios. Las aversiones arraigadas —a un poco de humedad o al sol directo o al cosquilleo de un insecto en la piel o a una lluvia inesperada o incluso a una pequeña araña en el pelo— evolucionarán hacia una convivencia íntima. Pronto, cuando llegue un pájaro, incluso un individuo de una especie común, sabrá si eres un «habitual» o alguien nuevo en el lugar. Y si eres fiel a esta práctica a lo largo del tiempo, muchos de los pájaros acabarán respondiendo con la gracia salvaje de reconocerte, permaneciendo tranquilos y en calma al acercarse, sabiendo que eres el «ser que se queda quieto y siempre callado».

Cambiar de forma

La maravillosa mitóloga, autora y artista británica Terri Windling escribe:

> Los cuentos populares de todo el mundo nos dicen que los animales se comunican entre sí en un lenguaje desconocido para hombres y mujeres, o bien en un lenguaje que solíamos conocer, pero que ahora se ha perdido. Las historias también hablan de seres humanos que entienden el habla de los animales. Algunos han sido agraciados con esta capacidad, mientras que otros la obtienen mediante trucos o magia, o como un regalo de los propios animales, una recompensa por un gran acto de bondad.

¿Y si este gran acto de bondad no fuera tan visiblemente heroico como arrancar la espina de la pata de un león, como en la fábula de Esopo, sino algo igualmente excepcional en nuestro tiempo? ¿Y si se tratara de una simple quietud, de una presencia, de un raro permitir que los animales se *revelen*?

Aquí volvemos a esa frase misteriosa y algo desconcertante de la lista de Hasbach: «Convertirse en el animal». Por supuesto, ya somos animales. Sin embargo, a través de la quietud cultivada, a través de la observación, del arte, de la historia, del mito, a través de la poesía, a través de la intuición —y sin necesidad de apropiarnos de los ritos realizados con profundidad y cuidado en las culturas chamánicas— podemos ir más allá y dar la bienvenida a las escasas veces que caemos en el interser prerracional con otro animal.

Esto es un cambio de forma, un transformismo. No se encuentra fuera de la magia cotidiana de la existencia terrestre, y es la razón por la que los cuentos de cambio de forma, como el de la selkie gaélica, son tan evocadores. La mujer foca se despoja de su piel para bailar sobre una piedra con sus hermanas selkie, cuando un cazador le roba su piel. Se casa con el cazador, vive un tiempo sin su piel de foca en tierra, pero empieza a marchitarse. La selkie solo se recupera cuando encuentra su auténtica piel de animal, su piel del alma, se vuelve a meter en ella, y luego en las aguas salvajes. En *Foxfire, Wolfskin, and Other Stories of Shapeshifting Women* (*Foxfire, Wolfskin y otras historias de mujeres que cambian de forma*), la mitóloga Sharon Blackie reimagina un cuento croata, con una mujer lobo en lugar de una selkie. En esta versión, la mujer se come al marido que le robó y escondió su piel de lobo. La Dra. Blackie señala que estos cuentos suelen terminar con la mujer regresando a la vida silvestre, tras abandonar al marido ladrón de pieles para que contemple el error de su manera de actuar. Pero Blackie se muestra traviesa: «Siempre he preferido las historias que vienen con consecuencias», dice.

En su ensayo «Forest of the Mind» («Bosques de la mente»), para *Aeon*, Jay Griffiths subraya que todos nosotros podemos cambiar de forma como «parte del repertorio de la mente humana, primo de la mímesis, la empatía y la "capacidad negativa" de Keats, conocida por poetas y sanadores desde el principio de los tiempos». Griffiths señala que no estamos hablando del hecho literal, sino de una «verdad sesgada y metafórica». Y cita la «Segunda Elegía» de Rilke, donde «nosotros, cuando nos mueve un sentimiento profundo, nos evaporamos; espiramos y nos alejamos». El cambio de forma es una suerte de «experiencia transgresora», escribe Griffiths, o un «cruzar al otro lado», un «autoolvido y una identificación con lo transcendente». En este estado, nos volvemos receptivos a formas de ser salvajes más allá de nuestras pieles semipermeables, y más conocedores de lo salvaje que ya está dentro de nosotros. Es un desconcierto bienvenido, una nueva sabiduría liberadora. Una redención.

Elevar

Esta semana estuve hablando con mi querida amiga Lynda Mapes, una periodista del *Seattle Times* que hace poco ganó el premio de la Academy of Sciences (Academia de Ciencias) de Estados Unidos por su serie «Hostile Waters», sobre las orcas residentes del sur, en peligro de extinción, de Puget Sound y el mar de Salish. Los escritos de Lynda han dado a conocer al mundo entero la historia de Tahlequah, una joven orca cuya cría murió poco después de nacer. En un acto de dolor, pérdida y posiblemente resistencia, Tahlequah arrastró a su recién nacida durante mil quinientos kilómetros y diecisiete días antes de soltarla. Lynda cree que Tahlequah no renunció a llevar a su cría, sino que después de más de dos semanas el pequeño cuerpo simplemente se despedazó. A Tahlequah la acompañó en este peregrinaje de dolor su comunidad, la manada J.

Mientras escribo estas palabras, acabamos de saber que Tahlequah ha dado a luz a una nueva cría, un hermoso hijo llamado Phoenix. Parece sano y precoz, pero, conociendo las amenazas a las que se enfrenta esta población, y tras la angustia del último nacimiento de Tahlequah, todos contenemos la respiración. En su trabajo, Lynda lleva décadas escribiendo sobre las tribus y el medio ambiente y ha seguido veinte años a la población de orcas de la región. Tiene amigos entre los

Lummi, Orca Network, la NOAA, otros científicos, activistas... toda la gente relacionada con las orcas. Está tan bien situada como cualquiera para especular sobre la cuestión que a todos nos preocupa: ¿qué posibilidades tiene la nueva cría de Tahlequah de sobrevivir? Los nacimientos entre las orcas residentes del sur en los últimos años han sido escasos y en su mayoría abortos espontáneos, partos de crías muertas, fallecimientos prematuros. El salmón real, la principal fuente de alimento de las orcas residentes, cada vez escasea más. En esta época de pandemia, la atención y los recursos han pasado de la tierra, las aguas y las criaturas a la supervivencia humana básica. Sin embargo, como transformistas cotidianos, entrelazamos nuestros pensamientos con el cuerpo de la orca: ¿qué pasará con la cría de Tahlequah?

Lynda se quedó callada un rato y luego hizo otra pregunta. En sus interacciones con el pueblo Lummi, ha aprendido a situarse al margen de los cálculos a los que todos queremos agarrarnos: el equilibrio de los recursos, la salud de las aguas, los resultados pasados, las proyecciones futuras. En su lugar, se nos pide que sostengamos a Tahlequah y a su cría. Nuestra querida hermana, nuestro hermanito. Que las llevemos con amor en nuestros corazones y en nuestros espíritus. Y eso es todo. Esta elevación y las acciones que se derivan de ella son nuestra sagrada obligación con todos nuestros parientes.

ELEVEMOS A NUESTROS PARIENTES ANIMALES

HABLAR

El abracadabra de la Tierra

Recientemente estuve en una conferencia de escritores en la facultad, y asistí a una charla de un profesor que afirmaba que el encantamiento mágico *abracadabra*, conocido por los dibujos animados y las parodias de magos, significa, en el fondo, «lo que se dice es en lo que se convierte». Aunque este es ciertamente un pensamiento feliz para los escritores que buscamos justificar el significado de nuestro trabajo, parecía demasiado bueno para ser cierto. Sin embargo, cuando investigué las fuentes etimológicas y consulté a estudiosos de lenguas clásicas, encontré que era creíble. *Abracadabra* tiene un linaje hebreo-arameo turbio, pero rastreable. Lo que decimos es lo que hacemos realidad. La manera en que hablamos da forma a nuestras percepciones, nuestras acciones y, en última instancia, a los resultados que buscamos.

La asociación del lenguaje con los encantamientos es antigua. «Canta» procede del francés antiguo del norte *cant*, un canto sagrado que (con en-) permite la transformación. La palabra *gramática,* que enmarca el uso de nuestra lengua, inspiró la palabra *glamour* para describir el poder oculto; para los analfabetos de la época medieval, el lenguaje de los que sabían leer y escribir era algo realmente mágico.

El lenguaje vive y evoluciona de la misma manera que los organismos: por mutación (cuando un cambio genético aleatorio cuaja); por el aislamiento geográfico (cuando los animales o las semillas de las plantas cruzan el agua, no interactúan con sus homólogos del continente durante algunas generaciones, y se convierten en biológicamente distintos y endémicos de su lugar); y por utilidad práctica (en un esquema neolamarckiano). El seguimiento de la evolución etimológica de una palabra puede llevarnos a comprender su significado con una profundidad sorprendente. Una palabra está tan viva como un pájaro.

Nombres verdaderos

Ursula K. Le Guin era consciente de la fuerza mítica del lenguaje, y de la importancia de darle a la gente un «nombre verdadero» . Este hilo conductor discurre como un micelio a través de toda su obra, pero más abiertamente en el mundo de Terramar, donde todas las personas y todas las cosas tienen un nombre cotidiano y un nombre verdadero, un nombre del alma. El uso de este último puede mejorar el delicado equilibrio de la existencia o frustrarlo. Una persona comparte su verdadero nombre en sagrada confianza, solo con alguien a quien confía su vida. El mago Sparrowhawk (Gavilán), cuyo verdadero nombre es Ged, confiesa:

No es un secreto. Todo poder es uno en su origen y en su fin, creo. Los años y las distancias, las estrellas y las velas, el agua y el viento y la hechicería, el arte en la mano de un hombre y la sabiduría en la raíz de un árbol: todos surgen juntos. Mi nombre, y el tuyo, y el verdadero nombre del sol, o de un manantial de agua, o de un niño no nacido, todos son sílabas de la gran palabra que se pronuncia lentamente por el brillo de las estrellas. No hay otro poder.

Las palabras y el lenguaje abren posibilidades, pero también las limitan. Cuando usamos las palabras de determinadas maneras, establecemos las raíces y los caminos de cómo estas darán forma al mundo, y cómo las ideas influyen y *pueden* ser utilizadas. Cuando elegimos una palabra sobre otra, ofrecemos algo más que un simple bloque de construcción para una frase. Ofrecemos una constelación, una visión del mundo, una historia, un plan de acción.

Mi padre es albañil, y sabe bien lo que es mover cosas pesadas como rocas y ladrillos en carretillas. Desde pequeña, cuando trataba de ayudar en el patio, intentaba enseñarme una sencilla máxima: apunta siempre la carretilla en la dirección que quieres que tome *antes* de llenarla. Pero, maldita sea, cada vez que estoy en el jardín me giro para empujar mi querida carretilla hacia el cubo del compostaje y apunta hacia la valla equivocada. Nuestras palabras (como las carretillas y las varitas mágicas) deben apuntar en la dirección en que queremos que nuestros valiosos esfuerzos vitales nos lleven.

Oigo una y otra vez a amigos y activistas reflexivos decir que si no expresamos nuestro diálogo sobre la naturaleza en términos de utilidad y valor económico —ya sea el beneficio derivado del ecoturismo, o del secuestro de carbono, o del potencial para el descubrimiento farmacéutico, o del crecimiento de la madera, o incluso de la salud humana— entonces los lugares y las criaturas salvajes no se salvarán. Como activistas, hemos intentado utilizar el lenguaje utilitario de la economía para proteger la naturaleza durante más de cien años. Lo hemos intentado desde los años ochenta con esfuerzos específicos para proteger los bosques antiguos del noroeste del Pacífico. No ha funcionado. Mientras enmarquemos una visión del mundo con un lenguaje que se refiera a lo salvaje como una mercancía, será tratado como tal.

También es perjudicial invocar metáforas tecnológicas para explicar la naturaleza: el cerebro como un ordenador, la tierra como una nave espacial, el suelo enraizado y fúngico bajo nuestros pies como una especie de internet. Esta formulación mecanicista nos invita involuntariamente a ver el mundo natural como algo que no está vivo y que puede ser reparable por la habilidad humana en formas que simplemente no lo son. Si buscamos una relación dentro de la comunidad de la Tierra que sea significativa, genuina e impactante, entonces las palabras que usamos para describir esa relación, y a los seres de su ámbito, deben ser elegidas con intención, con especificidad, con inteligencia y con amor.

El lenguaje es el fundamento central de una nueva historia que proclama nuestra profunda interrelación con la tierra salvaje y permite la aparición de una sensación de asombro y parentesco más allá de la mera utilidad, incluso cuando nos alimentamos, nos vestimos y nos alojamos con las cosas del mundo natural. Los zarcillos de las palabras que usemos ahora llegarán lejos: a la psique de la mente y al futuro de la Tierra. Tienen que ser adecuados.

En busca de los nombres verdaderos

En su libro *Landmarks*, Robert Macfarlane habla de la necesidad de un lenguaje que «particularice el lugar». Cuando se embota el lenguaje de la naturaleza, también se pone en peligro nuestra comprensión, relación, anhelo y amor por la tierra. Por el contrario, cuando llamamos a las cosas por su nombre concreto, las situamos en un lugar, en un linaje, en la memoria. Despertamos el parentesco. Cuando camino por el mundo y veo una cosa y conozco su nombre, experimento una intimidad. Te *conozco*, cedro rojo, helecho espada, zorzal pinto, igual que me sé el nombre de un amigo, de un vecino, de una hermana.

Sin embargo, el hecho de que un organismo natural o una formación terrestre tengan un nombre específico no significa que ese nombre deba ser aceptado como tal. Muchos de los nombres dados a criaturas y paisajes no son correctos. La gran mayoría de los nombres oficiales de especies en Norteamérica fueron creados por personas blancas, hombres científicos o exploradores blancos de habla inglesa, que afirmaban haber descubierto organismos bien conocidos por personas que habían vivido entre estos mismos organismos durante miles y miles de años y que ya les habían dado un nombre digno.

En Estados Unidos, hay casi un centenar de aves con nombres ordenados por la American Ornithological Society (Sociedad Ornitológica Norteamericana) que reconocen a los exploradores y ornitólogos varones blancos: zorzal de Swainson, arrendajo de Steller, halcón de Cooper, reyezuelo de Bewick, pájaro carpintero de Lewis, cascanueces de Clark, alcaudón de Cassin, oropéndola de Bullock, petrel de Cook.

Y así sucesivamente. Muchos de estos nombres de antaño están profundamente cargados de significado. John Kirk Townsend (solitario de Townsend, curruca de Townsend) robó restos de las tumbas de los indígenas. John P. McCown fue un oficial confederado y defensor de la esclavitud, y luchó contra las tribus indígenas. Hace poco, los críticos lograron convencer a la AOS de que cambiara el nombre del espolón de McCown (ahora espolón de pico grueso).

¿Es eso cierto? En cuanto lo escribí, me lo cuestioné. Seguramente alguien ha hecho esta investigación, pero me obsesioné con responder a esta pregunta por mí misma, así que saqué mis guías de campo y fuentes históricas y salí dos días y doce horas de estudio después armada con el conocimiento de que es cierto. Los pocos pájaros con nombre de mujer siguen representando un lenguaje muy colonizado: hay un pato conocido anteriormente como *oldsquaw* («vieja pielrroja»), un nombre ofensivo, racista y misógino que se utilizó durante mucho tiempo y que finalmente se cambió en el año 2000 por el descriptivo *long-tailed duck* («pato de cola larga», en español pato havelda). El colibrí de Anna recibió su nombre de la duquesa de Rivoli, mecenas de la exploración, a la que el artista y cazador John James Audubon (dueño de personas esclavizadas y coleccionista de cráneos de soldados mexicanos de los campos de batalla de Texas) supuestamente encontró «hermosa y encantadora». La curruca de Virginia fue bautizada por el naturalista y primer comisionado de Pesca de Estados Unidos. Spencer Fullerton Baird (el del correlimos de Baird y del gorrión de Baird), en honor a la esposa de su amigo, un soldado confederado. El mismo Baird nombró a un pájaro en honor a su propia hija adolescente: la curruca de Lucy. La curruca rabilarga (*Blackburnian warbler*) debe su nombre a un espécimen del ave enviado desde Nueva York a Londres para su identificación por una mujer conocida solo como la señora Blackburn. Así es. Y así pasó con todo. Las mujeres que realizaron un profundo trabajo en micología y botánica en la época victoriana (tanto en el Reino Unido como en Estados Unidos) fueron reconocidas a veces en los nombres de las especies, pero estos nombres fueron otorgados oficialmente por hombres en sociedades científicas cerradas a las mujeres.[1]

A principios del siglo XVIII, Carl Linnaeus ideó un sistema para nombrar las especies y se dedicó a elaborar un amplio *Systema Naturae*, basado en esta nomenclatura; su binomio género-especie latinizado sigue en uso. Los nombres científicos son creados y se crean y mantienen en parte para indicar la relación taxonómica (podemos decir por sus nombres que el búho manchado, *Strix occidentalis*, y el cárabo norteamericano, *Strix varia*, pertenecen al mismo género y, por tanto, están estrechamente relacionados), sino también para eliminar la confusión. En la jerga de los nombres comunes, un «mirlo» (*blackbird*) en el Reino Unido es un «petirrojo» (*robin*) en Estados Unidos (ambos son tordos). Pero un *robin* en el Reino Unido es de una familia diferente (no es un tordo). La nomenclatura científica permite a los investigadores de todo el

1 En el volumen de 1829 *Familiar Lectures on Botany*, Almira Hart Lincoln reforzó la opinión popular de que el estudio de la botánica y los hongos estaba «especialmente adaptado para las mujeres; los objetos de su investigación son bellos y delicados; sus actividades, que conducen al ejercicio al aire libre, son propicias para la salud y la alegría». El estudio de cosas sangrientas, como los animales, se consideraba menos apropiado para las mujeres.

mundo la capacidad esencial de transmitir confianza en cualquier idioma.

Los nombres comunes de las aves norteamericanas han sido codificados por la AOS, que es muy exigente con las mayúsculas y los guiones, lo que hace que los nombres comunes en Norteamérica sean tan lexicográficos como los nombres científicos. Los estudiantes de botánica no están sometidos a esta regulación, por lo que una misma planta autóctona —por ejemplo, el *osoberry* que crece de forma silvestre en mi ecosistema— puede llamarse también ciruela india, ciruela de la cascada, cerezo de Virginia u osmaronia. El lirio mariposa subalpino también se conoce como oreja de gato de montaña o lirio sego (de *seego*, la palabra *shoshone* para «bulbo comestible»). ¿Resulta confuso? Sin duda. Pero en estos nombres comunes de las especies encontramos la relación de determinadas costumbres populares, lenguas locales, lugares, historias, valores, medicina, artesanía, cocina o una combinación de estas cosas. Cuando solo hay un nombre común oficial (por muy útil que sea), la singularidad de la relación con el lugar —parentesco— puede perderse.

Soy partidaria de conocer tanto los nombres científicos como los comunes; leo las guías de campo como si fueran textos sagrados, y siento una incómoda y neurótica sensación de pérdida cuando estoy en un lugar nuevo, veo un lagarto y no puedo nombrar la especie. Sin embargo, la nomenclatura científica puede ser una forma de afirmar la intención y el control humanos sobre la naturaleza; la corrección de estos nombres siempre merecerá ser cuestionada, y nunca podrá ser la última palabra. ¿Y qué hay de Linneo? La filósofa Susan Griffin nos recuerda que más tarde en su vida sufrió una apoplejía masiva y su memoria empezó a fallar. «Poco a poco, dejó de reconocer su *Systema Naturae*, y al final, en sus últimos años, olvidó incluso su propio nombre».

Acabo de terminar de componer un pequeño artículo para incluirlo en una próxima guía de la biorregión de Cascadia. En lugar del orden lineal y taxonómico de las especies en la mayoría de las guías (donde todos los búhos aparecen en la misma página, aunque una especie se encuentre sola en la tundra, y otra en la vegetación antigua, sin relación ecológica entre ellas), esta guía se inspira en formas de taxonomía indígena que reconocen grupos de parentesco: los cedros rojos, los helechos espada, los zorzales pintos y los búhos manchados son agrupados, por ejemplo, en comunidad dentro de su ecosistema y fuera de los esquemas impuestos externamente. Mi trabajo es sobre el paro de lomo castaño; son un poco como los carboneros cabecinegros que hubieran sido sumergidos en un bosque de cedros, con parches de plumas de color pardo y una cierta apacibilidad que corresponde a su vida entre coníferas. En lugar de llevar nombres taxonómicos estándar, muchos seres y entidades de esta nueva guía serán nombrados por poetas, artistas, naturalistas, indígenas y residentes de toda la vida de Cascadia que han establecido una relación con la tierra.

Al tratar de cuestionar y profundizar en el actual proceso de nomenclatura oficial, es esencial que se busquen nombres locales y que se aprendan y honren los nombres indígenas. Merece la pena crear nombres comunitarios, nombres poéticos y personales para las criaturas y los puntos de referencia en nuestro ámbito: nombres que nos revelen en su morfología, comportamiento, presencia en la tierra, relaciones entre ellos y visitas a nuestra psique.

Hablar de otros

Muchos animales son fáciles de distinguir por su sexo. Los machos suelen ser más llamativos, dispuestos a ganarse una pareja con su brillante belleza o para defenderse de los invasores territoriales con un impresionante despliegue de color. Los leones machos tienen melena, los alces cornamenta, los toros cuernos, los pájaros tienen un plumaje brillante para la reproducción. Esto lo sabemos. Pero muchos animales no son fáciles de distinguir por el sexo: cuervos, grajos, estorninos, coyotes, mapaches, ardillas, zarigüeyas, osos, pumas... Aunque un observador experimentado puede distinguir a la mayoría de ellos por su comportamiento o por las señales contextuales o por las sutiles diferencias morfológicas, en general, el pelaje o el plumaje de los machos y las hembras es indistinguible.

Muchos de estos animales son comunes en los ecosistemas urbanos, y los veo a menudo en compañía de otros observadores. He notado que si me refiero a un cuervo como «el», nadie dice nada. Si me refiero al mismo pájaro como «la», siempre me preguntan: «¿Y cómo sabes que es una hembra?». El lenguaje de género que hemos adoptado en nuestro discurso literario y coloquial en las últimas décadas no ha cambiado significativamente los términos en los que hablamos de animales no humanos como cosas.

En mis propios textos, cuando no sé el sexo de un animal, lo nombro indistintamente como «él» o «ella» para evitar cosificarlo usando el inglés «it», y evitando también soluciones incómodas del tipo «pájaro/a». Es importante dotar de consciencia a los animales cuando hablamos de ellos. Hay animales, así como árboles, plantas y otros seres que no pertenecen a uno u otro género, sino a ambos a la vez, y no reconocerlo tanto en nuestro lenguaje cotidiano como en el académico crea una barrera a la empatía, y una invitación a explotar tanto a las criaturas como a la tierra que las sustenta, aunque los propios árboles y animales no sepan ni les importe cómo los llamamos.

Pero ¿qué hacer? Asignar el género al azar en proporciones iguales puede ser un paso adelante respecto a etiquetar todo como masculino o como «it», pero sigue habiendo un problema de pronombres en nuestra forma de hablar y escribir, en nuestro intento de crear un lenguaje más auténtico de lo animado. El movimiento actual hacia el lenguaje de género no binario entre los seres humanos puede facilitar también un replanteamiento de los pronombres para otros seres no humanos.

Inspirada por su propio linaje Potawatomi, Robin Wall Kimmerer buscó la sabiduría del anciano de la tribu y guía lingüístico Stewart King mientras exploraba alternativas a «eso», y escribió la experiencia en su ensayo «Speaking of Nature» («Hablando de la Naturaleza»), publicado en *Orion*. King le ofreció *aakibmaadiziiwin*, que tradujo como «un ser de la tierra». Y aunque se sintió agradecida al descubrir que esa palabra existía, se dio cuenta de que la larga frase no se adaptaría fácilmente al uso popular del inglés, así que experimentó con parte de la palabra: el principio, *aaki*, significa «tierra», y la acortó a *ki*, que significa «un ser de la tierra viva». Para Kimmerer, *ki* sustituye directamente a él o ella. Del cuervo que hay fuera de mi ventana, diría: «¡Qué escándalo que monta *ki* esta mañana!». O del pájaro paro: «Tengo que poner un poco de girasol para *ki*». *Ki* merodea por el barrio por la mañana sobre sus suaves patas de coyote, *ki* nada por el río con su brillante piel de salmón. También las plantas (los seres vegetales) y fuerzas como el viento se inspiran con esta pequeña palabra; son presencias vivas, dice Kimmerer, «tanto en nuestra lengua como en el mundo».

Una palabra así podría invitar a una nueva forma de relacionarse con la naturaleza, o quizás invocar una más antigua. Pero cuando Kimmerer probó *ki* con sus alumnos, encontró cierta resistencia. Ya es bastante difícil incorporar una nueva palabra, y más aún una que abarque una visión del mundo transformadora. Estoy casi segura de que si le pido a mi editora que me deje sustituir el pronombre de todo ser vivo por *ki* en este libro, fruncirá el ceño. Y sin embargo, ya sea *ki* o cualquier otra palabra, en esta tierra cambiante se nos presiona hacia una mayor intimidad con todos los seres. Mientras reflexionamos y jugamos con esta idea de *ki* y desarrollamos un lenguaje arraigado de interser, podemos, al menos, comprometernos a dejar «eso» —el «it»— atrás.

Contemplar

Las voces que influyen en nuestras vidas y en nuestro trabajo no siempre hablan en un lenguaje humano. Cuando no sé qué escribir, me dirijo al pie de un arce de hoja grande o de una abuela de cedro rojo, me siento sobre las raíces, me apoyo en su tronco ancho y marchito, me hundo en la tierra y susurro: «¿Qué quieres que diga?». Entonces escucho. Y de lo que me doy cuenta, más que nada, es de que en lugar de hablar con palabras, a menudo se nos pide que habitemos en el silencio, donde no hay una historia impuesta; solo la tierra y nosotros allí, con ella, escuchándonos, más allá del lenguaje, unos a otros.

Aunque las revelaciones místicas que le llegaron a Juliana de Norwich se describen más a menudo como visiones o manifestaciones, Carol Lee Flinders señala en *Enduring Grace* (*Gracia perdurable*) que la propia Juliana a menudo las llamaba «toques», cosas que experimentó de primera mano, en «formas de entendimiento que no son en absoluto meramente cerebrales». Hay elementos de la tierra sagrada que florecen más allá de nuestro pensamiento racional y de sus denominaciones.

A veces, la privación del lenguaje humano puede ser el mejor camino para comprender otras formas de comunicación. Las culturas de todos los tiempos lo han sabido. En *The Spell of the Sensuous* (*El hechizo de lo sensual*), David Abram escribe:

> La creencia de que el habla es una propiedad puramente humana era totalmente ajena a las comunidades orales que desarrollaron por primera vez nuestras diversas formas de hablar, y al seguir manteniendo tal creencia en la actualidad podemos estar inhibiendo la actividad espontánea del lenguaje. Al negar que los pájaros y otros animales tengan estilos de habla, al insistir en que el río no tiene voz y que la tierra es muda, sofocamos nuestra experiencia directa. Nos aislamos del significado profundo de muchas de nuestras palabras, separando nuestro lenguaje de lo que lo sostiene. Entonces nos preguntamos por qué tan a menudo somos incapaces de comunicarnos, incluso entre nosotros.

Un día di un paseo por el bosque con mi amiga Trileigh, un espíritu afín y una experta naturalista. Recientemente ha alcanzado el estatus de emérita después de una buena carrera como profesora de estudios ambientales en la Universidad de Seattle, y nos preguntamos juntas en voz alta sobre los próximos pasos en la vida, ya que ambas nos encontramos en una especie de encrucijada: ella recién jubilada, y yo con la casa vacía, pues mi hija se fue a la universidad. Trileigh es una persona con muchos recursos: es una mujer renacentista con pasión y talento para la fotografía, el arte y la escritura. No hay que preocuparse de que se marchite de aburrimiento. Sin embargo, se plantea la inquietante cuestión del propósito de la vida: «Me pregunto si parte de mi trabajo en este momento podría consistir simplemente en ser testigo, contemplar —dice Trileigh—, pero siento que realmente debería estar *haciendo* algo». Recordamos las palabras de Mary Oliver, que compuso unas famosas instrucciones para la vida que incluyen la siguiente advertencia: *Presta atención, asómbrate y cuéntalo.*

Estas líneas son un llamamiento a ser testigos de la tierra a través de la experiencia personal, y —como una dimensión de la importancia que tiene dar testimonio— a contarlo basándonos en esa experiencia.

He aquí unas buenas instrucciones. Pero me pregunto: ¿qué ocurre cuando, en ocasiones, dejamos de lado la última parte de la instrucción de Oliver? Atestiguar puede significar tan solo estar presentes, sin necesidad de contar nada. ¿Por qué no ser *simplemente* testigos de lo que vemos? Ver una cosa porque estamos ahí para verla, sabiendo que nuestra presencia es un privilegio para nosotros mismos y una ofrenda silenciosa a lo que se está presenciando. ¿Por qué no permitir que el asombro nos visite como quiera, y luego volver al mundo cambiados, pero tal vez en silencio, sin pensar en palabras y formas de «contarlo», sin imponer una narrativa a nuestro encuentro?

Esto es contemplar. Para las tradiciones espirituales de todo el mundo, esta postura —la del testigo contemplativo— es en sí misma oración, arte y activismo. A veces, dejar de lado el impulso de nombrar y contar —para bordar nuestra propia historia sobre un ser o experiencia, aunque sea involuntariamente— nos permite ver más profundamente en lo contemplado mientras cultivamos una integridad única y poética en nuestro interior, como la que posee un búho o una piedra.

Prueba estas cosas: mantén guías de campo en todas partes. Y mapas topográficos. Léelos como si fueran novelas, como textos sagrados, como poemas. Apréndete los nombres de los seres salvajes o de los puntos de referencia de tu región que para ti sean nuevos, y luego crea tus propios nombres vivos para esas mismas cosas. Respeta los nombres indígenas. Escucha a la tierra cuando te susurre un nuevo nombre y díselo a todos o a nadie. Cuando no sepas qué decir, pon el oído en el suelo del bosque, o sobre la corteza de un árbol, o hacia las nubes. Observa qué lenguaje sin palabras te señala el camino.

DI LA VERDAD

CRECER

Los árboles y los anillos de pertenencia

El parque en el que doy mis paseos casi diarios por el bosque fue diseñado por John Charles Olmsted, hijastro de Frederick Law Olmsted (y, según muchos, el arquitecto paisajista más dotado de la famosa empresa). Olmsted apreciaba los bosques autóctonos del noroeste, pero no tuvo inconveniente en mantener en el parque los árboles frutales de las granjas y los arbustos leñosos de jardín al tiempo que despejaba el espacio para especies que no se encontraban en la región: secuoyas rojas y de California, cedros de incienso de California y cipreses de Nutka, y hayas americanas del este de Estados Unidos.

En general, el parque es un bosque urbano poco común, con viejos árboles nativos y la clásica tríada de árboles de hoja perenne del noroeste del Pacífico: predominan el abeto de Douglas, el cedro rojo y la cicuta occidental en todas partes. Estos se entrelazan con sus compañeros de bosque nativo: arces de hojas grandes cubiertos de musgo, con helechos epífitos de regaliz que cubren sus ramas; el enjuto madroño rojo del Pacífico y un sotobosque clásico de arces enredadera, saúco, helecho espada, salal, trillium y frambuesa rosada (truco de naturalista:

cuando las flores se convierten en bayas, llegan los tan esperados colibríes rufos y los zorzales ustulados, con sus mágicos cantos de hada). Los vagabundos modernos podrían desear un parque totalmente nativo, pero Olmsted tenía un ojo artístico y los elementos no nativos tampoco se entrometen mucho. Estamos bendecidos con este lugar.

Los árboles afligidos

Hace poco, en el parque, saludé y pasé por delante del enorme arce de hoja grande que mi hija, Claire, llamaba Beatrice cuando era una niña pequeña, y continué por el bosque, atraída por el sotillo de hayas americanas que Olmsted colocó entre las hierbas con vistas a un acantilado boscoso y al mar de Salish, donde ocasionalmente se vislumbran las montañas Olímpicas entre las ramas. Es uno de mis lugares favoritos para hacer uso de mi termo de té y leer o escribir.

Al salir del bosque protegido y vagabundear por la pradera hacia las hayas, vi que uno de los dieciocho árboles de la arboleda había sido cortado. Estaba allí el día anterior, así que la pérdida era nueva. En medio de las hayas que quedaban, me arrodillé junto al tocón, que estaba rodeado de trozos del tronco que habían sido cortados en pedazos y esparcidos entre los árboles en pie. Pasé la mano por el corte transversal y contemplé el abrupto cese de los anillos de crecimiento en espiral… y el tocón que se adentraba en la tierra, confuso y todavía vivo con raíces visibles entre las hierbas. La espesura parecía envuelta por un sudario de luto y lamentos susurrados por las ramas. Luego se hizo el silencio.

Los seres humanos, al igual que otros animales, sienten y responden a señales y sentidos prerracionales todo el tiempo. Entramos en un restaurante, por ejemplo, y no importa lo bonito que sea, ni que esté iluminado con velas o que tenga las mejores críticas en la guía, pues nada más entrar nos asalta la sensación de que no queremos comer allí. Entramos en una habitación llena de amigos y, aunque todos estén sonriendo, en el aire flota un mal humor. Algunos días sigo una pista forestal que he recorrido cientos de veces y me siento inexplicablemente invadida por el malestar; algo está fuera de lugar, algo que no puedo entender, explicar o ignorar. Vuelvo sobre mis pasos y encuentro otro camino.

En nuestra cultura nos sentimos incómodos al utilizar palabras un tanto pobres para estos momentos. Palabras como «energía» o «vibración». Pero en Japón aprendí una palabra para esto mismo: *fun'iki*, una sensación inefable de bondad o maldad, satisfacción o incomodidad. Puede que *atmósfera* sea lo más parecido que podamos encontrar.

Tal vez parte de la facilidad del idioma japonés para un concepto tan intangible tenga que ver con otra expresión. Donde torpemente intento en estas páginas mezclar las nociones de cuerpo, mente y espíritu, en japonés se reúnen en una elegante palabra: *kokoro*. El lenguaje encarna tan profundamente nuestra forma de pensar, que tiene sentido que a través de *kokoro* —ni cuerpo, mente o espíritu por separado, sino reconocidos como un todo— podamos captar el *fun'iki* de un lugar. Solo había una forma de nombrar el *fun'iki* que envolvía las hayas que rodeaban a su árbol hermano caído aquel día. Era el dolor.

La verdad y los árboles

En el último siglo y medio, aproximadamente, el paradigma occidental dominante se ha convertido en la única visión del mundo, a través del tiempo y el espacio, que confunde tan abiertamente el hecho científico con un sentido más amplio de la verdad. Quizás el desarrollo de las tecnologías haya creado una pretensión de autosuficiencia, separándonos de los mitos transculturales que una vez nos envolvieron en una naturaleza viva y estratificada. Sin embargo, hay cosas que seguimos comprendiendo más allá de la necesidad de datos o incluso de la posibilidad de esos datos. La mayoría de nosotros hemos sentido ese conocimiento en nuestras vidas: un misterio experiencial que está más allá de las exigencias cuantificables de la buena ciencia, pero que entendemos que es totalmente cierto.

Lo permitimos en nuestra poesía, arte y literatura, pero seguimos siendo tímidos a la hora de permitir que lo numinoso entre en nuestra comprensión cotidiana de la verdad. Lo maravilloso es que cuanto más explora la ciencia los entresijos de la tierra salvaje, más coinciden ambos: el conocimiento interno y el hecho externo.

Resulta que muchas de las cosas que siempre hemos intuido que son verdades de los árboles son también hechos científicos. Los árboles reconfortan, curan, hablan, se mueven, hacen señas, se hacen amigos. Los árboles escuchan, los árboles cantan.[1] Y aunque hemos sentido todas estas cosas en presencia de

---

1 Sin embargo, no mejoran cuando tocamos a Mozart para ellos, por muy poética que resulte la idea, popularizada en los años 70. Si los árboles

árboles —el consuelo, la comunión, el susurro que anuncia la lluvia que se avecina, la capacidad de respuesta exclusivamente arbórea—, dudo que incluso en la gran extensión de ese conocimiento hayamos podido enumerar los intrincados y enmarañados procesos a través de los cuales ocurren todas estas cosas.

Esta ciencia tardó mucho en llegar, en parte debido a nuestra preconcebida división entre seres humanos, otros animales y plantas. El cautiverio científico-cultural nos ha llevado durante mucho tiempo a considerar las formas humanas de ser como una medida para *todas* las formas de ser. La capacidad de respuesta requiere un sistema nervioso. Compartir requiere una mente que tome decisiones. El comportamiento requiere un cuerpo que se mueva. Para bailar se necesitan los pies. El afecto y la amistad requieren un corazón, en sentido figurado y físicamente. Y cualquier tipo de inteligencia requiere un cerebro. En términos humano-animales, los árboles no tienen nada de estas cosas.

Hace más de treinta años, cuando la profesora de la Universidad de la Columbia Británica Suzanne Simard estudiaba el sotobosque de su ecosistema del noroeste del Pacífico, observó algo curioso. En las plantaciones de abetos de Douglas se eliminaban árboles jóvenes de abedul de papel como «malas hierbas», ya que se suponía que competían por la luz y los nutrientes del suelo con los abetos deseados, que acabarían siendo talados por su hermosa madera. Pero en lugar de ayudar a

---

y otras plantas responden a la música (lo que sigue siendo una posibilidad) y si prefieren a Mozart, no es algo que expresen a través de un mayor crecimiento u otras medidas que aún no hemos reconocido.

los abetos jóvenes a prosperar, esta eliminación de abedules hizo que los abetos se volvieran menos rigurosos, crecieran más lentamente, a veces se marchitaran o incluso murieran. Fui testigo de un experimento de laboratorio en el que se cultivaron parejas de plantones de pino en pequeñas cajas de raíces. Después de exponer uno de los arbolitos al carbono 14, no tardó en detectarse el gas radiactivo en el otro arbolito. Los arbolitos estaban conectados. *Comparten*. A la luz de estas y otras observaciones, Simard se preguntó: ¿Y si los árboles no compiten realmente, como siempre se ha considerado en la gestión forestal? ¿Y si, por el contrario, se refuerzan mutuamente? ¿Y si su florecimiento está entrelazado?

Como joven científica visionaria, se encontró muy sola en una disciplina como la silvicultura, un sector dominado por hombres. Su propuesta de investigación fue marginada; se le denegó la subvención. Sin embargo, reunió equipos, subvenciones menores y estudiantes de posgrado. Exploró la infratierra, los lugares en los que, en nuestra vida terrestre, rara vez nos detenemos a pensar. Ahora el conjunto de sus investigaciones está a la vanguardia de una comprensión totalmente nueva de los árboles, de su capacidad de respuesta entre ellos y en el mundo, de los bosques que crean, de nuestra capacidad para relacionarnos con ellos y de nuestros conocimientos sobre cómo protegerlos.

En la década de 1990, las investigaciones de la Dra. Simard y otros empezaron a revelar que los vastos zarcillos miceliales subterráneos de los hongos (las setas son los cuerpos fructíferos de algunos hongos en la superficie) ya conocidos por la ciencia botánica, eran algo mucho más complejo de lo que nadie había imaginado: la base de una bulliciosa constelación que conecta a una miríada de especies. La investigación es amplia, lleva décadas en curso y a la misma se han sumado muchos científicos, y aún está emergiendo.

Mientras que históricamente se creía que los hongos tenían una relación parasitaria, causante de enfermedades o de descomposición, con la flora, ahora sabemos que ciertos hongos comunes tienen una delicada afinidad con los árboles y otras plantas. Las hifas celulares de los hongos se reúnen para formar una diáfana maraña de micelios, una matriz eterna tejida en el suelo: kilómetros de micelios en un centímetro y miles de kilómetros bajo cada pisada. Estos se unen y penetran en los sistemas de raíces finas para crear una relación simbiótica de micelio/raíz/rizoma que ha llegado a llamarse la red de micorrizas, o «amplia red de madera».

Las plantas y los hongos llevan retozando de esta manera desde hace más de cuatrocientos cincuenta millones de años, formando un antiguo mutualismo. Los micelios vigorizan las raíces con nutrientes, incluidos el nitrógeno y el fósforo, que extraen del suelo pero que los árboles no pueden obtener por sí mismos. Los hongos, a su vez, arrancan los azúcares ricos en carbono que los árboles fabrican durante la fotosíntesis y los utilizan para su propio crecimiento. El círculo gira una vez más cuando los micelios ayudan a las estructuras radiculares a extenderse por el subsuelo, conectando los árboles entre sí y permitiéndoles compartir una gran cantidad de nutrientes. Y por si fuera poco, los micelios amplían el alcance de los impulsos electromagnéticos que se forman y se transfieren a través de las puntas de las raíces de los árboles, formando bosques de conexión social, intercomunicación y la confraternidad de la comunidad.

Mientras tanto, otras investigaciones confirman que, a través de las señales químicas y olfativas en sus hojas y ramas sobre el suelo, los árboles anuncian a otros árboles el peligro de la proximidad de insectos que se alimentan de hojas, las noticias de las tormentas que se avecinan y los momentos de descanso seguro. No solo los árboles, sino probablemente todas las especies vegetales —arbustos, helechos, hierbas y musgos— se comunican de forma similar (aunque no exactamente igual para cada grupo o especie). La Dra. Simard reconoce todo esto como un «tipo de inteligencia». Desmintiendo el mito de que la ciencia y la poesía son entidades separadas, escribe que los árboles forjan «su dualidad en una unidad, haciendo un bosque».

El ecologista de los bosques tropicales y experto en redes de hongos Merlin Sheldrake lleva la ruptura de la dualidad un paso más allá en su maravilloso libro *Entangled Life* (*Vida entrelazada*), señalando la verdad de que discutir la actividad de las micorrizas centrándose en los árboles y no en los hongos es un enfoque centrado en las plantas, de la misma manera que históricamente hemos ignorado la capacidad de respuesta de las plantas a causa de nuestra perspectiva centrada en los seres humanos y los animales. Tal vez sea más fácil para nosotros pensar en los árboles como entidades comunitarias que en los hongos, pues los árboles residen en nuestra esfera: podemos verlos, apoyarnos en ellos, dormir la siesta a su sombra... Los hongos que unen todo esto de forma invisible son más esquivos, pero igual de esenciales y dignos de nuestra atención.

El actual Proyecto Árbol Madre de la Dra. Simard durará cien años, y seguirá las vidas individuales y los bosques colectivos de abetos de Douglas, pinos contorto, pinos ponderosa y alerces occidentales por todo Canadá (los árboles madre, también llamados «árboles centrales» por Simard, son los árboles más maduros de un bosque y albergan la mayoría de las conexiones fúngicas. Dentro de una sociedad de árboles, ofrecen la preponderancia de la protección a través de la sombra, refugio, alimentación y comunicación). Preguntada por los objetivos del estudio para un ensayo en *Smithsonian*, dijo:

> ¿Cómo preservar a los árboles madre de la tala y utilizarlos para crear bosques resistentes en una época de rápido cambio climático? ¿Debemos ayudar a la migración del bosque esparciendo semillas? ¿Debemos combinar genotipos para que las plántulas sean menos vulnerables a las heladas y a la depredación en nuevas regiones? Puede que me pase de la raya, pero esta es una forma de devolver lo que los bosques me han dado.

¿Y qué le han dado? «Un espíritu, una plenitud, una razón de ser».

Anillos de crecimiento

La misma constelación de herramientas de comunicación que beneficia la vida de los árboles también hace que estos sean sensibles a la ruptura repentina, a la pérdida. Las hayas de mi parque son hayas americanas, *Fagus grandifolia.* Aunque su follaje no es especialmente grandioso, sus ramas se extienden y se mezclan en un dosel difuso, murmurando con el viento. Sabemos que las hayas, los abetos, los robles y, sin duda, una miríada de otras especies aún no estudiadas, registran una versión del dolor: no el dolor humano o el dolor de los perros, sino dolor de árbol. Cuando un insecto o una oruga mordisquea una hoja, el tejido del follaje libera señales eléctricas, reflejando la respuesta del tejido humano herido.

Los neurotransmisores que solemos asociar solo con las demandas de la vida humana se encuentran en los árboles y otras plantas: dopamina (en los seres humanos, regula la respuesta emocional y la sensación de bienestar físico y emocional), serotonina (estado de ánimo y comportamiento social) y glutamato (comunicación entre nervios, aprendizaje, memoria). Los árboles se ocupan diariamente de los detalles de la vida y también, biológicamente, de las mismas actividades que nosotros: el crecimiento, el acopio de luz, agua y nutrientes, la reproducción, el cuidado de los jóvenes, el mantenimiento de la comunidad, la preparación de cara al calor y el frío, la protección contra las enfermedades, la regeneración después de una lesión, sucumbir a la inevitable muerte, alimentar la tierra con nueva vida...

Un día, mi amiga Kersti, experta en árboles, que estaba experimentando un episodio de ansiedad depresiva, me dijo: «Me gustaría ser un árbol. Nunca pueden estar solos». Al igual que nosotros —y con nosotros— ellos habitan en comunidad, en parentesco, en una especie de amistad arbórea. Un hayedo asegura el florecimiento comunitario al compartir los nutrientes a través de las micorrizas ocultas que ayudan a igualar a los fuertes y los débiles. Los árboles se alimentan unos a otros. Sabemos que ciertas especies de árboles apoyan incluso a los individuos enfermos, enviándoles nutrientes, igual que llevamos sopa a los amigos enfermos (y sabemos que un día el que da puede convertirse en el que recibe). Algunos se apresuran a ayudar incluso a un tocón.

El ecologista Brian Pickles, de la Universidad de Reading (Inglaterra) se asoció con Simard y la estudiante de posgrado Amanda Asay para estudiar las plántulas de abeto de Douglas en un proyecto reciente en la UBC. Descubrieron que los arbolitos reconocen sus relaciones, sus raíces responden de forma única a sus parientes genéticos. ¿Cómo funciona? «No tenemos ni idea de cómo lo hacen», dice Simard. Los árboles se presentan como individuos, pero están unidos en una reciprocidad radical que hasta hace bien poco estaba más allá de la imaginación de la ciencia. Los árboles se tienden la mano unos a otros, de forma invisible, verdaderamente, bajo nuestros pies.

Mary Oliver escribió un poema en el que se lamentaba de la incapacidad de los árboles para moverse libremente, y me hizo reflexionar. Por un lado, a pesar de que los botánicos los califican de «sésiles» (fijos), los árboles y otras plantas se mueven mucho. En los años 90, la BBC publicó una serie documental de seis episodios, *The Private Life of Plants* (*La vida privada de las plantas*), presentada por David Attenborough. Gran parte del debate ha quedado obsoleto, pero observar el lapso de tiempo fotográfico de movimiento botánico es una experiencia reveladora y casi psicodélica. Los árboles se despliegan, se estiran, crecen, se extienden, siguen la luz, se aquietan en la oscuridad. La mayor parte de esta actividad pasa desapercibida, ya que nuestra propia percepción del movimiento en el tiempo está moldeada por el ritmo relativamente rápido de nuestro movimiento humano en el mundo.

Si los árboles estuvieran escribiendo su propio poema, *¿nos* mirarían con lástima, en lugar de al revés? Tan desarraigados, serpenteantes, separados, rozando la superficie del suelo, protegiéndonos de la noche, sin que nuestras pesadas extremidades respondan a la liviandad del viento... Sin fragancia, sin ser visitados por los pájaros, sin que nada anide en nuestros cabellos. Muriendo tan jóvenes. Sin embargo, los árboles, si se lo permitimos, nos envolverán en su gracia conectada a la tierra.

Comunión y parentesco

He leído que la fragilidad interconectada de los árboles y el reparto de su fuerza —del tipo que cuida de los tocones— es posible solo en bosques inalterados. Pero aquí, en mi bosque urbano arbolado de solo dieciocho hayas no autóctonas, ahora menos una, dudo que sea así. Los árboles están en un campo de hierbas y chiribitas. Algunos días, las modernas hamacas de Eno o las cuerdas de equilibrio se extienden entre sus gruesos troncos. Los excursionistas beben y pican bajo su sombra moteada. Pero la mayoría de los días laborables el parque está poco poblado y los árboles permanecen serenos en su idiosincrático bosque urbano, donde han madurado juntos durante más de cien años. Su entrelazamiento es profundo. En su luminoso libro *Las canciones de los árboles*, David George Haskell habla de un duelo ecológico que se desarrolla cuando se pierde un árbol:

> Para las demás criaturas que dependen de los árboles vivos, la muerte de uno de ellos pone fin a la relación que les dio la vida.

> Los compañeros y enemigos de un árbol vivo deben encontrar un nuevo árbol vivo o ellos mismos morirán. Gran parte de la comprensión del bosque que habita incrustada en estas relaciones también muere. El conocimiento particular de los árboles sobre la naturaleza de la luz, el agua, el viento y las comunidades vivas, adquirido a través de una vida de interacción en un lugar del bosque, se disuelve.

¿Y qué hay de mi propia respuesta? Como todos los árboles (y los animales, incluidos los humanos), estas hayas tienen una presencia bioeléctrica. Nuestro sentimiento de apego por un lugar y sus habitantes, nuestro sentido de parentesco y de amistad, se refuerza y profundiza con el tiempo y la atención. Igual que sabemos cómo se siente un amigo querido con solo mirarle a la cara, podemos sintonizar con el *fun'iki* de un lugar que conocemos bien. He escrito entre los árboles de este bosquecillo, he leído poesía con la espalda apoyada en sus troncos, he apretado mi cara contra sus cortezas purpúreas y plateadas. He dormido la siesta bajo su sombra, mis sueños de árboles eran tan detallados que sentí que las propias hayas se habían infiltrado en ellos. He observado su aceleración estacional, su florecimiento y la caída de sus hojas, temporada tras temporada. He visitado estos árboles la mayoría de días de los últimos veinte años. Me entristece personalmente la tala de cada árbol. Pero, ¿sería coherente preguntarme si no vivía mi dolor de manera aislada, en vez de compartirlo con los árboles del hayedo? ¿Podría haberme afligido *con* los árboles, en lugar de lamentarme simplemente entre ellos? No lo sé, en realidad, pero sé lo que creo que es cierto.

Riesgo del bosque, sintonía con el bosque

El tocón del haya talada en mi parque forestal muestra signos de espalteado, una señal de mala salud que en la silvicultura tradicional justificaría su eliminación. La enfermedad que causó el espalteado puede que, con el tiempo, se haya extendido a otros árboles. O puede que no. Tanto si la tala de este árbol en particular estuvo justificada como si no, lo cierto es que los departamentos de parques de todo el país son rápidos con la sierra.

Ha habido algunas tragedias en los parques urbanos arbolados, heridos e incluso muertos por la caída de ramas, así que no digo esto a la ligera. Pero este parque, y otros como este, son raros, lo suficientemente grandes como para funcionar como sistemas ecológicos con fragmentos de bosque antiguo y una avifauna compuesta por aves residentes y migratorias casi tan diversa como la de los bosques alejados de los límites de la ciudad. Estos lugares ofrecen un santuario para todas las criaturas, y más que esto: son *entidades* forestales, con toda su poesía de conexiones esenciales vistas, no vistas e incluso desconocidas. Si queremos mantener cualquier apariencia de bosque urbano, si queremos ofrecer un atisbo de vida silvestre rara y vital, el riesgo (y el sentido común que exige) debe formar parte del conjunto. La naturaleza no se puede vigilar del todo. Se nos pide que entremos en los bosques imperfectos que milagrosamente hemos conseguido mantener en los entornos urbanos, con paso ligero y con una compleja alegría.

Bichos raros entre los árboles

La Dra. Simard sugiere varias cosas que los animales humanos podemos hacer para ayudar a los árboles en su vida y en la creación de bosques. La más importante es pasar tiempo entre ellos. Simard creció en una familia de leñadores y se inspiró en su infancia, en la que se tumbaba «en el suelo del bosque y miraba las copas» de los antiguos abetos de Douglas y los cedros rojos. Es al estar en un bosque concreto cuando llegamos a comprender su singularidad, lo que necesita para florecer y prosperar, y es así, en el interser, que nosotros mismos llegamos a florecer y prosperar como respuesta. Invocando una de las grandes metáforas espirituales, Thomas Merton afirma esta verdad en su diario: «Al vivir lejos de la tierra y de los árboles, les fallamos. Estamos ausentes del festín».

Se dice que, cuando baila, el coyote parece un loco para aquellos que no pueden escuchar su música mística. Hemos llegado a un momento terrenal en el que debemos tender todas las conexiones que podamos con toda la vida, sin importar el riesgo que eso suponga para nuestra fachada pública de normalidad. No tenemos más que observar la insípida homogeneidad de la cultura dominante basada en la riqueza y el expolio de la tierra. ¿Es esta la aprobación que buscamos? Cuando volvemos la vista hacia los dulces y desgarrados márgenes de la sociedad, vemos a gente que lleva violines, mandolinas, bolígrafos, microscopios, bastones; gente que tiene tinta en las manos, pintura en la cara, musgo en el pelo, camisas arrugadas porque han estado despiertos toda la noche, cautivos de una nueva idea. Aquí es donde radica el arte de salvar la tierra. Estamos creando una nueva historia, repleta de vitalidad, convivencia, asilvestramiento (¡una fuga!), naturaleza, no dualidad, interconexión, generosidad, sensualidad, creatividad, conocimiento de la tierra y de todo lo que la habita.

Sobre el caminar descalzo, Thomas Merton escribió: «Tal vez quitarse los zapatos pueda parecer quijotesco a quienes han olvidado satisfacciones tan elementales». El pasatiempo superficial de preocuparse por lo que los demás piensen de nuestro amor por la tierra hace tiempo que caducó, y ahora está supeditado a las «satisfacciones elementales» que nos unen a un planeta atribulado. Con esta idea en mente, ofrezco algunas prácticas distintas a las normales, pero hermosas, para llevar la reciprocidad a los árboles que habitan entre nosotros y a los bosques que crean.

Regresa y escucha la llamada. Elige un árbol para sentarte con él. Esta práctica se entrelaza con la ya descrita sobre el «lugar de quietud» en nuestra relación con los animales. Visita este árbol cada día durante una temporada, un año, una vida. De esta sencilla práctica se aprende todo. Mientras están arraigados en su lugar, los árboles reúnen todas las cosas necesarias para su existencia y gran parte de las nuestras. Sé que aunque la tierra, o los seres sobre la tierra, no me pertenezcan, hay un sentido en el que puedo sentir que yo les pertenezco. Lynda Mapes estudió un mismo roble durante un año en el bosque de Harvard, con tres mil acres dedicados a la investigación de la universidad. Observó, dibujó, investigó junto a los científicos. Subió a lo alto de la copa del roble, dormía la siesta entre sus ramas. Después escribió sobre la experiencia en su libro *Witness Tree* (Árbol testigo), y me dijo que no tenia duda de que, con el tiempo, el árbol reconoció su presencia, que se pertenecían el uno al otro. Regresar, regresar y regresar es entrar en relación con un árbol concreto y con la tierra que lo rodea. Es la gran lección.

Cuerpos que se tocan. Para el recordado monje budista Thich Nhat Hanh, la «meditación del abrazo» es una práctica espiritual que se extiende a todos los seres: personas, animales y árboles: «Cuando nos abrazamos, nuestros corazones se conectan y sabemos que no somos seres separados». Thich Nhat Hanh contempla a quienes abrazamos, y nos dice:

> Según la práctica, debes abrazar realmente a la persona que estás abrazando. Sentirla de verdad entre tus brazos, no hacerlo solo para cubrir las apariencias dándole unas palmaditas en la espalda para dar la impresión de que estás allí, sino respirando conscientemente y abrazándola con todo tu cuerpo, espíritu y corazón. «Cuando inspiro, sé que la persona a la que quiero está con vida entre mis brazos. Cuando espiro, sé que para mí es muy valiosa».

Si así lo haces, el árbol abrazado «se nutrirá y florecerá como una flor». ¿Hay alguien cerca que te vea abrazando el árbol? Esta es la parte en la que no te importa lo que piensen los demás. ¿Eres un sucio adorador abrazaárboles? Sí, gracias.

Sincronía. Al descalzarnos, nos abrimos a la benevolencia cultivada por los árboles, y nos acercamos a ellos como nuestros mentores. Poner no solo una mejilla, sino un oído directamente sobre la corteza de un árbol, permite una escucha más profunda. El movimiento rítmico de la sangre en nuestros cuerpos, el fluido craneosacral de nuestras columnas y cráneos, refleja el movimiento de la savia en los árboles. La brisa que agita nuestros cabellos es la misma que la de las hojas, las ramas y las nubes. Cuanto más tiempo permanezcamos así, más sincronizados e indistinguibles se tornan estos ritmos.

LEERLE A LOS ÁRBOLES. Créeme: pensar en leerle a un árbol es más extraño que hacerlo, especialmente una vez que estás en ello. El otro día, me dirigí al bosque pensando en un cedro en particular y con un libro en mi bolsillo. ¿Qué es lo que le lees a un cedro? Aunque estoy segura de que hay muchas posibilidades, la respuesta ese día para este árbol era obvia: Emily Dickinson.

Si le lees en voz alta a un árbol, te encontrarás en compañía de un oyente inusualmente atento y receptivo (posiblemente, incluso agradecido). Y la reacción del árbol será de una singular quietud, un crujido de ramas, la caída de sus hojas doradas después de una línea en particular:

«El cerebro es más amplio que el cielo»

como si susurrara un ¡*sí*, *sí*!, real o imaginado. No estoy segura en absoluto que importe si formamos una sílaba en respuesta a esta pregunta. Somos siempre, y en todas partes, parte de una conversación.

Es casi imposible pasar junto a un árbol con el que se ha compartido tal intimidad y no sentirse atraído por él en el futuro. En su impresionante novela *El clamor de los bosques*, Richard Powers recurre a los conocimientos ancestrales de culturas de todo el mundo cuando su personaje Adam se pregunta en voz alta si su amiga Olivia, que murió actuando en defensa de los bosques antiguos, podía realmente oír hablar a los árboles, como le había dicho: «Los árboles solían hablar con la gente todo el tiempo —se responde a sí mismo—. La gente sana solía oírlos». La silenciosa narración continúa: «La única pregunta es si volverán a hablamos, antes del final».

La gente cuerda sigue oyendo hablar a los árboles; es cuestión de estar disponibles para escuchar y, cuando estemos preparados, responderles. Estas conversaciones esenciales invitan al respeto, a la apertura de miras y a la disminución de nuestra tendencia —incluso nuestra capacidad— de mercantilizar la existencia del otro. Amplían nuestro sentido de vivir en un mundo inspirado y sagrado. Este es el fundamento de todo activismo audaz en favor de la vida y de las tierras salvajes.

VE HACÍA LOS ÁRBOLES

CREAR

El arte del activismo por la Tierra

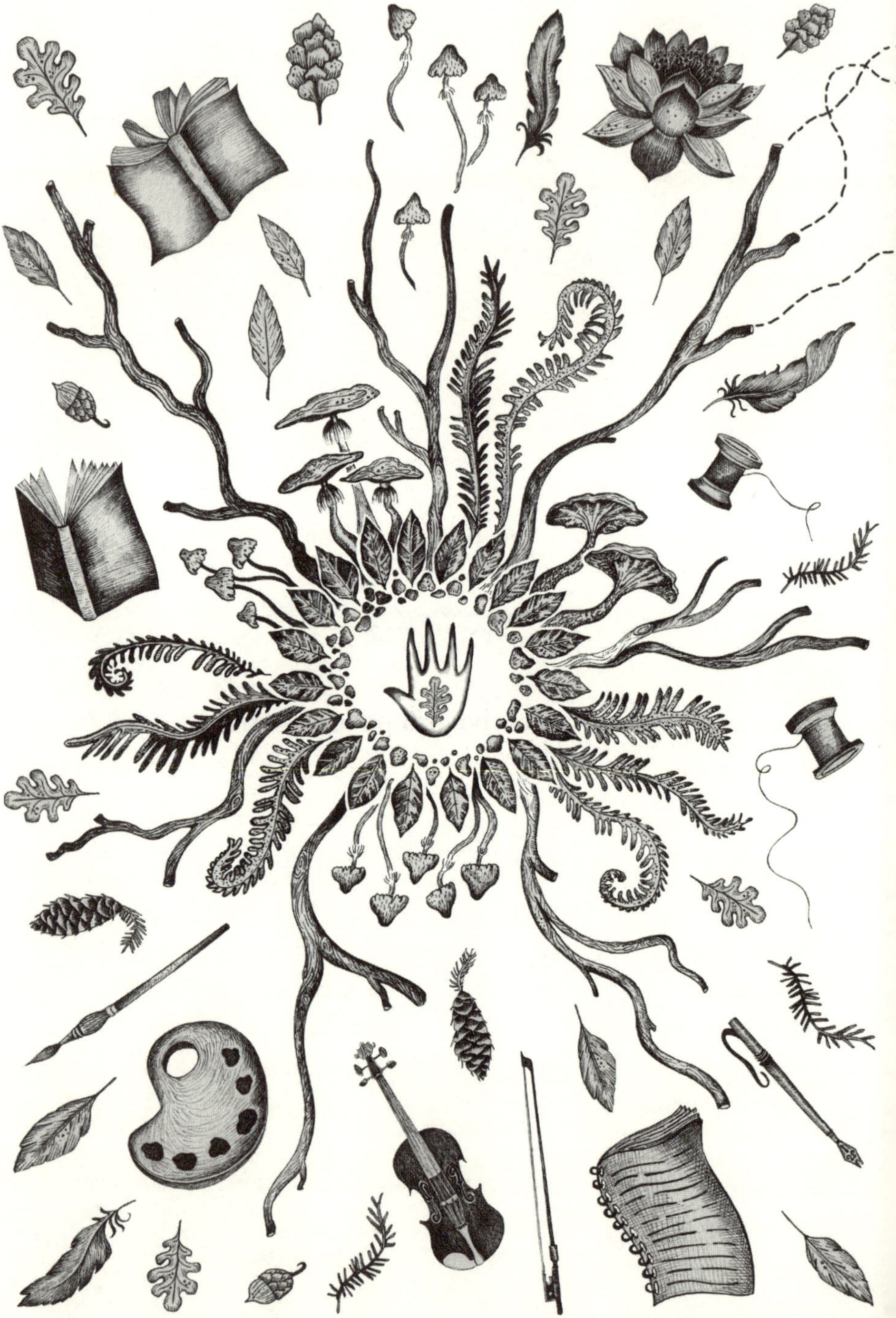

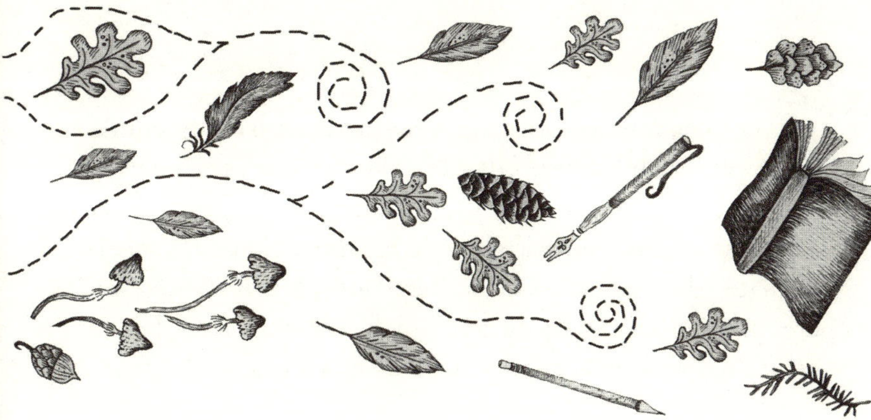

El zorro sabe muchas cosas, pero el erizo sabe una cosa importante», proclama un antiguo fragmento atribuido al poeta griego Arquíloco. Se da a entender que el erizo se acurruca en el lado de la sabiduría superior, y se nos aconseja hundirnos en las tranquilas profundidades de esta forma de saber del erizo. Gente entendida en la materia me ha dicho que, como nadie puede hacer todo lo necesario para curar un mundo en dificultades, es más útil (y menos confuso) centrar nuestra pasión en una sola cosa. Elegir una causa, una criatura, un ecosistema. Profundizar. Creo que esto es muy cierto.

Pero en mi historia favorita del diario de Santa Teresa, el libro de la cesta de Pascua de mi infancia, una de las niñas mayores de la familia pasa a sus hermanas todos los trozos que utiliza para hacer ropa para muñecas: retazos de cintas, hilos y telas. Los coloca en un cesto y los ofrece primero, por cortesía, a Thérèse —la más joven— que, mostrándose poco amable, mete su manita regordeta en el cesto, lo coge todo, y dice: «*Je choisis tout*». Lo elijo todo.

Pienso en esta historia cada vez que rebusco en mi enmarañada cesta de hilos de bordar de todos los colores que hay en el mundo, enredados con las tijeritas alemanas de grulla dorada que me regaló mi madre cuando era niña. Con estos sencillos materiales he adornado y remendado ropa, por supuesto, pero también mi tienda durante una tormenta; el ala de una curruca migratoria; el corazón roto de una amistad. Y más.

La cosa única y las diez mil cosas

Ahora es todo más difícil. En esta época de angustia en nuestro planeta, hemos superado con creces esa mentalidad de *50 cosas sencillas que puedes hacer para salvar la Tierra* de principios de los años 90, cuando el público en general no sabía prácticamente nada de lo que el cambio climático y el desenfreno en la continua destrucción del hábitat salvaje significarían. Ahora sabemos que hay diez mil cosas que podemos hacer y más, algunas de ellas simples, algunas que nunca hemos hecho, algunas apenas posibles, cada una de ellas indispensables, y todas ellas requieren nuestra atención, nuestro servicio, nuestro amor, nuestra acción. Reducir, reutilizar, ahorrar, eliminar, meditar, dar, trabajar, aullar. Orca, cedro, secuoya, lobo, caribú, rana. Arrecife de coral, selva tropical, bosque templado, desierto. Aire, tierra, agua. Culturas, lenguas, tribus. Una letanía interminable y sagrada. Nada puede ser eliminado de la lista. Cada cosa incontable es esencial.

No es de extrañar que nos sintamos tan paralizados. Y, sin embargo, estamos llamados a actuar de todos modos, dentro de esta paradoja de los muchos y del uno. En este tiempo, tal vez no debamos elegir entre el zorro y el erizo, sino abrazarlos a ambos. Nadie puede hacerlo todo. Sin embargo, podemos *sostener* todas las cosas mientras recortamos y cambiamos nuestras vidas y elegimos nuestras formas particulares de acción arraigada y creativa, aquellas que nos llaman de forma única.

En la mística occidental existe la hermosa idea de la «comunión de los santos». No se trata de los santos ordenados por un proceso religioso institucional; somos todos nosotros. En la comunión de la interconexión no poseemos individualmente todos los dones, sino que participamos de los dones de los demás mientras ofrecemos los nuestros, forjando un todo agraciado y completo.

Cuando viví en Kioto, uno de mis destinos favoritos para soñar despierta era Sanjūsangen-dō, el templo de Kannon de los Mil Brazos, una versión del bodhisattva femenino de la compasión, de la que hablé en la invocación de este libro. Aquí hay mil estatuas doradas de tamaño humano de Kannon, cada una con cuarenta y dos brazos y cuarenta y dos manos. Cada mano ofrece un don al mundo ansioso: una flor de loto, una espada, un ojo, un pájaro...[1]

El pabellón, alargado y oscuro, cuenta con un suelo de madera que ha sido pulido por los pasos desnudos de millones de peregrinos durante novecientos años; siempre está fresco, incluso en el sofocante verano de Kioto. Las interminables

1 Los mil brazos por estatua resultaron ser demasiado para los confines de este templo, aunque se ha logrado en estatuas individuales en otros lugares. Si se descuentan los dos brazos habituales, los cuarenta restantes multiplicados por los veinticinco planos de existencia de la secta budista Tendai dan lugar a mil brazos metafóricos en cada figura.

figuras se muestran seductoras y edificantes. Cuando las visitaba, me paseaba entre las formas y sentía las miles de yemas de los dedos recorrer mi pelo, golpear mi cuerpo; escuchaba voces que susurraban cosas sagradas, cosas difíciles, palabras imperceptibles pero luminosas. Cuando salía de allí, notaba los brazos brotando de mi propia espalda, sentía mis manos abiertas para recibir, con las palmas llenas de flores para compartir y pétalos cayendo a mi paso. Erizo, zorro, un corazón, mil brazos.

Crear-Criatura-Creación

Las palabras surgen en una maraña. *Crear* viene del latín *creare*, hacer crecer, hacer nacer, y pasó a través del francés antiguo al inglés, *creature*, un ser engendrado. Todos los seres, todas las criaturas, han sido coformados. Como la tierra y todo lo que en ella habita, estamos hechos de arcilla, de agua, de sangre, de polvo de estrellas.

Carl Sagan es famoso por insistir, una y otra vez, en que somos materia estelar. Se burlaron de él por tan solemne afirmación, pero estaba en lo cierto. La Dra. Ashley King, científico planetario y experta en polvo estelar (una descripción de trabajo envidiable), afirma: «Es totalmente cierto, al cien por cien: casi todos los elementos del cuerpo humano fueron hechos en una estrella y muchos han pasado por varias supernovas». *Oxígeno + carbono + hidrógeno + nitrógeno + calcio + fósforo + potasio + azufre + sodio + cloro + magnesio = estrella humana.* El material del cosmos está entretejido en nuestros huesos y circula por nuestros ríos de sangre.

«El individuo es el lugar de encuentro de los cuatro elementos», escribe John O'Donohue desde la antigua perspectiva celta. Para los seres humanos, ese encuentro es una oportunidad sagrada: «Hemos brotado de las profundidades de la tierra. Piensa en los millones de continentes de arcilla que nunca tendrán la oportunidad de salir de ese inframundo, esa arcilla que nunca encontrará una forma de ascender y expresarse. Sin embargo, tenemos este privilegio, y con él, una obligación sagrada de vivir con sentido. La palabra *obligación* suena pesada, pero tiene una hermosa raíz, *ligament*, del francés antiguo, lo que nos une como un trenzado de hierbas sagradas, como un manojo de troncos destinados a alimentar una cálida hoguera comunitaria.

Hace años habría evitado la palabra *creación*, que se ha visto disminuida por la irrealidad del creacionismo fundamentalista. Y sin embargo, todas las demás palabras que a menudo utilizamos para evitar las turbias aguas del creacionismo —*mundo, mundo natural, tierra, vida biótica,* o incluso *simplemente vida*— se quedan pequeñas ante la poesía de la palabra *creación*, que implica una base interminable de existencia, una matriz de renovación constante. La *creación* abarca el así llamado sustrato no viviente de la vida: cosas acuáticas, geológicas, cosmológicas, minerales y atmosféricas («así llamado» porque en él no hay forma de separar lo vivo de lo no vivo).

Incluso el tiempo se rompe dentro de este cálculo del interser. Nos encontramos en una continuidad espiral —más que estrictamente lineal— con nuestros antepasados y con el antiguo cosmos. Seguimos viendo la luz de las estrellas que murieron hace mucho tiempo y que ahora forman nuestros cuerpos vivos; también nuestras acciones llegan al futuro de toda la vida y la muerte. Importa lo que producimos con la materia de nuestros cuerpos. Creamos, como criaturas formadas por el cosmos, en el seno de la creación.

El viento creador

Nuestros cuerpos elementales son el vector de la acción en el mundo, pero la inspiración que nos mueve a actuar está asociada desde hace tiempo al más invisible de los elementos. Vida, espíritu y respiración se entrelazan inseparablemente en las raíces de esta palabra. *Inspiratus* es el viento creador, el aliento divino. ¿Y estar inspirado? Ser inspirado es ser respirado. Walt Whitman cantaba:

Mi respiración e inspiración, el latido de mi corazón,
el paso de la sangre y el aire por mis pulmones,
el olor de las hojas verdes y de las hojas secas...

Escuchar nuestro lugar en la tierra es permitirse ser inspirado. La capacidad para la inspiración es esencial, coexistente con el acto creativo.

Clarissa Pinkola Estés describe la presencia del *duende* en ciertos cuentos folclóricos latinos como una sustancia mística, como el viento que nos inspira. Es en el contacto arraigado con el mundo natural que llegamos a escuchar este viento, a dejar que nos toque, que lo respire, que actúe a partir de su voz. «Cuando las hojas de los árboles se agitan —escribe Estés— el pueblo dice: "Ah, *el duende*"». El duende es la fuerza que sienten todos los místicos, todos los artistas, todos nosotros como activistas creativos, cuando dejamos que nuestras acciones sean feroces, sanadoras, de bendición, protectoras, fluidas y azotadas por el viento en el mundo.

Vivir es en sí mismo un acto creativo, y el arte de vivir importa en todas las esferas. La separación entre los conceptos interrelacionados de creatividad (la realización de una escultura, la escritura de un libro, la pintura de una naturaleza muerta, la composición de un cuarteto, la escritura de un poema) y el activismo (el apoyo a una protesta, la marcha por una causa, la colocación del propio cuerpo ante una excavadora, la voluntad de ser detenido por el derecho al agua potable) es falsa. Todos ello puede encarnar tanto la creatividad como el activismo. Zadie Smith habló en una entrevista en la emisora NPR sobre su sensación de conflicto por su papel como escritora dentro de una comunidad de amigos conformada por activistas tradicionales que siempre están manifestándose con megáfonos y organizando protestas. A veces se siente pasiva, pero reconoce una y otra vez que su pregunta de escritora: «Sí, pero ¿por qué?», ejerce una presión sobre el trabajo aparentemente más activo y lo lleva hacia un debate más amplio y hacia un cambio estructural. Las formas y los principios del arraigo nos preparan para compartir nuestras pasiones únicas —sean cuales sean— en nombre de un mundo al que amamos y sufrimos. Nuestro trabajo consiste en permitir que esta pasión afecte a nuestra existencia, dejar que la ecología interior de nuestras vidas llegue a tocar la ecología exterior de la tierra. Este es el arte creativo del activismo terrestre. La tarea humana es, ahora, llevarlo a cabo.

La ciencia de las criaturas que crean

No es fácil llegar a precisar las formas en que la naturaleza subyace a nuestra creatividad. La respuesta humana al mundo natural está enredada con nuestras mentes conscientes e inconscientes, nuestra imaginación y nuestros espíritus. Son cosas de difícil acceso para el análisis científico tradicional. ¿Cómo se puede cuantificar un *sentimiento* de expansión o creatividad? Y sin embargo, durante décadas se ha intentado —en los campos de la psicología ambiental, la ecología y la psiquiatría— aportar pruebas empíricas de esta dimensión de la relación humana con la naturaleza. Los trabajos de los años 70 y 80 de Theodore Roszak y otros sugieren que la naturaleza es importante no solo para satisfacer las necesidades materiales, sino también «para las necesidades psicológicas, emocionales y espirituales». El médico y ecologista Bryan Furnass propuso que la experiencia de la naturaleza refuerza la actividad neurológica del hemisferio derecho del cerebro, restaurando «la armonía de las funciones del cerebro en su conjunto». Aunque los investigadores siguieron ampliando esta teoría durante las décadas siguientes, y aunque hay una montaña de análisis que detallan cómo la naturaleza podría animar nuestras mentes creativas, no fue hasta hace poco que los detalles de cómo podría ocurrir empezaron a cristalizar.

En un artículo de 2012, Ruth Ann Atchley y Paul Atchley, de la Universidad del Sur de Florida, y David Strayer, de la Universidad de Utah, presentaron su resumen de años de pensamiento e investigación sobre los efectos psicológicos y cognitivos del tiempo pasado al aire libre. En un estudio, se dividió a los excursionistas en ocho grupos de unos siete miembros cada uno y se les envió, sin teléfonos móviles, a la naturaleza durante un viaje relativamente agotador de cuatro días por el monte.

Ninguno de los participantes conocía el propósito del estudio, ni que había otros grupos implicados. La mitad de los grupos fueron examinados antes de salir, utilizando el respetado Test de Acceso Remoto (RAT por sus siglas en inglés) para evaluar la función cognitiva de orden superior; la otra mitad se sometió a la prueba a su regreso.

El RAT mide nuestra capacidad para identificar conexiones entre cadenas de palabras relacionadas (azul, pastel y requesón se conectan con queso). Esta tarea requiere una capacidad cognitiva de orden superior, perspicacia y capacidad de imaginación. Desde los años 70, cuando se sabía vagamente que estas actividades eran propias del hemisferio derecho del cerebro, hemos llegado a comprender que estas funciones creativas se encuentran en el córtex prefrontal del cerebro, la misma parte que se ve sobrecargada por las constantes exigencias de nuestro entorno moderno, atiborrado de tecnología (resulta que el cerebro humano reacciona interpretando el sonido de un mensaje de texto o el ulular de una sirena —mucho más que el gruñido de un oso a nuestra espalda en el bosque— como una *amenaza*, lo que exige un estado de alerta constante). Al regresar, los excursionistas obtuvieron un 50 por ciento más de puntuación en el RAT, lo que demuestra una elevada capacidad creativa para los tipos de tareas de orden superior del estudio.

Una de las limitaciones la investigación, admite el coautor Strayer, es que no distingue los efectos positivos del entorno natural de otros aspectos: la distancia respecto de los teléfonos móviles, por ejemplo, o la alegría del esfuerzo físico, o el simple hecho de estar alejados de los rigores de la vida diaria, sin importar cuán «lejos» se está de ellos. Pero Strayer considera que este artículo, junto con otros trabajos internacionales, refuerza la idea de que la atención relajada que cultivamos al aire libre es clave.

Han aparecido muchas investigaciones nuevas que refuerzan el trabajo de Strayer. En un estudio reciente de la Universidad de Heriot-Watt de Edimburgo, el profesor emérito de Estudios Ambientales, Peter Aspinall, y sus colegas, emplearon electroencefalogramas móviles para monitorizar los cerebros de los participantes mientras caminaban entre espacios urbanos construidos y parques urbanos. En general, los electroencefalogramas indicaron mayores niveles de frustración, distracción y excitación general en los entornos urbanizados, y un estado más meditativo en los espacios verdes, y esto respalda la existencia de lo que Strayer llama «la red cerebral por defecto», vinculada al pensamiento creativo.

Estos resultados no son una sorpresa. Muchos de nosotros acudimos intuitivamente al aire libre para renovar la mente y el estado de ánimo. La maravilla de esta investigación radica en los detalles particulares de cómo funciona el cerebro creativo. Sin embargo, por mucho que sepamos de estas cosas, se cierne algo más: el *inspiratus* que participa en nuestro ser material y nos invita a ir más allá.

La ecología creativa de la economía doméstica

Me atrevería a decir que la mayoría de los que estamos leyendo estas palabras vivimos dentro de una historia económica moderna de supuestos privilegios; nuestras necesidades están constantemente satisfechas. Sabemos que esto no es cierto en gran parte de nuestro país o en la mayor parte del mundo, donde la vida humana y no humana luchan por satisfacer las necesidades básicas de sustento, refugio y salud. Estamos anormalmente cómodos.

Escribo desde una casa caldeada a una temperatura de 20 grados en todo momento, y con un refrigerador repleto de «necesidades» como chardonnay y olivada de aceitunas griegas; un trozo de chocolate negro artesanal está siempre a punto junto a mi brillante MacBook Air para momentos de supuesta necesidad. Cuando voy de acampada, me llevo conmigo más de lo que poseen miles de millones de personas en la Tierra en total. Y no importa cuántas veces cuelgue la ropa en un tendedero en lugar de meterla en la secadora, nunca compensaré mis viajes en avión. Hablo desde un derecho que no he hecho nada para merecer, sabiendo que cualquier paso que dé hacia la simplicidad económica y material está arropado por una gran red de seguridad dentro de mi clase social y de mi familia, a la que puedo volver a voluntad.

Progresista en comparación con otros papas, Francisco escribió en su encíclica *Laudato Si': Sobre el cuidado de la casa común* que nuestra «retórica verde» está enmarcada por profesionales, líderes de pensamiento, organizaciones y medios de comunicación que razonan desde un lugar de comodidad dentro de «un alto nivel de desarrollo y una calidad de vida muy por encima del alcance de la mayoría de la población mundial», lo que puede llevar a «un adormecimiento de la consciencia y a análisis tendenciosos que descuiden partes de la realidad».

Aun así, estamos ensamblados para cierta medida de incertidumbre en nuestro nivel de confort, y cuando no la tenemos, la buscamos: cargamos lo que podemos a la espalda para desplegar pequeños campamentos; nos exigimos un esfuerzo incómodo en los senderos, o en el atletismo; ayunamos para conseguir el equilibrio espiritual. Es hora de llevar un poco de esta incomodidad a nuestra vida cotidiana para poder estar en sintonia con toda la vida. Pero, ¿cómo? ¿Con qué?

Parte de la respuesta está al alcance de la mano: nuestra vida cotidiana en casa ofrece la forma más querida y potente de activismo creativo. Quedan lugares en la selva remota no hollados por ningún ser humano, pero no hay lugar en la Tierra que no haya sido tocado por la presencia humana, como enseña la crisis climática. Lynda Mapes señala en su galardonada serie para el *Seattle Times* sobre las orcas residentes del sur (la comunidad de la madre, Tahlequah) que viven principalmente en Puget Sound, que lo principal que aleja a esta población amenazada de la robusta salud exhibida por las comunidades de orcas del norte cercanas es que comparten sus aguas de origen conmigo… y los otros seis millones de personas de la región de Seattle. Por lo tanto, comparten los residuos de nuestra prosperidad, que fluyen hacia sus aguas, afectando a cada célula de sus cuerpos y contribuyendo a la devastación de los salmones, que son el sustento de estas orcas.

Las actividades de nuestros hogares —las formas en que comemos, nos vestimos y nos calentamos, las formas en que nos desplazamos, las formas en que nos deshacemos de nuestra escandalosa acumulación de residuos— nos vinculan biológica y espiritualmente en relaciones ecosistémicas mucho más allá de nuestra puerta, hasta los confines de los lugares más salvajes. La separación se desmantela en nuestra economía doméstica. Nuestras vidas son vidas de coyote, vidas de puma, vidas de roble, vidas de orca.

Rebecca Solnit escribe en su ensayo «Our Storied Future» («Nuestro futuro contado») que «como ciudadanos comprometidos en la tarea diaria de rehacer el mundo, podemos elegir nuestras historias: las que dividen y conquistan o las que unen las cosas con posibilidades». No se trata de reforzar lo que Edgar Villanueva denomina en *Decolonizing Wealth* (*Descolonizar la riqueza*) una «división colonial» en la filantropía moderna, en la que sigue existiendo un abismo impuesto entre «nosotros contra ellos, los que tienen y los que no tienen». Se trata de presionarnos más que nunca para que nuestras acciones estén en consonancia con nuestros corazones, para crear una nueva historia de economía justa y sagrada, y cuando podamos, dar el paso radicalmente contracultural de *desapalancar* nuestras cuentas bancarias y nuestras adquisiciones. Se trata de repensar los alimentos que elegimos y la actitud con la que los comemos. Se trata de compartir lo que tenemos dentro del espíritu de nuestra relación. Yo lo hago a pequeña escala; quiero hacerlo de forma derrochadora. La perfección es imposible: fallaré un millón de veces en este empeño cada día. Sin embargo, juntos seguimos adelante. Avanzar hacia una simplicidad radical en estas cosas es un acto para hacer surgir una vida más intencionalmente congruente, una vida creativa más allá de las narrativas culturales manifiestas y las expectativas de la sociedad y la familia, en solidaridad con todos los seres humanos, con todos los demás seres vivos, y en reciprocidad con la tierra que soñamos.

Encuentra tu carisma

Carisma es una palabra encantada de la tradición monástica occidental. Un carisma es un don o poder particular, casi un superpoder, recibido como gracia a través del *inspiratus*, el espíritu-viento, y devuelto al mundo como «favor libremente concedido».

Cada orden monástica tiene su propio carisma. Los benedictinos viven bajo las consignas *ora et labora* —ora y trabaja— y comparten los beneficios de estas prácticas en su carisma de hospitalidad, la creencia de que todos los huéspedes deben ser acogidos como el Divino. Las órdenes carmelitas de clausura, como aquella la que se unió santa Thérèse en el Lisieux del siglo XIX, eran contemplativas y ofrecían el don de la oración silenciosa y cantada como una devoción mística dentro del mundo, tejiendo una red de interconexión sagrada con la vida más allá de los muros del convento.

La propia Thérèse admitió que dormía durante la mayoría de estas oraciones comunitarias, pero desarrolló su propio carisma personal: hacer cada pequeña cosa de su vida con plenitud y amor: «Recoger un alfiler por amor puede convertir un alma», escribió desde su innata sabiduría mística. Sabía que en su convento francés de provincias no podría ser la activista y reformadora que su tocaya, Teresa de Ávila, había sido en el siglo XVI. Pero antes de morir de tuberculosis a la temprana edad de veinticuatro años, Thérèse creó —y vivió— una filosofía de la libertad espiritual, muy parecida a la tradición Zen (de la que no sabía nada), aportando dedicación a cada acción en beneficio de todos los seres, como una bodhisattva, sin preocuparse por el resultado de sus «pequeñas obras».[2] En este carisma de misticismo cotidiano surge una dimensión activista; aportar generosidad y sencillez a cada encuentro frustra un paradigma económico-político basado en el consumo desenfrenado. El corazón y la vida del individuo tienen que ver con un cambio sistémico y ecológico más amplio.

Cada uno de nosotros tiene su propia vocación, su propio carisma, el don único de nuestra propia vida y creatividad. Es útil pensarlo así: como una gracia particular que podemos ofrecer libremente, con devoción, con servicio, con alegría, aunque no sin dificultades. Como advierte Clarissa Pinkola Estés sobre el espíritu creativo del *duende*: «Si crees que no cuesta nada poseerlo, se te quemará todo el pelo».

Rachel Carson lo experimentó como autora. Oyó una llamada personal convocándola a ser una voz del mar en sus primeros tres libros, luego para las aves y toda la naturaleza en *Primavera silenciosa*. Y sabía que, para ella, la forma de expresar este carisma residía en su singular don creativo: su pluma, su escritura. Nuestro carisma individual comprende estas dos dimensiones: la necesidad terrenal que nos convoca, y el don a través del cual aportamos nuestra respuesta a esta llamada del mundo.

---

2 El Carmelo de Lisieux ha sido muy idealizado desde que Teresa fuera santificada y se convirtiera en Doctora de la Iglesia. Pero las deplorables condiciones del monasterio seguramente contribuyeron a su temprana muerte. La comida y la leña eran primero para los sacerdotes y luego para los monjes varones, mientras las hermanas tiritaban de humedad y hambre más allá de la austeridad de la regla monástica que guiaba la vida diaria de los hombres.

Rachel escribió a su querida amiga Dorothy cuando empezaba su tercer libro, *El mar que nos rodea*, que tenía miedo de comenzar a escribir, siempre consciente de lo que ella llamaba «la carga aplastante del esfuerzo creativo». Y, sin embargo, abrazó su carisma y nos lo ofreció frenéticamente. Le dijo a Dorothy que «el corazón de este asunto es muy complejo, tiene que ver con el destino, y con un sentimiento casi inexpresable de que solo soy el instrumento a través del cual algo sucede, y que tengo poco que ver con ello».

Como concepto, «destino» es una bonita palabra que suele tener una connotación positiva, pero que etimológicamente se relaciona no solo con la sensación de ser llamado, sino también con la de estar condenado. ¡Ja! ¿Quién no lo ha sentido así alguna vez?

Rachel ofrece así su regalo: un presente que, en caso de haberlo rechazado o abandonado, o aceptado a medias, habría hecho su vida más fácil. Pero la idea de dar la espalda a la hermosa fatalidad de su don y obligación le haría temblar de inquietud; la despertaría con susurros insistentes; la perseguiría como un fantasma.

Nada nos ha preparado para este momento planetario. No hay un camino ya explorado que nos ofrezca orientación. Nuestro carisma individual no puede ser prescrito, proscrito, ni siquiera comprendido con la cabeza. Sin embargo, puede ser escuchado —mediante una conversación arraigada, continua y recíproca con la tierra salvaje— con el propósito de dar lugar a una espiral de calma interior, de receptividad y de acción creativa hacia el exterior.

Puede ser pintar, cantar o escribir, sentarse en un árbol, luchar contra el *fracking*, recaudar fondos... Puede ser cuidar:

el jardín, la granja, la sabiduría de los mayores, la fe de los jóvenes… Puede ser rezar por una pradera amenazada, conocer las rutas de los pájaros, contemplar la mirada de un coyote, el silencio sagrado a la vera de un árbol antiguo. Puede ser llorar por la pérdida de un bosque o destinar una parte de nuestra energía vital en forma de dinero para la protección de las orcas. Lo más probable es que sea una combinación de estas cosas. Y seguro que el resultado será contracultural y contraproducente, según todas las medidas habituales: las que nos han enseñado, las que se pueden etiquetar con una suma o un número.

Walt Whitman planteó lo que todos nos preguntamos primariamente: *La pregunta, ¡oh, mi yo!, la triste pregunta que vuelve: ¿Qué hay de bueno en todo esto, oh yo, oh vida?* Mantenemos en la mente y en el espíritu las diez mil cosas de la atribulada tierra mientras ofrecemos las pocas cosas bellas que nosotros, y solo nosotros, somos capaces de ofrecer con nuestros diez deditos. Whitman respondió a su propia pregunta: *Que estás aquí, que existen la vida y la identidad, que prosigue el poderoso drama y que tú puedes contribuir a él con un verso.* Esto es todo lo que tenemos: nuestra vida y lo que damos. En nuestro vagabundeo con pies acolchados y oídos aguzados y mentes asilvestradas descubriremos los regalos que nos ofrece la tierra salvaje, y a su vez, venimos a ofrecer a cambio nuestros propios dones.

CONTRIBUYE CON TU VERSO

ESPIRAL

Un retorno salvaje

El tiempo en la naturaleza es el tiempo en presencia de la muerte esencial. Las hojas van a parar a la tierra, los ratones de campo a la comida del búho, el cadáver del ciervo a la carne alada de los buitres, y nuestros propios cuerpos un día a... ¿a qué? Esta es mi contemplación mientras escribo, sentada en la tierra, con el cuaderno en el regazo y la espalda apoyada en el tronco de un cedro rojo. El árbol vivió durante más de doscientos años antes de caer aquí, a pocos minutos a pie de mi casa. Ha permanecido en el mismo sitio durante una década, tal vez más. Sus raíces están enredadas y expuestas.

Pero no está muerto. Los cedros rojos se convierten en el más fértil de los troncos madre, sus cuerpos de madera ocre en capas son fáciles de colonizar por los musgos, cuyos rizoides tamizan la corteza en un tipo de suelo arbóreo donde crecen helechos, arándanos y pequeñas versiones feéricas de tsugas heterófilas. Su presencia aquí como árbol, tronco, suelo y semilla simultáneos, delimita la dualidad de pasado y futuro. Con los años, el árbol se hundirá aún más hasta que se convierta en tierra, y las crías que ha amamantado en su cuerpo seguirán creciendo más altas y fructíferas, esparciendo sus propias semillas y, finalmente, sus propios cuerpos, sobre este bosque. Vida, muerte y vida de nuevo.

Cuanto más tiempo paso tumbada sobre la tierra boscosa de mi ecosistema doméstico, más consciente soy de lo que he llegado a llamar *subterraneidad*: el sustrato retorcido que acuna cada paso que damos, que mezcla lo vivo con la descomposición bajo la tierra mientras los cuerpos de árboles, hojas y todas las criaturas son reclamados por los descomponedores para alimentar la vida en el suelo: gusanos, hongos, escarabajos, termitas, detritívoros de todo tipo. Los ecosistemas del desierto, el roble, el océano, la pradera y la estepa, todos giran dentro de sus singulares espirales.

La piel y el suelo

La nueva ciencia apoya la existencia de una inteligencia celular y de la ecología intrincada que existe mucho después de la aparente muerte de un organismo. En la Southeast Texas Applied Forensic Science Facility, en Huntsville, los investigadores que estudian la descomposición de los cuerpos humanos descubren que, lejos de estar «muertos», nuestros cuerpos, cuando se les permite el contacto con la tierra, se encuentran en el centro de un «ecosistema cadavérico». La mayoría de nosotros prefiere no pensar demasiado en lo que pasa con nuestros cuerpos después de la muerte, pero es una contemplación antigua y noble.

Durante cientos de años, los monjes budistas de Vietnam han meditado en cementerios abiertos, con los cuerpos de sus hermanos en diferentes estados de descomposición a su alrededor. Allí, imaginan los mismos procesos que inevitablemente se producirán en sus propios cuerpos. San Benito de Nursia, monje y erudito italiano del siglo v, fue el autor de un famoso libro, *Regla,* que conformó la forma de vida que todavía siguen muchas órdenes monásticas y sus oblatos (incluidos los benedictinos, la orden trapense que atrajo a Thomas Merton a la vida monástica, e incluso algunos monasterios budistas). A las hermanas y hermanos que siguen la *Regla* se les aconseja «tener siempre presente la muerte». Tales meditaciones nos llaman a reconocer más plenamente la insistente fugacidad de nuestra existencia y a vivir con más intención, generosidad, humildad y amor.

Los investigadores de las instalaciones de Huntsville, al igual que los monjes vietnamitas, estudian cuidadosamente los cuerpos en todas las fases de descomposición. Poco después de que se detenga el corazón, nuestro ecosistema corporal quedará conformado principalmente por las bacterias que viven sobre y dentro de nosotros, un vasto número, con cada superficie y rincón dentro y fuera ofreciendo hábitat para comunidades especializadas de microbios. Miles de especies, trillones de bacterias. Poco después de que nuestras células se vean privadas del oxígeno proporcionado por nuestros corazones mientras laten, aumenta la acidez de nuestras células y se pone en marcha una cadena de reacciones químicas. Comenzamos a autodigerirnos a medida que las membranas celulares son consumidas por enzimas, y su contenido comienza a derramarse en ríos microscópicos.

En 2014, el primer artículo que explicaba este proceso en profundidad fue publicado por la Dra. Gulnaz Javan, de la

Universidad Estatal de Alabama, en que denominó a este pequeño ecosistema *tanatomicrobioma*, del griego *thanatos*, que significa muerte. Mientras estamos vivos, el sistema inmunitario mantiene a los microbios fuera de nuestros órganos internos, pero esta inmunidad disminuye al morir, y los microbios se apoderan rápidamente de nuestras tripas e intestinos, y luego de los tejidos circundantes, digiriéndolos desde el interior hacia el exterior, utilizando la fuga de las células dañadas para alimentarse mientras se extienden a los capilares, los ganglios linfáticos, el hígado, el bazo, el corazón y el cerebro.

Esta colonización por parte de los microbios, junto con la autodigestión de las células, permite que las bacterias escapen del tracto gastrointestinal, lo que lleva a la putrefacción y a la descomposición de los tejidos blandos en líquidos, gases y sales. Ahora se pasa de las bacterias aeróbicas, que requieren oxígeno para sobrevivir, a las bacterias anaeróbicas, que no lo necesitan (los organismos bacterianos emiten gases, y estos «pedos bacterianos» son en parte responsables del hedor que desprende un cuerpo). Finalmente, todos estos gases y tejidos licuados son purgados. Las láminas de piel se desprenden y el cuerpo se hincha. Y aunque esto ciertamente parece malo para el cuerpo, es en este punto donde las cosas se ponen realmente interesantes en términos de nuestra vida físicamente nutrida, más allá de nuestras propias y delgadas vainas.

Cuando nuestros cuerpos se liberan de los contornos que nos moldearon en la vida, nos convertimos en un centro ecológico para una variedad de especies de insectos, muchos de los cuales han evolucionado para vivir todo su ciclo de vida desde el huevo hasta el vuelo, alrededor de un cuerpo humano en descomposición. Estos insectos, a su vez, proporcionan el sustento a una variedad de otros artrópodos, reptiles y aves. Las diferentes especies se alimentan en etapas de descomposición, dando lugar a la ciencia moderna de la etimología forense, que determina el momento de la muerte por los insectos que viven sobre un cuerpo. Estos insectos también señalan nuestra presencia como alimento para buitres, cuervos y mamíferos carroñeros. Así, podemos ser llevados por un ser emplumado o por una zarpa al cielo, el bosque o la cornisa de una montaña.

Otra ciencia reciente muestra que las células no mueren inmediatamente, sino que tardan horas, a veces más de un día, en aquietarse y comenzar la transformación a este ecosistema cadavérico. Inexplicablemente, parte del material genético contenido en nuestras células no se expresa hasta *después* de lo que médicamente se denomina muerte corporal. Nada de esto tiene sentido según la versión del gen egoísta de la evolución, y los científicos no han encontrado ninguna razón para que sea así. He leído en revistas científicas que dicha expresión genética no tiene «ningún propósito», aunque lo más probable es que sirva a uno que aún no comprendemos. Todo esto es valioso para rastrear la trágica pérdida de seres queridos, pero también tiene un significado filosófico y espiritual.

Mientras trabajaba en este libro durante varias semanas en el valle de Santa Ynez (California), me cautivó el ecosistema de los robles, tan diferente de los verdes bosques cargados de niebla de mi casa. Un día caluroso di un largo paseo con Kate McCurdy, la directora de la reserva. Después de varias temporadas de sequía provocada por la crisis climática, muchos de los robles de los valles que se alzaban aquí y allá entre los pastos de la pradera arrastrados por el viento estaban marrones porque se hallaban a punto de morir, muchos más de los que debería haber. «Dicen que un roble tarda cien años en crecer —reflexionó Kate en voz alta— y cien años en morir». Caminamos en un silencio pensativo, contemplando lo que esto significa para los robles, para nosotros, para la vida.

En una reciente acampada familiar en las montañas Olímpicas, me tomé un tiempo para visitar un antiguo tronco madre de cedro que está volviendo a la tierra, recubierto de jóvenes tsugas, arándanos y helechos, y cubierto de musgo de turbera, presentando un aspecto muy parecido al del tronco madre cerca de mi casa, pero más grueso y hundido y más extravagante en el abandono botánico del bosque lluvioso. Me despojé de mis zapatos, me subí al árbol, me tumbé de espaldas y cerré los ojos, dejando que mi cuerpo se volviera pesado. Me pregunté cuánto tiempo tardaría en sentir los rizomas musgosos llegando a mi piel o el primer desprendimiento de corteza. Resulta que es un tiempo inquietantemente corto.

La muerte como espiral, sin un momento fijo de muerte absoluta, es de alguna manera algo cierto para todos los organismos; la muerte celular es un largo proceso, con un valor holístico desconocido para el cuerpo y el espíritu. Mi esperanza es que a mi propio cuerpo se le permita tomarse su tiempo para morir por completo algún día, con todo lo que ello pueda conllevar.

La lista

Esta sensibilidad es la base de la lista de tareas que compartí con mi sufrido marido:

1. ¿Muerte cerebral? No me desenchufes. Al menos no de inmediato. Dale a mi cuerpo tiempo para asentarse en su pérdida de función cerebral. Vete a casa. Lee *Anna Karenina*. Puedes ver las siete temporadas de *Buffy cazavampiros*. Vacaciones en París. No te olvides de rezar por un milagro. Después de todo esto, revisa la idea, y haz lo que creas que es mejor.
2. Te dejo el número de una comadrona de la muerte en la que confío. Si estás dispuesto a cuidar de mi cuerpo tú mismo, ella te ayudará. Si no, no pasa nada. Pero llámala de todos modos y aprende a asegurarte de que no me embalsamen. Nada de embalsamar.
3. Si aún vivimos en Washington, que me entierren en el cementerio natural de Ferndale, preferiblemente cerca de árboles altos.
4. Para el entierro, me gustaría llevar una prenda cosida a mano de algodón orgánico o lino. Algo sencillo pero fluido.

Espera, ¿qué? Pobre Tom. Lo estaba haciendo bien, sobre todo, hasta que llegamos al número cuatro. Y me di cuenta de que, *por supuesto, ¿cómo va mi afligido marido a pensar en el modelo de un vestido de algodón? Y mucho menos orgánico y cosido a mano.* «No te preocupes —le dije—. Lo haré yo misma». Y lo hice.

Vestirse para la ocasión

Antes de empezar el vestido, consulté a los directores de dos cementerios naturales en el estado de Washington. En el entierro natural, el cuerpo se envuelve en un sudario, tal vez en un ataúd sencillo de material biodegradable (sauce, madera no tratada, hierbas tejidas), y se entierra directamente en la tierra. No hay líquido de embalsamamiento tóxico, ni ataúd densamente lacado y revestido de tela sintética, ni bóveda para la inhumación: ninguna de las prácticas que mantienen nuestros queridos cuerpos antinaturalmente separados de la tierra que los acuna. La Orden de la Buena Muerte, una organización que trabaja para emancipar el proceso de la muerte humana tanto del silencio cultural como del mercantilismo, lo hace de forma sorprendentemente directa: «Durante la mayor parte de la historia de la humanidad, lo que ahora llamamos entierro natural se llamaba simplemente "entierro". Un simple y poco profundo agujero excavado en la tierra, y el cuerpo muerto envuelto y depositado en el agujero».

Todos hacemos lo mejor que podemos en las culturas en las que hemos nacido, y las discusiones sobre las alternativas a las normas actuales no son de ninguna manera un juicio sobre las decisiones que cualquiera de nosotros haya tomado o tomará sobre sí mismo o sobre nuestros seres queridos. Estemos en paz con todas esas decisiones. Es hermoso que nuestra relación con la muerte y el cuidado de los cuerpos después de la muerte esté evolucionando, pero no hay una sola manera de participar en esta re-historia. En sus inspiradas y desafiantes memorias, *Bless the Birds* (*Bendice a los pájaros*), la escritora de la naturaleza Susan Tweit relata el declive y la muerte de su marido Richard a causa de un tumor cerebral. Como educador, el deseo de Richard era que su cuerpo se convirtiera en un cadáver didáctico para los estudiantes de medicina. Después de un tiempo, sus cenizas fueron devueltas a Susan. Cuando le pregunté al respecto, Susan me dijo: «Siempre imaginé nuestros cuerpos bajando a la tierra juntos y fundiéndose suavemente en ella, pero si a Richard le dio paz donar su cuerpo, era su decisión». Como cantaba Rumi: «Hay mil maneras de arrodillarse y besar el suelo».

Cada vez es más frecuente que los cementerios tradicionales reserven rincones para los denominados entierros verdes. Otros cementerios totalmente naturales se encuentran en lugares remotos, a menudo sitos en bosques, praderas, laderas de montañas y zonas con ecosistemas intactos. En estos cementerios, no hay lápidas talladas; el lugar de enterramiento está marcado por una piedra ordinaria, o nada en absoluto (se registran las ubicaciones con GPS).

Cuando hablé con los responsables de los cementerios naturales de mi estado, me dijeron que estaría bien que me enterraran con un vestido casero, aunque mis seres queridos también podrían envolverme en un sudario, o colocarme en un ataúd de sauce, o ambas cosas. Todos los materiales, incluido el hilo utilizado para coser la prenda, deben estar libres de materiales sintéticos que impidan el proceso de descomposición. Elegí una simple muselina de algodón y utilicé un patrón de la diseñadora Tina Givens. Siempre me ha dado miedo intentar hacer uno de sus vestidos porque en su página web incluso las esbeltas modelos se ven un poco como patatas en sus fluidos diseños. Pero seguro que un vestido que se ajuste a mi cuerpo inmóvil no evocará el aspecto de una patata. E incluso si lo hace, dudo que me importe.

Coser a mano me tranquiliza, y decidí coser mi vestido completamente de esa manera. Para inspirarme, he seleccionado un hilo en un bonito tono verde musgo y continúo bordando citas a lo largo de los dobladillos cuando se me antoja.

De Joy Harjo: *Recuerda la tierra cuya piel eres.* De Walt Whitman: *Me lego a la tierra para que crezca la hierba que amo... Tu carne misma será un gran poema...* De vez en cuando me pongo el vestido para dar un paseo por el bosque, dejando que se acostumbre a las raíces y a la tierra.

Si alguna de estas prácticas y reflexiones te parecen simplistas o demasiado superficiales, has de saber que son mecanismos de defensa. Siestas sobre árboles en descomposición. Costura de mortajas. Cráneos de pájaros y coyotes consagrados como *memento mori* en los estantes de mi estudio que contemplo a diario en las palmas de mis manos, y sus intrincados propósitos: *Recordar.* Todo esto es un intento de ajuste de cuentas con el fin de mi propia vida, la presencia constante de una inevitabilidad que todavía no puedo aceptar del todo. Algunos dicen que la paz con la muerte desciende sobre nosotros a medida que envejecemos, y tal vez sea así. Por ahora, lucho y coso.

Una inmortalidad terrena

La correspondencia entre Rachel Carson y su amiga más querida, Dorothy Freeman, desborda de su sentido compartido de la maravilla, el misterio y el consuelo que se encuentra en las cosas de la tierra, el mar y el aire, el lenguaje danzante de un mundo inspirado. En periodos de prueba extrema, de vez en cuando intentaban consolarse mutuamente con palabras religiosas tradicionales: «Que el Señor te bendiga y te guarde, mientras estemos ausentes la una de la otra», escribió Rachel en una carta particular, sabiendo que Dorothy estaba ansiosa a causa del próximo tratamiento de cáncer de Rachel. Hay un ocasional mantenimiento de contacto en «pensamientos y oraciones». Pero tales expresiones tenían un tono incómodo y fuera de lugar en el conjunto de la correspondencia, y las amigas no se esforzaron en mantenerlas, incluso cuando escribían extensamente sobre «cosas del ser interior».

Sin embargo, a medida que el cáncer de Rachel avanzaba, había una creciente urgencia por dar sentido a lo que creían. Cuando la inevitabilidad de la muerte inminente de Rachel se hizo innegable, Dorothy, que siempre había sido agnóstica sobre la vida después de la muerte, se encontró en la posición tan humana de abrazar la creencia en la inmortalidad, y escribió a Rachel emocionada por su visión:

> Querida, debo contarte algo que me sucedió anoche (dijiste, ya sabes, que no debíamos dudar en compartir todos nuestros pensamientos). De repente, mientras estaba despierta en la oscuridad, un pensamiento, que era muy diferente, me golpeó como una revelación. Para decirlo de forma muy sencilla, me he convencido de la inmortalidad. Hemos hablado de ello, y recuerdo haberte dicho, cuando nos conocimos, que mi idea de la inmortalidad era que vivimos después en el recuerdo de aquellos cuyas vidas hemos tocado y en nuestros logros durante esa vida. Y eso ha sido suficiente para mí. Pero ahora no lo es. Cualquiera de nosotras que se vaya primero (y podría ser yo, querida), *seguirá* sabiendo de la otra.

La respuesta de Rachel fue amable. En cuanto a la continuación de la consciencia más allá de la muerte, estaba dispuesta a adentrarse en el misterio, e invocó las palabras del oceanógrafo sueco Otto Pettersson, quien, al final de su larga vida, le dijo a su hijo que lo sostendría «una infinita curiosidad por lo que llegaría a continuación». Pero había una cosa sobre la que Carson tenía una gran certitud, y eso era en su sentido de lo que ella llamaba «inmortalidad material», en la que nuestros cuerpos primero se descomponen por la decadencia, y luego resucitan físicamente en nuevas disposiciones celulares. Ella citó las palabras que había escrito en un primer artículo sobre el tema, «Undersea» («Submarino»), publicado en 1937 en el *Atlantic Monthly.*

> Los elementos individuales se pierden para reaparecer una y otra vez en diferentes encarnaciones en una especie de inmortalidad material… En este contexto cósmico, la vida de una planta o un animal no aparece como un drama completo en sí mismo, sino solo como un breve interludio en un panorama de cambio interminable.

Después, le reconoció a Dorothy que se trataba de una «filosofía de bióloga» y que sus observaciones eran a la vez espiritualmente bellas y científicamente astutas. Es una ley de la física que toda la materia se conserva: nuestros cuerpos regresan, regresan y regresan. Este es el mensaje de los ecologistas, y de los místicos: que cada vida está radicalmente conectada con toda la vida, siempre, sin que nada sea tan pequeño que pueda perderse.

El pensamiento de Rachel siempre me recuerda a Juliana de Norwich, quien, en el siglo XIV, fue la primera mujer conocida en publicar un libro en lengua inglesa (y por tanto una pionera, como lo fue Rachel al ser una mujer escritora de ciencia, algo poco común en su época), y que (de nuevo como

Rachel) amaba a los gatos. En una famosa visión, Juliana vio «una cosa pequeña, del tamaño de una avellana», situada en la palma de su mano. «Era redonda como una pelota». Confundida, la santa reflexionó sobre su pequeña nuez. Mirabai Starr traduce la epifanía de Juliana:

> Lo miré con los ojos del entendimiento y pensé: *¿Qué puede ser esto?* Y me llegó la respuesta: *es todo lo que ha sido creado*. Me sorprendió que pudiera seguir existiendo. Me parecía tan poco que estaba a punto de disolverse en la nada.

Sin embargo, se sentía reconfortada de que esta cosa frágil estuviera acunada dentro de un todo sagrado sin límites. Juliana se deleitaba con su pequeña avellana sagrada, presagiando la visión moderna de la tierra como un «punto azul pálido» que nos dieron los astronautas. Esto condujo, en parte, a su compleja proclamación del principio de este libro: aunque todo sea difícil, incluso desesperante, y aunque siempre sea así, *Todo irá bien, y todo irá bien, y toda clase de cosas irán bien.*

Mi visión adulta de la gracia de la tierra sigue influida por una línea del credo que recitaba semanalmente de niña en la iglesia católica de Saint Anthony, en el verde y mercurial noroeste del Pacífico, incluso antes de descubrir la Iglesia de las Ranas: *Creo en lo visible y en lo invisible*. Recuerdo estar allí como un árbol en medio de los bancos, sin conocer aún la ciencia, pero sabiendo algo verdadero.

Lo visible: Mis brazos y mi pelo volaban en el aire como ramas vestidas de musgos y líquenes, repletas de brillantes escarabajos negros, cubiertas de pájaros, susurrando con la más leve brisa, mojados, a veces con lluvia, otras con rocío.

Y lo invisible: Las raíces atravesaban las suelas de mis zapatos Mary Janes de charol y se adentraban en la tierra oscura, donde se entrelazaban con otras raíces, redondeando antiguas piedras, tejiendo con gusanos y larvas los cuerpos de los peludos y los emplumados que volvían al suelo. Todo mezclado despiadada, gloriosamente, y para siempre.

Todo irá bien, por muy enmarañada, incógnita, difícil y hermosa que sea la forma en que se desarrolle el bienestar. Nuestras vidas están irremediablemente entrelazadas con este despliegue. Aunque no podamos saber exactamente adónde vamos, o qué va a pasar, seguimos viajando juntos por elección y en gracia, pie con pie, sobre nuestra atribulada y amada tierra.

REGRESA, REGRESA, REGRESA

AGRADECIMIENTOS

Me gustaría empezar reconociendo que vivo y trabajo en la tierra tradicional del primer pueblo de Seattle, el pueblo Duwamish pasado y presente, y honro con gratitud esta tierra y a la tribu Duwamish.

Un libro es un bosque, y *Raíces* no existiría sin la red de seres que lo trajeron al mundo. Gracias a mi agente, Elizabeth Wales, por su fe y su visión. Gracias a mi editora, Tracy Behar, por su brillantez, humor y sabiduría. Gracias a la ilustradora Helen Nicholson, por aportar tanto encanto a estas páginas. Gracias a Ian Straus y a todo el extraordinario equipo de Little, Brown Spark. Gracias a los bibliotecarios de las Bibliotecas Públicas de Seattle, y a todos los bibliotecarios y gente de las bibliotecas de todo el mundo: los verdaderos guardianes de la magia profunda. Gracias a los numerosos expertos que han aportado su visión a este proyecto.

En esta época de incertidumbre, estoy más agradecida que nunca a mis queridos amigos, mi familia y mi comunidad. Ofrezco mi más profundo agradecimiento a la siguiente extraña maraña de seres humanos por todo lo que han compartido con tanta generosidad de espíritu: Trileigh Tucker (conversación en el bosque), Maria Dolan (conmiseración), Lynda Mapes (árboles, orcas y unicornios), Chris Williams (artista de *happy hours*), David Laskin (jardines y cosas que crecen), David Williams (la estabilidad de las piedras), Gavin Van Horn (travesuras), The Sirens (baile alegre), The Unspeakables (podría decirte por qué, pero tendría que matarte), las hermanas del Priorato de Saint Placid (hospitalidad radical) Ginny Furtwangler (muy necesarias oraciones), Al Furtwangler (Dr. Definición), Jill Story (dulce constancia), Kelly Haupt (hermandad y física para siempre), Jerry Haupt (creatividad inagotable), Irene Haupt (sentido común sabio y amoroso), Claire (asombro y maravilla que no cesa), y Tom (la evolución del amor).

BIBLIOGRAFÍA SELECCIONADA

ABRAM, DAVID. «Magic and the Machine». *Emergence Magazine*, noviembre de 2018.

ABRAM, DAVID. *The Spell of the Sensuous: Perception and Language in a More-than-Human World.* Nueva York: Vintage, 1997.

ATCHLEY, RUTH ANN, et al. «Creativity in the Wild: Improving Creative Reasoning through Immersion in Natural Settings». *PLOS OnE,* 12 de diciembre de 2012.

BASHŌ, MATSUO. *The Narrow Road to the Deep North and Other Travel Sketches.* Londres: Penguin Classics, 1966.

BECKOFF, MARC. *The Emotional Lives of Animals: A Leading Scientist Explores Animal Joy, Sorrow, and Empathy — and Why They Matter.* Novato, CA: New World Library, 2007.

BENT, A. C. *Life Histories of North American Birds.* Nueva York: Dover, 1953.

BERRY, THOMAS. *The Dream of the Earth.* San Francisco: Sierra Club Books, 1988.

Berry, Thomas. *The Great Work: Our Way into the Future.* Nueva York: Bell Tower, 1999.

Blackie, Sharon. *Foxfire, Wolfkin, and Other Stories of Shape-Shifting Women.* Kent, GB: September Publishing, 2019.

Bogard, Paul. *The End of Night: Searching for Darkness in an Age of Artificial Light.* Nueva York: Little, Brown, 2014.

Bowman, Katy. *Move Your DNA: Restore Your Health Through Natural Movement.* Sequim, WA: Propriometrics Press, 2017.

Carson, Rachel. *The Sense of Wonder*. Nueva York: Harper & Row, 1965.

Chevalier, Gaétan, et al. «Earthing: Health Implications of Reconnecting the Human Body to the Earth's Surface Electrons». *Journal of Environmental and Public Health,* January 2012.

Clarke, John, trad. *Story of a Soul: The Autobiography of Saint Thérèse of Lisieux.* Washington, DC: ICS Publications, 1996.

Davis, Wade. *The Wayfinders: Why Ancient Wisdom Matters in the Modern World.* Toronto: House of Anansi Press, 2009. [*Los guardianes de la sabiduría ancestral,* Punto de Vista Editores, Madrid, 2020].

Deignan, Kathleen, ed. *Thomas Merton: When the Trees Say Nothing — Writings on Nature.* Notre Dame, IN: Sorin Books, 2003.

Dosen, Stephanie. *Woodland Knits: Over Twenty Enchanting Patterns.* Newtown, CT: Taunton Press, 2013.

Ellsberg, Robert. «Egeria». *Give Us This Day,* abril de 2020.

Estés, Clarissa Pinkola. *Women Who Run with the Wolves.* Nueva York: Ballantine Books, 1992. [*Mujeres que corren con los lobos*, DeBolsillo, Barcelona, 2020].

Flinders, Carol Lee. *Enduring Grace: Living Portraits of Seven Women Mystics.* San Francisco: HarperSanFrancisco, 1993.

Francisco de Asís. «The Canticle of the Creatures», en Regis J. Armstrong, et al., comps., *Francis of Assisi: Early Documents*, vol. 1. Nueva York: New City Press, 1999.

Francisco (papa). *Laudato Si': On Care for Our Common Home.* Encíclica papal. Huntington, IN: Our Sunday Visitor, 2015. [*Laudato si': Sobre el cuidado de la casa común*, Editorial San Pablo, Madrid, 2015].

Franklin, Ralph William, comp. *The Poems of Emily Dickinson.* Cambridge, MA: Harvard University Press, 1998.

Freeman, Martha, comp. *Always, Rachel: The Letters of Rachel Carson and Dorothy Freeman, 1952–1964.* Boston: Beacon Press, 1995.

Furnass, B. «Health Values» en J. Messer y J.G. Mosley, comps., *The Value of National Parks to the Community: Values and Ways of Improving the Contribution of Australian National Parks to the Community.* Sidney: University of Sydney and Australian Conservation Foundation, 1979.

Gooley, Tristan. *The Lost Art of Reading Nature's Signs.* Nueva York: Workman Publishing, 2014.

Görres, Ida Friederike. *The Hidden Face: A Study of Saint Thérèse of Lisieux.* San Francisco: Ignatius Press, 2003.

Gregoire, Carolyn. «The New Science of the Creative Brain on Nature». *Outside Online,* 18 de marzo de 2016.

GRIFFIN, SUSAN. *Woman and Nature: The Roaring Inside Her.* Nueva York: Harper & Row, 1978.

GRIFFITHS, JAY. *A Country Called Childhood: Children and the Exuberant World.* Berkeley, CA: Counterpoint, 2014.

GRIFFITHS, JAY. «Forests of the Mind». *Aeon,* 12 de octubre de 2012.

HABEGGER, ALFRED. *My Wars Are Laid Away in Books: The Life of Emily Dickinson.* Nueva York: Random House, 2001.

HAILE, RAHAWA. «Forest Bathing: How Microdosing on Nature Can Help with Stress». *The Atlantic,* 30 de junio de 2017.

HALIFAX, JOAN. *The Fruitful Darkness: Reconnecting with the Body of the Earth.* San Francisco: HarperSanFrancisco, 1993.

HARJO, JOY. *She Had Some Horses: Poems.* Nueva York: W.W. Norton, 2008.

HART, PATRICK y JONATHAN MONTALDO, comps. *The Intimate Merton: His Life from His Journals.* San Francisco: HarperSanFrancisco, 1999.

HASKELL, DAVID GEORGE. *The Songs of Trees.* Nueva York: Viking, 2017.

HIRSHFIELD, JANE. *Come, Thief.* Nueva York: Alfred A. Knopf, 2011.

HOFF, BENJAMIN. *The Singing Creek Where the Willows Grow: The Mystical Nature Diary of Opal Whiteley.* Nueva York: Penguin Books, 1986.

JOHNSON, THOMAS H., ed. *Emily Dickinson: Selected Letters.* Cambridge, MA: Harvard University Press, 1958.

KAZA, STEPHANIE. «Walking into the Unknown», en Lisa Bach, comp., *365 Travel: A Daily Book of Journeys, Meditations, and Adventure.* Palo Alto: Travelers' Tales, 2001.

KIMMERER, ROBIN WALL. «Speaking of Nature». *Orion,* marzo/abril de 2017.

LE GUIN, URSULA K. *The Books of Earthsea: The Complete Illustrated Edition.* Nueva York: Saga Press, 2018. [*Los libros de Terramar*, Minotauro, Madrid, 2021].

LEMAY, KRISTIN. *I Told My Soul to Sing: Finding God with Emily Dickinson.* Brewster, MA: Paraclete Press, 2013.

LOUV, RICHARD. *Our Wild Calling: How Connecting with Animals Can Transform Our Lives — and Save Theirs.* Chapel Hill, NC: Algonquin Books, 2019.

MACFARLANE, ROBERT. *Landmarks.* Nueva York: Penguin Books, 2016.

MACFARLANE, ROBERT y JACKIE MORRIS. *The Lost Words: A Spell Book.* Londres: Hamish Hamilton, 2018.

MACY, JOANNA. *World as Lover, World as Self.* Berkeley, CA: Parallax Press, 1991.

MACY, JOANNA y MOLLY YOUNG BROWN. *Coming Back to Life.* Gabriola Island, BC: New Society Publishers, 2014.

MAITLAND, SARA. *From the Forest: A Search for the Hidden Roots of Our Fairy Tales.* Berkeley, CA: Counterpoint, 2012.

MALLER, CECILY JANE, et al. «Healthy Parks, Healthy People: The Health Benefits of Contact with Nature in a Park Context». Parks Stewardship Forum, enero de 2009.

MAPES, LYNDA. *Orca: Shared Waters, Shared Home.* Seattle: Mountaineers Books, 2021.

MAPES, LYNDA. *Witness Tree: Seasons of Change with a Century-Old Oak.* Seattle: University of Washington Press, 2019.

MASKOWITZ, DAVID. *Wildlife of the Pacific Northwest.* Londres: Timber Press, 2010.

McDougall, Christopher. *Born to Run: A Hidden Tribe, Superathletes, and the Greatest Race the World Has Never Seen.* Nueva York: Alfred A. Knopf, 2009.

Miyazaki, Yoshifumi, et al., comps. «Shinrin-Yoku (Forest Bathing) and Nature Therapy: A State-of-the-Art Review». *International Journal of Environmental Research and Public Health,* July 28, 2017.

Murphy, Francis, comp. *Walt Whitman: The Complete Poems.* Nueva York: Penguin Classics, 2005.

Nhat Hanh, Thich. *The Miracle of Mindfulness.* Boston: Beacon Press, 1999. Pimera edición de 1976. [*El milagro de mindfulness*, Planeta, Barcelona, 2019].

Ober, Clinton, et al. *Earthing: The Most Important Health Discovery Ever!* Laguna Beach, CA: Basic Health, 2014.

O'Donohue, John. *Anam Cara: A Book of Celtic Wisdom.* Nueva York: HarperCollins, 1997.

O'Donohue, John. *Beauty: The Invisible Embrace.* Nueva York: HarperCollins, 2005.

Oliver, Mary. *New and Selected Poems.* Boston: Beacon Press, 1992.

Plotkin, Bill. *Nature and the Human Soul: Cultivating Wholeness and Community in a Fragmented World.* Novato, CA: New World Library, 2008.

Plotkin, Bill. *Soulcraft: Crossing into the Mysteries of Nature and Psyche.* Novato, CA: New World Library, 2003.

Pojar, Jim y Andrew MacKinnon. *Plants of the Pacific Northwest Coast.* Redmond, WA: Lone Pine, 2016.

Pollan, Michael. «The Intelligent Plant». *The New Yorker,* 16 de diciembre de 2013.

Powers, Richard. *The Overstory.* Nueva York: W.W. Norton, 2018.

Raichle, Marcus E., et al. «A Default Mode of Brain Function». *Proceedings of the National Academy of Sciences,* vol. 98, nº 2 (2001).

Revkin, Andrew. «Confronting the "Anthropocene"». *Dot Earth: New York Times Blog,* 11 de mayo de 2011.

Sheldrake, Merlin. *Entangled Life: How Fungi Make Our Worlds, Change Our Minds, and Shape Our Futures.* Nueva York: Random House, 2020. [*La red oculta de la vida,* GeoPlaneta, Barcelona, 2020].

Simard, Suzanne, et al. «How Trees Talk to Each Other». TED Talks, 2016.

Simard, Suzanne, et al. «Mycorrhizal Networks: Mechanisms, Ecology, and Modelling». *Fungal Biology Reviews,* abril de 2012.

Simard, Suzanne, et al. «Net Transfer of Carbon Between Ectomycorrhizal Tree Species in the Field». *Nature,* julio de 1997.

Smith, Jen Rose. «Sleeping Alone in the Woods While Female». *Outside Online,* 20 de diciembre de 2016.

Solnit, Rebecca. *Hope in the Dark: Untold Histories, Wild Possibilities.* Chicago: Haymarket Books, 2016. [*Esperanza en la oscuridad: La historia jamás contada del poder de la gente*, Capitán Swing, Madrid, 2017].

Solnit, Rebecca. «Our Storied Future: Never Underestimate the Power of an Idea». *Orion,* enero/febrero de 2008.

Solnit, Rebecca. *Wanderlust: A History of Walking.* Nueva York: Penguin Books, 2001. [*Wanderlust: Una historia del caminar*, Capitán Swing, Madrid, 2020].

STAMETS, PAUL. *Mycelium Running: How Mushrooms Can Help Save the World.* Berkeley, CA: Ten Speed Press, 2005.

STARR, MIRABAI, trad. *The Showings of Julian of Norwich: A New Translation.* Charlottesville, VA: Hampton Roads, 2013.

STARR, MIRABAI. *Teresa of Ávila: The Book of My Life.* Boston: New Seeds Books, 2007.

SUBRAMANIAN, MEERA. «Anthropocene Now: Influential Panel Votes to Recognize Earth's New Epoch». *Nature,* 21 de mayo de 2019.

TETLOW, ADAM. *Designa: Technical Secrets of the Traditional Visual Arts.* Nueva York: Bloomsbury, 2014.

TURNER, JACK. *The Abstract Wild.* Tucson: University of Arizona Press, 1996.

TWEIT, SUSAN. *Bless the Birds.* Berkeley, CA: She Writes Press, 2021.

VILLANUEVA, EDGAR. *Decolonizing Wealth: Indigenous Wisdom to Heal Divides and Restore Balance.* Oakland, CA: Berrett-Koehler Publishers, 2016.

WILLIAMS, FLORENCE. *The Nature Fix: Why Nature Makes Us Happier, Healthier, and More Creative.* Nueva York: W.W. Norton, 2017.

WINDLING, TERRI. «The Speech of Animals». *Myth & Moor,* 10 de febrero de 2015.

YOUNG, JON, et al. *Coyote's Guide to Connecting with Nature.* Shelton: WA: Owlink Media, 2008.